EVROPA

VERA FORESTER

Lessing und Moses Mendelssohn

Geschichte einer Freundschaft

Europäische Verlagsanstalt

Inhalt

Im Andenken an
Wolfgang Forester

Vorwort

Nichts geht über das laut denken mit einem Freunde!, beschied Lessing. Freundschaft galt ihm als Tribüne für Gedankenaustausch und Ideenwettstreit. Er war äußerst anspruchsvoll. Wenn die geistige Anregung einmal nachzulassen schien, verstummte er über Monate oder Jahre, zum Leidwesen der Betroffenen, die sich zwar beklagten, aber nichts daran ändern konnten. Nie genügte ihm das Ergebnis eines Denkprozesses, es sei denn als Ausgangspunkt für neue Wahrheitssuche.

Ein genialer Mann des offenen Wortes. Und ein leidenschaftlicher Streiter für Freiheit und Toleranz. Deshalb war seine Freundschaft mit dem gleichaltrigen Philosophen Moses Mendelssohn, der einer verachteten Minderheit angehörte, anders als alle anderen.

Diese Freundschaft hob er am weitesten über das Persönliche hinaus. Erhob sie zur gut sichtbaren Demonstration gegen gesellschaftliche Vorurteile. Trotzdem wurde sie nie unpersönlich, denn sein »fühlbar Herz« war besonders rege beteiligt. Sympathie und geistige Verwandtschaft verflochten sich mit seiner wunderbaren Fähigkeit des Mitleidens. Ein Mischgefühl, das Lessing immer – ob in Freundschaft oder Liebe – zu höchstem Einsatz trieb.

Moses Mendelssohn war ihm als mitdenkender Weggefährte in unermüdlicher Bereitschaft zugetan. Er nahm die Herausforderung ernst wie kein anderer, er sah darin einen mächtig bewegenden Antrieb, den er mit eigenen Impulsen zurückschwingen ließ. Und er wußte immer, daß Lessing ihm die kostbarste Unterstützung bot bei der ungeheuren Kraftarbeit, mit der er sich nicht nur zum anerkannten Geisteswissenschaftler entwickelte. Sondern ebenso zum Wegbereiter für die Besserstellung der drangsalierten Juden in Deutschland.

Die beiden lernten sich als junge Männer im Berlin Friedrichs des Großen kennen. Ihre Verbundenheit hielt bis zum Tod, sie ist der strahlende Beginn, der Inbegriff deutsch-jüdischer Verständigung und Versöhnung.

Zugleich bedeutet sie unendlich viel mehr. Ihre laut gedachten Erkenntnisse ließen sich bis heute nie mehr ausrotten. Denn sie umfassen das Grundsätzliche für ein gleichberechtigtes Leben der zusammenrückenden Menschen auf der Welt, sie sind Leuchtspuren aus der Vergangenheit in die Zukunft.

Deshalb droht ihnen jederzeit die Gefahr, übergangen oder von allen Seiten mißverstanden zu werden. Ihre Beispielhaftigkeit offenbart sich, wenn die ganze erstaunliche Geschichte der Freundschaft zwischen dem Dichter Lessing und dem Philosophen Mendelssohn aus dem geschichtlichen Halbschatten heraufbeschworen wird. Was in diesem Buch geschehen soll.

ERSTES KAPITEL

Anfang

Die Geschichte beginnt mit der Geburt, weil das Herkommen als gesellschaftlicher Stempel die Geltungsmöglichkeit des ganzen Lebens vorausprägte.

Die Geschichte beginnt also im Jahr 1729. Kein Jahr der Umbrüche oder Höhepunkte. Keine spektakulären Großtaten, keine dramatischen Explosionen. Ein Jahr der Atempausen. Kleine Schritte. Stille vor oder nach einem Sturm. Keime unter der Oberfläche. Philosophie und Literatur bewegen sich im Schein der Aufklärung, die ihren Anspruch an die selbstbestimmte Vernunft jedes einzelnen formuliert und begründet. In der akademischen Fachwelt wird sie unermüdlich diskutiert. Das Volk weiß nichts davon. Johann Sebastian Bach, 44 Jahre alt, hat mit der *Matthäus-Passion* seine wichtigsten Kirchenkompositionen vollendet. Himmelsforscher haben durch komplizierte Fernrohre bisher 2866 Sterne identifiziert und in große Himmelskarten gezeichnet, der erste Gestirnatlas erscheint, Berechnung und Mystik wetteifern, friedlich im Augenblick, um den Zugriff auf den Kosmos. Die chinesische Regierung erläßt das erste Opiumverbot. Kronprinz Friedrich von Preußen ist siebzehn Jahre alt, er leidet unter der Erziehungsknute seines Vaters, des Soldatenkönigs, der ihn mit Prügelstrafen zum Machtmenschen abrichtet. Katharina die Große kommt zur Welt, als Prinzessin von Anhalt-Zerbst. Sie wird Peter den

Dritten von Rußland heiraten, einen trunksüchtigen Schwachkopf, über seine Ermordung nach 17 Jahren Ehe nicht unglücklich sein, viele werden tuscheln, sie selbst habe Vorschub geleistet. Sie wird als Sonderfall einer bedenkenlosen, machtbewußten Frau in die Geschichte eingehen, wird ein riesiges Land beherrschen, viele Liebhaber nehmen und wieder wegschicken, klug, geistreich, intrigant und tatkräftig sein, den Ideen der Aufklärung nahestehen, aber nicht waghalsig nah, Wissenschaft und Künste fördern, Wirtschaft und Verkehr ausbauen, Gesetze und Verwaltungsreformen planen, Österreich und Preußen gegeneinander ausspielen, Friedrich den Großen in Schach halten, Rußland beachtliche Gebietszuwächse verschaffen und nicht nur Befehle oder Erinnerungen schreiben, sondern auch russische und sogar französische Dramen.

Die herausgegriffenen Jahreselemente bilden ein Netz von Bezüglichkeiten für das künftige Leben zweier neugeborener Wesen, zweier Männer, deren Abstammung nichts Weltbewegendes verhieß, die aber jeder für sich und beide zusammen zwei Große geworden sind.

Die Stichworte heißen: Anhalt, also Ostdeutschland, Preußen, König Friedrich, Religiosität, Vernunft, Aufklärung, Literatur, Philosophie, Dramen, Klarheit, Neuerungen, Humanität, Verantwortung. Und Kampf.

Die beiden Männer kamen im Osten des deutschen Sprachgebiets zur Welt, beide im Jahr 1729, beide in kleineren Städten – jeder in einem tiefreligiös betonten Elternhaus, das nicht im mindesten mit weltlichem Reichtum gesegnet war.

Trotzdem polarisiert krassester Rangunterschied die Abstammungen der Neuankömmlinge. Einer wurde ins wärmende Licht angesehener Bürgerlichkeit gestellt. Der andere in den kalten Schatten gesellschaftlicher Ächtung, Verfemtheit, Fremdheit im eigenen Geburtsland. Mensch und »Untermensch«.

Zuerst zur Lichtseite: Spätwinter 1729. Der 22. Januar. Justina Salome Lessing brachte Gotthold Ephraim, ihr drittes Kind, zur Welt.

Schauplatz: das Zweitausend-Seelen-Städtchen Kamenz in Sachsen. Ein übersichtlicher Flecken. Kleine Häuser duckten sich um majestätische Kirchen. Enge, angeschmutzte Gassen führten in rechtwinkliger Gliederung zum Großen Markt, wo die Läden der Gewerbetreibenden und das Rathaus mit dem barocken Giebeltürmchen beisammenstanden. Viel hat sich bis heute an diesem Städtchenbild nicht geändert, auch nicht die Verschlafenheit der hübschen Lage zu Füßen des grünbewachsenen Oberlausitzer Berglands. Ein stiller Grenzzipfel auf dem alten Verbindungsweg von Leipzig nach Krakau. West und Ost verwoben an der Trennlinie. Das slawische Bevölkerungselement behauptet sich bis heute, alle öffentlichen Aufschriften sind zweisprachig, deutsch und sorbisch. Der Name Lessing könnte sich vom slawischen »Less«, der Wald, herleiten. Als Wort-(und Völker?)mischung mit »ing« als germanischer Endung.

Das Stadtleben spielte sich streng hierarchisch ab, und Lessing kam auf einer recht hohen Rangstufe zur Welt. Sein Geburtshaus ist längst verbrannt, aber eine alte Zeichnung hält fest, wie es aussah. Ein gedrungenes, zweistöckiges Steinhaus. Die vordere Außenwand im oberen Teil mit gitterförmigen Spalieren bedeckt das schüttere Zweiggeflecht dreier Wildreben, deren Stämmchen an der unteren Mauerhälfte klebten. Ein hohes Dach mit Luken wie Maulwurfshügel, zwei winzige Schornsteine. Schmale, viergeteilte Fenster, eine oben gerundete Holztür. Das Haus stand frei, links und rechts ein Holzzaun, dahinter runde Baumkronen.

Es war der Sitz des Archidiakons, Lessings Vater amtierte als oberster Stadtprediger. So hochgeehrt wie umstritten. Ein Luther im Kleinformat, ein Hitzkopf im Dienst des Herrn. Die Betriebsamkeit kam von seinem eigenen Vater, dem Kamenzer Bürgermeister. Lessings bemerkenswerter Großvater hatte in seiner Jugend als Student der Philosophie und Juristerei eine Disputationsschrift über die *Duldung der Religionen* verfaßt, 20 Jahre nach dem Dreißigjährigen Krieg, im aufrichtigen Drang, den Frieden zwischen den Staaten und innerhalb der Gesellschaft sichern zu helfen. Familienkeime einer aufklärerischen Saat, die auf Entfaltung wartete. Großvater Lessing, der gutmütige, tolerante Bürgermeister, ackerte geduldig für die Wohlfahrt der Kamenzer Bürgerschaft und schob nach Kräften die knirschende Pflugschar des Fortschritts voran.

Sein Sohn Johann Gottfried neigte hingegen zu Jähzorn und konservativer Radikalität. Er warf sich auf die Theologie, streng lutherisch, studierte in der Lutherstadt Wittenberg, wurde dann als Prediger nach Kamenz zurückgeholt, heiratete die Tochter des Obersten Stadtpfarrers Feller und beerbte den Schwiegervater im ehrenvollen, aber miserabel bezahlten Amt.

Zwölf Kinder kamen, zehn Söhne und zwei Töchter. Allzu viele lebten allzukurz. Vier starben bald nach der Geburt, vier weitere sehr jung, und nur vier, darunter Gotthold Ephraim, überlebten die Eltern.

Doch jahrelang waren mindestens acht Kinderbäuche zu füllen. Tag für Tag pochten Bedürftige an die Tür, alle gingen gesättigt und mit Almosen bedacht wieder davon. Der Stadtpfarrer, in jeder Hinsicht kompromißlos, gab den letzten Heller für seine Nächsten hin. Nicht ohne jederzeit lautstark über die eigene Armut zu klagen. Radikal und rigoros blieb er sein Leben lang. Er stritt in Wort und Schrift für religiöse Disziplin. Christsein hieß für ihn: absolute Forderungen stellen, gegen Faulheit und Sittenlosigkeit anrennen, ohne Rücksicht auf die Unvollkommenheit der menschlichen Natur. Unerbittlich warf er seinen Kamenzer Schäfchen alle möglichen entsetzlichen Verfehlungen vor und stellte selbst die bürgerlichen Autoritäten zornrot in Frage, wenn sie vom rechten Weg abwichen.

Auch sogenannte »Freigeister« waren ihm suspekt. Als der Rektor der Stadtschule mit Unterstützung des Rates 1740 das Schultheaterspiel einführte, stänkerte der Herr Stadtpfarrer mit aller Kraft gegen die gottlose Neuerung an. Hitzköpfigkeit verstieg sich bei ihm blitzschnell in Engstirnigkeit, was ihn dazu prädestinierte, für seinen so besonderen Sohn ein schwieriger Vater zu sein.

Auf dem Grabstein seiner Frau Justina Salome steht, sie habe 45 Jahre lang das Glück einer vergnügten Ehe genossen. Jedenfalls wurde dieses Glück mit Schwerarbeit, mit vielen kranken Kindern, mit hartnäckigen Geldsorgen an der Seite eines fundamentalreligiösen Streithahns erkauft. Justina Salome war das Inbild einer sittsamen Frau und Mutter. Gelernt hatte die Pfarrerstochter, wie damals für Mädchen üblich, nur das Nötigste. Still, tugendhaft, aufopfernd, fromm bewältigte sie die tägliche Plackerei, um den Nachkommen, den überlebenden Nachkommen, den Weg in die Zukunft zu bahnen.

Ein Elternpaar wie aus dem lutherischen Musterbuch, mit entschlossenen, verhärmten Gesichtern, angetreten zum Arbeiten und Leiden, unverrückbar im sozialen Gefüge der Welt und des Himmels verankert.

Nun zur Schattenseite: Frühherbst 1729. Der 6. September. Nach jüdischer Zeitrechnung der 12. Ellul des Jahres 5489. Moses Mendelssohn kam in Dessau zur Welt. Dessau in Sachsen-Anhalt, eine ursprünglich slawische Siedlung mit deutschem Stadtrecht seit 1213, die sich dank ihrer Schlüssellage an der Muldemündung in die Elbe zur Residenz der Fürsten von Anhalt – Vorfahren der großen Katharina – entwickelt hatte. Repräsentative Renaissance- und Barockbauten prägten das Erscheinungsbild.

Eine der wenigen Städte, die neuerdings eine jüdische Gemeinde duldeten. Zwei Generationen zuvor hatte ein verständiger Fürst die Ansiedlung jüdischer Familien in beschränkter Zahl gestattet, sogar ein kleines Zentrum mosaischer Gelehrsamkeit war entstanden. Das Dessauer Getto hieß »Auf dem Sande«, wie um den Bewohnern vor Augen zu halten, daß ihr Siedlungsrecht auf Sand gebaut war. Auf Treibsand. Sie lebten streng abgesondert von der christlichen Umwelt, ohne Freiheiten, ohne Nachnamen, ohne verbriefte Aufenthaltserlaubnis.

Auch Mendelssohns Geburtshaus, längst weggewischt vom Sandsturm der Geschichte, ist auf einer gut erhaltenen Zeichnung zu sehen. Es gehörte einem christlichen Seifensieder. Deutlich baufälliges Fachwerk mit brüchigen Holzstreben und bröckelndem Steinverputz. Rechtwinklig klebt es an einem niedrigen Verschlag. Auf der freien Seite Holzböcke oder Regentonnen oder Abfallfässer, kein Baum, kein Grün.

Die Gettobewohner stammten größtenteils aus Halberstadt und aus Polen, von wo die Eltern oder Großeltern vor weniger liberalen Fürsten geflohen waren. Moses Mendelssohns Vater Mendel war eins der ärmsten Gemeindemitglieder. Tief religiös, doch ohne Ausbildung für das Rabbineramt, auch zum Kaufmännischen nicht geeignet, machte er sich in der Gemeinde mit frommen Diensten nützlich. Zunächst als Synagogendiener, der auch die Tätigkeit des »Schulklopfers« ausübte. Da es am jüdischen Bethaus keine Tonsignale gab, lief der Schulklopfer sommers und winters in aller Herrgottsfrühe durch die Gassen und rüttelte zum Frühgebet an jedem Türklopfer.

Später wurde er Elementarlehrer – unterwies also die Kleinen in den hebräischen Grundbegriffen – und Schreiber. Er hatte sich eine wunderschöne, exakte Handschrift angeübt und schrieb alles, was in der Gemeinde festzuhalten war. Thorarollen, Gesetzestexte, Geburten-, Heirats-, Sterbebücher. Und die kleinen Pergamente für die Mesusaröllchen, die jeder gläubige Jude bis heute an seinem Türrahmen befestigt. Es sind röhrchenförmige Behälter, in denen Sätze aus dem 5. Buch Mose verwahrt liegen. Sätze, die besagen, daß nur ein Gott ist, ein einziger, ewig Unabbildbarer, und daß das Gelobte Land unerschütterlich verheißen bleibt.

Der Gemeindedienst brachte kaum das Nötigste ein, Mendel ernährte die Familie kümmerlich. Seine Frau Bela Rahel Sara stammte aus Polen. Slawische Herkunftselemente wie bei Lessing. Unter ihren Ahnen gab es bedeutende Rabbiner, einer hatte es bis nach Paris gebracht, ein anderer soll der Sage nach sogar für einen Tag König von Polen gewesen sein. Trotzdem durfte Bela Rahel Sara, als weibliches

Familienmitglied, nur das Nötigste lernen. Sie wurde durch ihre Heirat in ein Leben voll Armut, Mittelmäßigkeit und Sorgen gezwungen. Drei Kinder kamen, mußten satt gemacht und hochgebracht werden.

Erst 1986 legte man bei Rekonstruktionsarbeiten auf dem israelitischen Friedhof von Dessau ihren langversunkenen Grabstein wieder frei. Der Grabspruch preist »eine Frau, geschätzt ob der Trefflichkeit stiller Frauen, die keusche, fromme Bela Rahel. Ihre Tugend und Mildtätigkeit möge ihr beistehen im Schweigen des Himmels.« Stillsein galt in jeder gesellschaftlichen Ordnung als weibliche Haupttugend.

Streifen wir die Jahre nach Lessings und Mendelssohns Geburt. Kronprinz Friedrich flüchtet vor seinem Vater, der ihn mit brutalem Griff zurückholt und inhaftieren läßt. Sein Herzensfreund Katte wird hingerichtet, er muß dabei zusehen. Seine spätere Hauptfeindin Maria Theresia, eine starke, machtgewohnte Frau und darin ihrer Zeit voraus wie Katharina, besteigt als Kaiserin den österreichischen Thron. Goethes Mutter kommt zur Welt und George Washington, der erste Präsident des geeinten Amerikas.

Die Theaterrevolutionärin Caroline Neuber arbeitet mit ihrer Schauspielertruppe an einer Reform der deutschsprachigen Bühne im Geist der aufgeklärten Literatur. Sie veröffentlicht im Jahr 1735 ihre Schrift *Die Umstände der Theaterkunst in allen vier Jahreszeiten.*

Zwei Kleinkinder strampeln, kriechen, stehen, trippeln, laufen in den Gehegen ihrer Elternhäuser, 50 Kilometer voneinander entfernt, gesellschaftlich strikt voneinander abgesondert. Nach Recht und Gesetz hätten sie nie im Leben zusammentreffen sollen.

Wer den Unterschied zwischen dem christlichen und dem jüdischen Milieu von damals benennen will, kann nichts Typischeres finden als diese verschiedenartige Herkunft. Gerade weil es so frappante Ähnlichkeiten gibt. Beide Mütter stammten aus Familien der höheren Geistlichkeit, was ihnen nicht ersparte, sich durch Heirat in häusliche

Mittellosigkeit fügen zu müssen, Tag und Nacht zu schuften, jeden Heller umzudrehen, bis in den Tod. Beide Väter sahen sich als berufene Hüter religiöser Gesetze, wenn auch in unterschiedlicher Position. Beide Elternpaare förderten die früh erkennbaren Geistesgaben eines ungewöhnlichen Sohns.

Der jüdische Vater gab seinem schmächtigen Jüngsten einen anspruchsvollen Namen: Moses.

Moses: die Kolossalfigur der jüdischen Geschichte. Der Auserwählte, der die Offenbarung Gottes am Sinai empfing. Der Anführer, der die Juden aus ägyptischem Frondienst leitete, durch Meeresstürme, durch Wüstenglut, bis ins verheißene Land. Moses, Lehrer und Befreier. Moses bedeutet Sehnsucht nach Erlösung aus der Bedrängnis. Der Name Moses ist Auftrag und Erwartung.

Als kleines Kind war Mendels Moses so schwach, daß ihn der Vater morgens auf den Armen in die Grundschule tragen mußte, wo er ihn ja zusammen mit den viel kräftigeren Altersgenossen im Elementarsten unterwies. Aber: So hinfällig der Winzlingskörper war, so lebhaft regte sich der früh erwachende Geist. Moses lernte geschwind. Lesen und schreiben konnte er mit fünf Jahren. Hebräisch natürlich. Deutsch zu lernen war verboten, deutsche Schulen zu besuchen war verboten. Die deutsche Umwelt mußte unverständlich bleiben, so wollte es das Gesetz. Mendel wußte bald nicht mehr, was er seinem unersättlichen Schülersohn eigentlich noch beibringen sollte. Moses war nicht mit normalem Maß zu messen. Er las fanatisch, verschlang wieder und wieder sämtlichen Lehrstoff, den er ergattern konnte, büffelte bis zur Erschöpfung, vermied, zu spielen, im Freien zu tollen, wuchs wenig, das Wenige schief und krumm, bewegte sich unbeholfen, ja ungelenk. Moses wurde ein Stotterer und blieb es auch.

Inzwischen unternahm Gotthold Ephraim Lessing die ersten Streifzüge ins Leben. Ein stämmiges, hübsches Kind mit blonden Haarkringeln auf dem kugelrunden Kopf. Und mit großen, blauen, überhell strahlenden Augen. »Rechte Tigeraugen« wurden sie genannt. Beunruhigende Augen, heißhungrig, durchdringend.

Auch er lernte früh beim Vater Lesen und Schreiben, Deutsch und Latein. Das Spielen und Rennen und Tollen und Strolchen vergaß er nicht. Aber auch er las unheimlich gern. Fünfjährig mußte er sich mit seinem Bruder zusammen porträtieren lassen – und machte sich gleich Sorgen um die Kulisse. »Mit einem großen großen Haufen Bücher müssen Sie mich malen«, befahl er dem Künstler, »oder ich will lieber gar nicht gemalt sein.« Besser, es geschieht nichts als etwas Ungefähres. Lessing als Knospe.

Der reizvollste Aussichtspunkt in Kamenz liegt auf dem Friedhof der Hauptkirche zu Sankt Marien, wo Vater Lessing predigte. Das erhöhte Plätzchen am hinteren Rand des Kirchgartens ist – heute noch – gerade groß genug für eine Bank und einen dichtverzweigten Baum. Dort soll Lessing als Kind oft gesessen und auf die sanftgewellte Landschaft der nordwestlichen Lausitz geblickt haben. Vielleicht rannte er dann an den dunkelgrauen Grabsteinen seiner Ahnen vorbei in die Kirche, um noch rechtzeitig zum Chorsingen zu erscheinen; da wurden fromme Lieder einstudiert, die zum Teil der Vater selbst gedichtet hatte. Eins geht so:

Andreas hat gefehlet,
Philippus falsch gezählet,
ich rechne wie ein Kind.
Mein Jesus kann addieren,
und kann multiplizieren,
auch da wo lauter Nullen sind.

Der aufgeweckte Junge ging vier Jahre in die Kamenzer lateinische Stadtschule. Eben zu der Zeit, als dort der »freigeistige« Pädagoge Heinitz wirkte, ein Anhänger der Aufklärung und des Theaterpioniers Gottsched. Er lehrte Poetik und Philosophie. Er war der Gottvergessene, der unter dem Protest des Obersten Stadtpfarrers das Schultheaterspiel einführte, wofür das Schulhaus sogar eine kleine Schaubühne eingebaut bekam. Natürlich wurde dem kleinen Gotthold Ephraim vom Vater die Mitwirkung im Schultheater untersagt, ob er darunter gelitten hat, wissen wir nicht. Ganz sicher nahm er begierig auf, was ihm Heinitz über den regulären Unterricht hinaus mitgab – nur mußte er bis zur Ermattung hören, wie sein Vater im Familienkreis und auf der Kanzel dagegen tobte. Kinder-Erfahrungen, die viel mehr fürs Leben vorentscheiden, als uns je bewußt wird. Jedenfalls gewann Lessing früh den ersten Eindruck vom Schlagabtausch zwischen Orthodoxie und aufklärerischem Freigeist. Sein eigener Vater war auf der Seite der Rückwärtsgewandten. Der Sohn hat vielleicht schon geahnt, wohin es ihn selber zog; ein tastendes Vorspiel späterer Gesinnungskämpfe.

Unterdessen wird Friedrich, später der Große, zum König gekrönt. Caroline Neuber vertreibt die Figur des »Hanswurst« von ihrer Bühne und räumt sie mit dieser Herkulestat frei für ein literarisches Theater.

Die erste deutsche Freimaurerloge wird gegründet.

Obwohl Friedrich der Große früher die Soldatenuniform als »Sterbekittel« geschmäht hat, richtet er sein Herrschaftsziel auf einen Militärstaat aus. Er beginnt unverzüglich seinen ersten Krieg, Erster Schlesischer Krieg genannt, gegen Österreich. Es geht um die Alleinherrschaft über den Zankapfel Schlesien.

Der Jude Joseph Süß Oppenheimer, »Jud Süß« genannt, muß die Schuld dafür tragen, daß er als Finanzrat des Herzogs von Württemberg im Dienst seines Herrn das Land geplündert hat. Er wird durch den Strang hingerichtet.

Lessing wurde 11 Jahre alt; schon war die Kamenzer Schule mit ihrem Latein am Ende. Er lernte blitzschnell, er kombinierte blitzgescheit. Ein Hochbegabter. Wohin mit ihm? Höhere Schulen waren eigentlich unerschwinglich. Aber der Vater erhielt durch die Vermittlung eines Gönners, des Oberstleutnants Carl Leonhardt Darlowitz – Besitzer des Ritterguts Liebenau bei Kamenz und eifriger Kirchgänger wie viele Militärs, auf daß Gott nur immer die Waffen segne –, für seinen Sohn einen »Kostplatz«. An der Fürstenschule St. Afra in Meißen, die für den sächsischen Kurfürsten eine dienstbare männliche Oberschicht heranbildete. Was konnte es Günstigeres geben?

Nun ja. Zwar zog er jetzt in eine größere Stadt, wohnte in einem schloßartigen Gebäude, lernte auf einer Eliteschule, wand sich aber im Schraubstock der Internatszucht, die um so rückständiger wirken mußte, als er in den Grundschuljahren – ausgerechnet im winzigen Kamenz – vom Hauch der Aufklärung und vom Zauber des Theaterspiels berührt worden war. Was ihn für jegliche Autoritätshörigkeit verdorben hatte. Er beugte den Rücken nicht tiefer als unbedingt nötig. Sein Eigensinn war schon zu ausgeprägt. Ein unbändiger, neugieriger, enorm phantasievoller Schüler. Die Lehrer seufzten, er sei ein Pferd, das doppeltes Futter brauche, wo die anderen kaum das einfache herunterwürgten. Ihre Hauptsorge war, daß er leichtsinnig oder gar aufmüpfig werden könnte; sie wiegten die Köpfe und mahnten, er dürfe sein schmuckes Äußeres nicht durch vorlautes, freches Wesen beflekken. Lessing stürmte trotzdem bis an die Grenzen. Er schürte den Protest gegen das jämmerlich schlechte Essen, machte sich anderer Unbotmäßigkeiten schuldig, trieb es aber pfiffig, wie er war, nie so weit, daß man ihn von der Schule gewiesen hätte.

Nicht nur die Lehranstalt, auch der Vater drang auf Subordination, die sich unter anderem in wohlgesetzten Episteln an seine Gönner äußern mußte. »Hochzuehrender Herr Vater!« schrieb das Söhnchen in einem seiner ersten erhaltenen Briefe, »Das Lob, welches Sie mir, wegen des verfertigten poetischen Sendschreibens unverdient erteilet, soll mich anreizen, nach Dero Verlangen ein kürzeres, und, wo es mir möglich, ein besseres zu machen. Zwar, Ihnen es frei zu gestehen, wenn ich die Zeit, die ich damit schon zugebracht und noch zubringen muß überlege, so muß ich mir selbst den Vorwurf machen, daß ich sie auf eine unnütze Weise versplittert. Der beste Trost dabei ist, daß es auf dero Befehl geschehen.«

Ein ungeduldiger, wahrheitssüchtiger, die Tarnkappe der Erziehungswillkür zerreißender Geist, mühsam die unvermeidlichste Höflichkeit wahrend: Lessing als Knospe.

Der Vater ging noch weiter, um den Sprößling nach echt deutscher Manier auf die Härte des Lebens einzustimmen: Er konfrontierte ihn mit dem Krieg. In der Schlacht von Kesselsdorf siegte die preußische Armee, König Friedrich zog mit seinen Haudegen in das zusammenkartätschte Meißen ein, die St.-Afra-Schule wurde zum Lazarett umgerüstet. Die Schüler flohen in die Elternhäuser, aber der hochsensible Lessing mußte auf Geheiß des Vaters in der Schule ausharren, obwohl es vorübergehend gar keinen Unterricht gab. Er sah die Verwundeten in Blut und Dreck auf ihren Pritschen, hörte das Stöhnen, roch die Verwesung, erfuhr, was Kriegstod war. Die Verstörung war so tief, das Mitgefühl mit den Leidenden so bestürzend, daß der Vorwurf an den Vater fast darin erstickte. »Was mich anbelangt, so ist es mir umso verdrüßlicher, hier zu sein, da Sie so gar entschlossen zu sein scheinen, mich auch den Sommer über, in welchem es vermutlich zehnmal ärger sein wird, hier zu lassen.«

Normalität kehrte zurück, der Schulbetrieb ging weiter. Und Lessings Lehrer kapitulierten vor Lessings Genie. Die Lectiones, die anderen zu schwer würden, seien Gotthold Ephraim kinderleicht. Sie könnten ihn eigentlich nicht mehr gebrauchen. Es gebe kein Gebiet der Gelehrsamkeit, das sein rühriger Geist nicht begehre und ergreife; nur müsse er bisweilen von einer das rechte Maß überschreitenden Zersplitterung zurückgehalten werden. Man konferierte mit dem geschmeichelten Vater, schließlich ging Lessing ein Jahr früher als vorgesehen mit glänzendem Zeugnis von der Schule ab. Er war 17 Jahre alt. Die angesehensten Universitäten, die wissenschaftliche oder geistliche Laufbahn, der gesellschaftliche Aufstieg, »die Welt«, alles stand ihm offen.

Aber es konnte nicht so kommen, wie Vater Lessing zuversichtlich hoffte. Kommen mußte, was er abzuwenden suchte. Sein Sohn war unbegreiflich anders als er. Gotthold hatte nicht nur gelernt. Er hatte auch als Kind die Szenen seines künftigen Lebens in der Anlage durchgespielt. Er hatte in sich, ohne es bewußt zu wollen, das Arsenal schon eingerichtet für die Wirkstoffe seiner Existenz.

Der kleine Moses entwuchs ruckartig dem väterlichen Lehrerwissen. Mendel schickte ihn ins »Beth Hamidrasch«, das Lehrhaus für die Oberstufe, wo die Ausbildung, die ein Knabe gewöhnlich erhielt, vervollständigt wurde. Auch Moses war hochbegabt, wie die Erzieher fast erschrocken feststellten. So kläglich weit er mit seinem Körper hinter den Altersgenossen zurückblieb, so herrlich weit und hundertmal weiter preschte er mit seinem Geist allen anderen voraus. Auch er hätte doppeltes Futter gebraucht – und bekam nicht einmal das halbe. Nur daß er nicht aufbegehrte, keine eigensüchtigen Ansprüche stellte, sondern in stiller Zähigkeit viel mehr las und notierte, als die Ausbildung vorschrieb, die sich hauptsächlich auf den Talmud und andere fromme Schriften bezog. Extreme Einschränkung macht Proteste sinnlos. Desto beharrlicher dehnte er die Grenzen in seinem kleinen Kopf. Mit zehn Jahren soll Moses schon hebräische Gedichte verfaßt haben.

Auch er hatte das Glück, von einem freidenkenden Pädagogen gefördert zu werden. Es war der Landesrabbiner David Fränkel, ein angesehener Talmudist, der behutsam die jüdische Religiosität mit aufklärerischen Impulsen in Berührung brachte. Die Starrheit der deutschen und polnischen Talmudkommentare lockerte er mit der Rückbesinnung auf ältere Deutungen.

Er lenkte die Wißbegier seines Schülers auf den bedeutendsten jüdischen Religionsphilosophen des Mittelalters, Moses Maimonides aus Cordoba, den frühen Verkünder weitgespannter Welt- und Gottesbetrachtung. Maimonides war in eine Konstellation geboren worden, die geistige Freizügigkeit zuließ: ins Spanien des zwölften Jahrhunderts. Unvergleichlich fruchtbar wirkten damals die Mittelmeerkulturen miteinander und ineinander, bis die Inquisition die Vielfalt zerstörte. Maimonides hatte die verstreute Talmudüberlieferung systematisiert und mit der aristotelischen Philosophie verknüpft, was ihm bis in islamische und christliche Gelehrtenschulen Wirksamkeit verlieh.

Wie beim Kind Gotthold steckten also auch beim Kind Moses wegweisende Früherlebnisse den Grundriß der Lebensthematik ab. Er lernte, daß ein unabhängiger Geist die Treue zur jüdischen Tradition bewahren, sie gleichzeitig mit aufklärender Vernunft verbinden, in den Zusammenhang einer sich wandelnden Welt stellen und damit neu formulieren konnte.

Moses las und las. Moses steckte den schmalen Kopf mit den schwarzen, wollig-krausen Haaren, der überhohen Stirn, den großgeschnittenen braunen Mandelaugen, der gebogenen, vorspringenden Nase, dem wulstigen Mund und dem spitzen Kinn in die Folianten. Fraß sich in die Worte. Beugte sich in die Lehrsysteme. Krümmte den zarten Rükken, auf dem sich immer deutlicher eine Wölbung bildete, während der Hals zwischen den mageren Schultern versank. Ihn beargwöhnte Gott sei Dank kein altväterischer Vater. Maimonides habe er es zuzuschreiben, daß er einen so verwachsenen Körper bekommen habe, sagte Moses später, aber deswegen liebe er ihn doch, denn er habe ihm manche trübe Stunde versüßt.

Trübe Stunden. Sobald er den Kopf aus den Büchern hob, erschrak er vor der Zukunft. Schon wurde es Zeit, sich aufs Erwachsenenleben vorzubereiten, seine Berufsaussichten glichen der Verurteilung zu lebenslänglicher Haft. Mit »Schnittwaren«, alten Kleidern oder Geld handeln, etwas anderes kam für einen Juden kaum in Betracht. Die Eltern konnten ihm nichts sagen, sie trotteten unterm Joch, gütig, aber ratlos. Als er 14 Jahre alt war, ging der Mann, der ihm die wichtigsten Anstöße gegeben hatte, ging Rabbi Fränkel aus Dessau fort. Seine Wirksamkeit verlangte einen größeren Rahmen, er wurde nach Berlin berufen, nichts konnte ihn halten, er verabschiedete sich von der konsternierten Gemeinde und reiste ab.

Moses fühlte sich vor den Kopf geschlagen. Im Stich gelassen. Dem Verhungern ausgeliefert. Was tun?

Er tat das Unglaubliche: Er stürmte aus der Sackgasse. Der 14jährige, fast zwergenhaft kleine, bucklig-verwachsene, stotternde Judenjunge machte sich im Herbst 1743, allein, ohne Geld, in schäbigsten Kleidern, einen Monat nach Rabbi Fränkels Weggang, gleichfalls nach Berlin auf. Er konnte nicht anders, er mußte seinem Lehrer folgen. Ob die Eltern ihr Einverständnis gaben, mit Tränen und Segenssprüchen, als er sich aus dem Dessauer Judengäßchen davonmachte? Jedenfalls: Während Lessing noch in Meißen die fürstliche Schulbank drückte und »Unbotmäßigkeiten« ausheckte, überwand der kleine Moses Kilometer um Kilometer, mehr als 130 Kilometer nordostwärts. Wer hat ihm den Weg gezeigt und wieder und wieder den Weg gezeigt, wer gab ihm zu essen, wo legte er sich schlafen in der Nacht? Immerhin beging er ein kriminelles Delikt, denn als Jude durfte er unter keinen Umständen aus seinem Wohnort davonlaufen, schon gar nicht ohne Grund, ohne mit Schikanen ausgestelltem Genehmigungspapier.

Der Legende nach bat er halb verhungert und erfroren vor Berlin am Rosenthaler Tor um Einlaß. Es war der einzige Zugang, durch den Juden die Stadt betreten durften. Nur gegen Geld, nur befristet, nur mit Berechtigungsschein. Der Torhüter, von der jüdischen Gemeinde gestellt, von der Obrigkeit überwacht, mußte mittellose Streuner den Bütteln überstellen. Aber das bucklige Kind, das stotternd erklärte, es sei gekommen, um beim neuen Rabbi Fränkel zu lernen, oder was es sonst in seinem Anhaltiner Jiddisch von sich gab, erweckte aus welchem Grund auch immer das Mitleid der Wächterseele. Er ließ den Kleinen zusammen mit einem Schlachtviehtransport durchschlüpfen. Sauber schrieb er ins Wachjournal: »Heute passierten das Rosenthaler Tor 6 Ochsen, 7 Schweine, 1 Jude.« Absolut korrekt, denn Juden waren im Wert den Tieren gleichgestellt. Riskiert hatte er einiges, aber er hätte sich herausreden, den Jungen später davonjagen können, wie ein Stück Schlachtvieh, dessen Zustand den Vorschriften nicht entsprach.

Berlin 1743, Preußens aufstrebende Metropole, Zentrum der Geistigkeit, der Künste, der Fortschrittsideen. Friedrich der Zweite, seit drei Jahren König, hat gerade seinen ersten Krieg beendet, er läßt sich von Quantz das Flötenspiel beibringen. Der Architekt Knobelsdorff bekommt viel Beifall für das neugebaute Opernhaus im klassizistischen Stil – nun können die italienischen Wandertruppen Triumphe feiern – und läßt gerade das Charlottenburger Schloß errichten. Er plant das Stadtschloß zu Potsdam und wird bald das Rokokoschlößchen Sanssoucis entwerfen. Damit Friedrich seine Lieblings-Koryphäen intim und à la mode um sich gruppieren kann. Die aufklärerische Gedankenfreiheit fasziniert den König. Er liebäugelt mit einer leichten Einschränkung der Zensur. Vor allem huldigt er dem französischen Esprit. Voltaire kommt fast gleichzeitig mit Moses nach Berlin, aus der Lichterstadt Paris, vom Preußenkönig mit Schalmeientönen hergelockt und gespannt auf seine Rolle in der höfischen Entourage.

Trotzdem ist Berlin mit seinen hunderttausend Einwohnern ein Brennpunkt sozialer Gegensätze. Unmittelbar neben verzierten Palästen und vornehmen oder wenigstens ansehnlichen Bürgerhäusern breiten sich stinkende Elendsviertel aus, mit windschiefen Hütten und sumpfigen Halden voller Unrat. Tausende vegetieren da elend zusammengepfercht, ausgezehrt von Hunger und Seuchenkrankheiten. In schmutzigen Budengassen machen Hehler und Diebe ihre Geschäfte. Ausbeuter, betrügerische Bankrotteure, Fälscher, Hasardeure, Gauner. Kräftige junge Männer lungern arbeitslos herum, ohne Aussichten, es sei denn auf den Kriegsdienst. Leichte Beute für die Werber aus dem preußischen Militär. Überall geschwächte Frauen auf der Suche nach Eßbarem, geschundene Tagelöhner, deren Entgelt kein Auskommen erlaubt. Alte, Kranke, Kinder ohne Schutz.

Vor diesem Hintergrund feiert sich die hauchdünne Schicht der wohlhabenden Bürger, der Adligen, des Gelehrtenstands und der aufblühenden literarischen Zirkel.

Moses stolperte, auf der Hut vor Ordnungshütern mit Ausweisungsbefugnis, zum Judendistrikt im Ostteil der Stadt, wo die gleiche Misere wie überall, aber verschärft und in spezieller Ausprägung herrschte. Berlin, Friedrichs des Großen tolerante, aufgeklärte Hauptstadt, zählte damals ungefähr 330 jüdische Familien, also 2000 jüdische Menschen insgesamt. Sie durften den Sperrbezirk nicht verlassen und waren straff in sechs verschiedene Klassen eingeteilt, was später im sogenannten »Judenreglement« festgeschrieben wurde:

Erste Klasse: Juden mit Generalprivileg. Das waren ganz wenige, vor allem Großkaufleute, Fabrikanten und Finanziers, die sich bei Hofe und im Geschäftsleben durch mancherlei Dienste nützlich machten. Sie besaßen das jederzeit widerrufbare Recht, annähernd wie Christen Handel zu treiben. Auch durften sie innerhalb des Sperrgebiets umziehen oder sogar ein Haus erwerben. Einzelne besonders Bevorzugte hatten sogar eine Art Aufenthaltsbewilligung, die auf alle Kinder vererbbar war.

Zweite Klasse: gewöhnliche Schutzjuden, eine kleine Gruppe ebenfalls, nicht ganz so nützlich, aber immerhin noch brauchbar für bestimmte mindere Geschäfte. Sie hatten kein Recht auf Beweglichkeit und durften ihren sogenannten Schutzbrief, der ihnen bestenfalls ein Leben im Windschatten garantierte, nur auf zwei Kinder vererben. Wenn sie für das erste tausend und das zweite zehntausend Taler aufwenden konnten.

Dritte Klasse: außerordentliche Schutzjuden, die ihr Schutzrecht auf niemanden vererben durften. Von einem Schutz für jüdische Frauen ist bei allen drei Klassen nichts bekannt.

Vierte Klasse: Angestellte der jüdischen Gemeinde, vom Rabbi bis zum Synagogendiener. Nur solange sie im Amt waren, genossen sie den Status eines außerordentlichen Schutzjuden.

Fünfte Klasse: Juden ohne Schutz und ohne Legitimation für das Leben in der Stadt. Sie mußten unter die Fittiche eines Schutzjuden kriechen, um nicht ausgewiesen zu werden.

Sechste Klasse: Gelegenheitsarbeiter, die nicht einmal heiraten durften. Wenn sie arbeitslos wurden, mußten sie Berlin umgehend verlassen oder kamen ins jüdische Bettelhaus, wo über ihr weiteres Schicksal entschieden wurde.

Alle wie immer gearteten »Rechte« konnten jederzeit widerrufen werden. Natürlich zerrieben sich diese Menschen in verbissenen Stellungskämpfen untereinander, in Unsicherheit, Abhängigkeit und geistiger Enge. Ihr ganzes Leben war im Grunde ein mörderischer Widerspruch, etwas, das es gab und doch eigentlich nicht geben durfte. Sie fühlten sich als »Nation« und waren doch in ihrem Geburtsland staatenlos. »Nächstes Jahr in Jerusalem«, beteten sie leidenschaftlich in der Synagoge, die nicht höher gebaut werden durfte als ein einstöckiges Bürgerhaus. Keiner hatte die Aussicht, je nach Jerusalem zu gelangen. Jeder nicht aufgeklärte Diebstahl in Berlin wurde »den Juden« angelastet. Wenn irgendwo in der Stadt ein Brand ausbrach, mußten »die Juden« 15 Taler Gebühr entrichten. Weil sie von der Löscharbeit zwangsbefreit waren. Dauernd mußten sie Bußgelder zahlen, ohne zu wissen, warum. Sie hatten unsichtbar und gleichzeitig dienstbar, verachtet und gleichzeitig nützlich, unschuldig und gleichzeitig die immer verfügbaren Sündenböcke zu sein.

Als Moses in Berlin Fuß fassen wollte, kam er nicht einmal für Klasse sechs in Betracht. Kein Schutz, keine Arbeit, er existierte von Rechts wegen nicht und lebte in der Illegalität. Rabbi Fränkel, erstaunt, seinen merkwürdigen Schüler so schnell wiederzusehen, brachte ihn als Dachkammergast in einer frommen Familie unter, bei der er auch zweimal in der Woche essen durfte. Für die anderen Tage wurde manchmal, längst nicht immer, ein Freitisch aufgetrieben. Etwas Taschengeld verdiente er sich durch das Kopieren hebräischer Texte mit seiner dem Vater abgeschauten schönen Handschrift. Er war einsam. Und bodenlos arm. Mit einem Brot kam er eine Woche aus, indem er Linien darauf malte, die nicht überschnitten werden durften. Er schämte sich, wenn er mit seinen zerschlissenen, schmuddeligen Kleidern unter Leute mußte, ein sauberes Hemd hatte er fast nie, schämte sich, weil er nicht nur verwachsen war, sondern nach wie vor erbärmlich stotterte.

Er zog sich in sich selbst zurück und baute auf das einzige, was er besaß, seine geistige Hochleistungsenergie, die ihn trieb, immer mehr, immer noch mehr zu wissen. Was er eigentlich so dringend wissen wollte, worauf er hinauswollte, begriff außer ihm selbst kaum jemand, da die meisten sich zerrieben an der Härte des nackten Überlebens.

Nicht einmal Rabbi Fränkel verstand ihn so richtig. Moses spürte von Tag zu Tag deutlicher, daß er sich mit der jüdischen, aufs Religiöse fixierten Gelehrsamkeit nicht begnügen konnte. Trotz aller Auslegungsvielfalt war sie stehengeblieben, ein verschlossenes Lehrgebäude ohne Fenster, ohne Licht und Luft. Abgekapselt von der Kultur der deutschen Umwelt, zugleich entfremdet von den eigenen Wurzeln, erstarrte das Denken der Juden trotz einzelner Freigeistversuche in stereotypem Hin- und Herwenden überlieferter Lehrsätze. Berlin, die Sehnsuchtsstadt, in die er doch aus der Sackgasse Dessau geflüchtet war, kam ihm wie eine neue, nur etwas belebtere Sackgasse vor.

Eingesperrt fühlte er sich. Denn seine Intelligenz drängte, das wurde ihm immer klarer, zur »Weltweisheit«, wie man damals die Philosophie nannte. Also zu einer umfassenden wissenschaftlichen Erklärung des kosmischen Gefüges und der menschlichen Existenz. Sich ausweiten wollte er. Große Philosophen wollte er studieren, griechische, englische, französische – und nicht zuletzt deutsche!

Es war zum Verzweifeln: Er lebte in Deutschland und durfte Deutschland nicht kennen. Nichts Dringenderes gab es, als Deutsch zu lernen, aber das war verboten. Also lernte er heimlich Deutsch. Ein Kamerad, der ein deutsches Buch zu ihm schmuggeln wollte, wurde geschnappt und ausgewiesen von jüdischen Aufpassern in preußischem Dienst, was die Geschichte zur kleinen Tragödie macht. Trotzdem, Moses lernte Deutsch und begann jetzt erst, den geographischen Punkt auf der Weltkugel, wo er doch geboren worden war und lebte, schärfer wahrzunehmen. Wie ein Kurzsichtiger, der nach vielen Jahren des verschwommenen Sehens eine Brille aufsetzt, heimlich, weil ihm das Brillentragen verboten ist.

Staunend erschloß er sich den Reichtum deutscher Literatur und Philosophie. Weiter, weiter; er brachte sich Griechisch, Latein, Französisch, Mathematik in mühseligstem Selbststudium bei. Die Dämme brachen, Wissensflut überschwemmte ihn. Hilfsbedürftig wie ein Ertrinkender suchte er nach Lehrern, befragte jüdische Bekannte, die selbst ein Stückchen Bildung erbeutet hatten, solche Rettungsanker gab es hier immerhin, ließ sich von ihnen unterweisen, drechselte sich aus Selbststudium und Anleitung sein Bildungsinstrumentarium zurecht. Mit dem unvollständigen Werkzeug erforschte er die europäischen Philosophen von Sokrates bis Leibniz. Sehnsüchtig beäugte er durch lauter verbotene Luken die neue Welt. Seine Welt.

Nichts gab es, was er so dringend gebraucht hätte wie ein Studium auf der Universität. Aber das war Juden untersagt. Nicht einmal betreten durften sie das Universitätsgelände, geschweige denn eine einzige Vorlesung hören. Dieser Ausschluß war das entscheidende Hindernis; er hat ihm wohl auch wirklich den Zugang zu bleibender Forschertätigkeit verbaut. Denn die Berufung, die er in sich spürte, war die zum Wissenschaftler, dessen einzig passender Platz die Universität ist, wo systematisch gelernt und gelehrt wird, wo die Forschungsergebnisse entwickelt, diskutiert, verbreitet und in den streng kanalisierten Strom der etablierten Forschung aufgenommen werden. Sein Leben lang hat Moses versucht, als Ausgeschlossener den Vorsprung der Akademiker wenigstens annähernd aufzuholen. Der Wettlauf begann in früher Jugend. Die Niederlagen – weit über den Tod hinaus – waren vorbestimmt. David bleibt in den Augen der Umwelt immer der Schwächere, auch wenn er Goliath hie und da bezwingt.

Außerdem stand er wieder einmal vor dem Geheiß, einen Brotberuf zu ergreifen, ewig konnte er nicht als Schüler in der Dachkammer hokken. Jetzt zeigten sich wieder die Vorzüge der Berliner Judenstadt, er fand eine Arbeit, die nicht allzu demütigend war. Moses wurde Hauslehrer bei den Kindern des Seidenfabrikanten und ziemlich wohlbestallten Schutzjuden Isaak Bernhard.

Jede freie Minute gehörte der »Weltweisheit«, wobei neben dem autodidaktischen Lernen das heimliche Niederschreiben der ersten eigenen philosophischen Betrachtungen begann. Es wurde Zeit; Zeit für die Spaltung des Lebens in Brotberuf und Berufung, die er nie mehr überwand.

Was vor Moses, Mendels Sohn aus Dessau, für immer verschlossen blieb, obwohl er es wie Luft und Brot gebraucht hätte – das war für den herrlich jungen, übermütigen, glänzend gescheiten Lessing eine Selbstverständlichkeit.

Also auf nach Leipzig, zum Studium an der ehrwürdigen Universität, für das die Eltern die letzten Heller zusammenzukratzen entschlossen waren. »Ich habe zu Leipzig und Wittenberg studiert. Man setzt mich aber in eine große Verlegenheit, wenn man mich fragt, was?« schrieb er später. Theologie natürlich, der Vater konnte sich nichts anderes vorstellen, Philosophie, später etwas Medizin ... Der überreich Begabte schnüffelte in den akademischen Stallungen, konnte sich jedoch an keiner wissenschaftlichen Futterkrippe so eindeutig festfressen.

Er wurde zwar nicht müde zu lesen. Aber nicht nur Gelehrtes. Und nicht als Lebensinhalt. Er suchte. Suchte nach der universalen Herausforderung für die vielgestaltigen, ungestümen Kräfte, die in seinem Inneren nach Entfaltung drängten. Bücher machen mich vielleicht gelehrt, aber nimmermehr zu einem Menschen, diagnostizierte er. So stur die Eltern es auch abstritten: Das Leben, das große, volle Leben, das doch erst in seiner wilden Ganzheit den Charakter bildet, mußte noch anderes enthalten als Büffeln und Beten. Oder, wie Luther gesagt hatte, Arbeiten und Leiden, denn dazu sei der Mensch geboren wie der Vogel zum Fliegen, worin ihm Vater Lessing wie in allem beipflichtete.

Zuerst hatte Gotthold Ephraim den Schock der Verpflanzung von Meißen nach Leipzig verkraften müssen. Beklommen war er wochenlang in der quicklebendigen Stadt, »wo man die ganze Welt im Kleinen sehen kann«, herumgetappt. Zuerst hatte er sich so fürchterlich geniert, daß er nur selten aus seiner Studentenklause hervorgeschlichen war. Auch er eine arme Kirchenmaus. Auch an ihm schlotterten zerschlissene, abgewetzte Kleider. Wo doch die anderen jungen Männer neuerdings in engtaillierten samtenen Kavaliersröcken und preziösem Schuhwerk paradierten. Guter Gott! Sobald er seine Denkhöhle verließ, kam er sich wie ein Dorftrampel vor! Was für eine bäurische Schüchternheit, was für ein plumper, ungepflegter Körper, was für eine Unkenntnis gezierter Umgangsformen, wie sie in der Zeit des beginnenden Rokoko zum guten Ton gehörten. Er schämte sich, wie Moses in Berlin, schämte sich bei jeder ungeschickten Bewegung, bei jedem ungehobelten Satz.

Aber er wäre nicht Lessing gewesen, wenn er sich darin erschöpft hätte. Er lernte tanzen, fechten, voltigieren, parlieren, um seinem Körper, seinem Mundwerk Schliff zu verpassen. Der Erfolg konnte nicht ausbleiben, da er von Natur aus eine besonders ansprechende Erscheinung war, mit seinen braunblonden Lockenhaaren, der breiten Stirn, der geraden Nase, den hübsch geschwungenen Lippen, dem leicht vorgebauten Grübchenkinn und vor allem, vor allem den großen, aus der Tiefe seines Wesens leuchtenden blauen Augen!

Freilich senkte er die Augen nach wie vor in Bücher, doch immer seltener in wissenschaftliche Konvolute, die den Verstand bildeten, aber nicht die Seele und schon gar nicht die Sinne. Es gab auch andere Druck-Erzeugnisse, halb verbotene, doppelt reizvolle. Dramatisch verflochtene Handlungsabläufe, betörende Phantasiefiguren, brennende Leidenschaften und verwegene Abenteuer zwischen Buchdeckeln; sie beschworen die Erinnerung an das verteufelte Schultheaterspiel herauf, sie reizten mit magischen Lockrufen den eigenen Gestaltungstrieb.

Die Komödien seien ihm »zuerst in die Hand gekommen«, schrieb er dem Vater. Als ob er sie nicht selbst zur Hand genommen hätte! Obwohl oder gerade weil sie doch nach Vaters Meinung Blendwerk des Teufels waren, bestand er trotzig darauf, ihm persönlich hätten sie sehr große Dienste getan. Man lerne daraus wahre und falsche Tugenden unterscheiden, und die Laster lerne man ebensosehr wegen ihrer Lächerlichkeit wie wegen ihrer Schändlichkeit fliehen. Was er viel wirkungsvoller fand. Aber vor allem habe er sich selbst kennengelernt und seither über niemanden mehr gelacht als über sich.

Es muß ein befreiendes Lachen gewesen sein. Sich selbst hatte er kennengelernt. Sich selbst entdeckt. Das heißt: sein Theaterblut, das sich in abgebundenen Adern regte. Sofort begann er, die Adern aufzuschnüren, eigene Stücke zu entwerfen; dann riß es ihn aus dem Lesen und Schreiben wie an Puppenspielerfäden aus der Studierstube hinaus. Und hinein mit vielen anderen in das Zauberreich, wo sich die »Stücke« im Spiel zu ihrer Ganzheitsform entfalten: ins Theater.

Das Schicksal wollte es, daß Lessings Hauptbegabung, die des Dramatikers, von der bedeutendsten deutschen Bühnenpersönlichkeit der Epoche wachgeküßt wurde. Ausgerechnet während seiner kurzen Leipziger Studienzeit wirkte Caroline Neuber mit ihrer Truppe in der sächsischen Kunststadt.

Caroline Neuber, genannt die Neuberin, war damals schon über 50 Jahre alt, eine üppige, große Frau in jeder Hinsicht. Üppige Lockenmähne, üppiges Gesicht mit schrägen, klugen Augen, üppiger Busen, üppige Rüschenkleider. Überschießende Tatkraft des besessenen Theatermenschen. Eine Ausnahmeerscheinung, wenn man bedenkt, daß Frauen normalerweise weder im Kulturleben noch auf irgendeinem anderen Berufsgebiet aktiv mitspielen durften. Das Theater genoß allerdings in der Gesellschaft eine nicht nur magnetische, sondern auch berüchtigte Anziehungskraft, ähnlich wie die Prostitution, wodurch Frauenkarrieren einigermaßen gedeihen konnten. Wenn auch so gut wie nie bis zur Leitfigur der Truppe. Was die Seltenheit einer solchen weiblichen Energieleistung, übrigens fast bis heute, unterstreicht.

Die Neuberin hatte durch die Himmel und Höllen ihrer vielen Jahre als Theaterprinzipalin eine vorwärtsstürmende Risikofreude gerettet. Mit ihrem ständig von Finanznöten bedrängten Ensemble erstrebte sie nichts Geringeres als die substantielle Erneuerung des deutschen Theaters. Die ach so beliebten Hanswurstiaden mit dem obligaten Hosen-Herunterlassen hatte sie mutig verbannt von den Brettern, die ihre nach Höherem strebende Welt bedeuteten. Sie bewunderte die Theaterkunst der Franzosen, an der sie sich mit ihrer literarisch ausgerichteten Bühne orientierte. Französische Stücke gehörten seit Jahren zu ihrem Repertoire. Aber warum sollte eigentlich nicht auch der deutsche Sprachraum Dramatikertalente wie Corneille, Racine, wie vor allem Molière hervorbringen, die dem verehrten Publikum mit deutscher Literatur auf höchstem Niveau Unterhaltung bescheren – und gleichzeitig den Spiegel zeigen konnten?

Eine Zeitlang hatte sie auf den Dichterprofessor Johann Christoph Gottsched gesetzt, einen Theologensohn mit unbestreitbaren Verdiensten um die deutsche Literatur und das Theater im Sinn der Aufklärung. Nur daß seine dramatischen Geschöpfe so schrecklich blaß waren und auf der Bühne nie richtig zum Leben erwachten. So fahndete die Neuberin immer noch nach dem Urtalent, das sie sich als Blutzufuhr für ihre Truppe ersehnte.

Lessing, kaum der Pubertät entwachsen, besuchte also ihre Schaubühne in Leipzig – und war begeistert! Nicht nur das. Er war angekommen. Er hatte gefunden, was er suchte: die Kunstgestalten-Welt, wo Gefühl und Geist und Sinnlichkeit zusammenwirkten, verführerisch, unwiderstehlich, im Glitzerkleid literarischer Phantasie und fortschrittlicher Risikofreude.

Er suchte die Gesellschaft der Theaterleute, verliebte sich wahnsinnig in Christiane Friederike Lorenz, die jüngste, süßeste Schauspielerin der Neuber-Truppe – und wurde der Prinzipalin höchstpersönlich vorgestellt! Mit dem heftigsten Herzklopfen der Welt zeigte er ihr sein heimlich geschriebenes, zehntausendmal verbessertes Lustspiel *Der junge Gelehrte*, um ihr Urteil zu hören. Carolines Wünschelrute schlug aus! Sie schritt ohne Federlesen zur bedeutsamsten Tat ihres Theaterlebens – sie führte das Stück ganz einfach auf.

Das waghalsige Unternehmen geriet sogar zum kleinen Triumph. »Wenn nach dem Gelächter der Zuschauer und ihrem Händeklatschen die Güte eines Lustspiels abzumessen ist, so hätte ich hinlänglich Ursache, das meinige für keines von den Schlechtesten zu halten«, vermerkte der noch minderjährige Dramatiker nach der Premiere nicht ohne Anflug von Selbstkritik, was genau seinem Naturell entsprach, in dem sich Kreativität und Analyse lebenslang die Waage hielten oder stritten.

Wie auch immer, sein Theatergenie war aus dem Ei geschlüpft, kräftig, überzeugend von Anbeginn. Der Erfolg beflügelte ihn, er beschloß, nun eine Komödie nach der anderen zu schreiben, alle mit wunderschönen Rollen auf den Leib der »Lorenzin«, den er heiß begehrte, wie könnte es anders gewesen sein.

Caroline Neuber hatte ihr Komödienschreiber-Genie, wenn auch in Form eines zarten Pflänzchens, aufgespürt. Tag und Nacht brütete Lessing über neuen Ideen, fühlte sich bereits als Bahnbrecher und witterte die richtige Fährte, denn auf dem Gebiet des Lustspiels hatte sich bisher keiner der steifleinenen oder pathetischen deutschen Theaterdichter hervorgetan. Nicht zu ermessen, wie organisch sein Talent hätte wachsen können, wenn er kontinuierlich mit der Neuber-Truppe zusammengearbeitet hätte.

Aber. Aber es konnte nicht ausbleiben, daß die Katastrophenkunde von seinem Bühnen-Lotterleben zu den entsetzten Eltern drang. Sie gebärdeten sich, als hätte der Blitz der Verdammnis in ihr reinliches Pfarrhäuschen eingeschlagen. Ihr Sohn bei den Komödianten! Im Sündenpfuhl! Mit gottlosem Gesindel, moralischem Abschaum, der bis vor kurzem auf keinem christlichen Friedhof begraben werden durfte, verschwendete er das zusammengescharrte Studiengeld! Wofür hatte man ihn damals vom Schultheaterspiel abgehalten? Ein Comoediendichter kann kein guter Christ sein, dekretierte der Vater und griff zwecks Rettung des angefaulten Sprößlings – der Zweck heiligt die Mittel – zu einer unchristlichen Notlüge. Wehklagend und gebieterisch zugleich schrieb er Gotthold nach Leipzig, die Mutter liege auf dem Sterbebett, und wenn er sie noch einmal lebend sehen wolle, habe er stehenden Fußes nach Kamenz zu eilen.

Der Ungehorsame erschrak zu Tode, nahm die nächste Postkutsche, es war knisterndes Frostwetter, durchgefroren kam er in die Vaterstadt zurück. Dort saßen Herr und Frau Archidiakon kerngesund in der Pfarrstube neben dem qualmenden Ofen. Gnadenlos wie das leibhaftige Jüngste Gericht. Schleuderten dem Filius ihre Vorwürfe um die Ohren und setzten ihm den Kopf zurecht.

Gotthold schlich tatsächlich schuldbewußt ein ganzes Vierteljahr in der zu eng gewordenen Geburtsstadt herum, durch die Winkelgäßchen, vorbei an den geduckten Häuschen, zum beschneiten Hochsitz auf dem Friedhof und wieder zurück. Schließlich hielten ihn die Eltern für weichgewalkt und schlossen einen Handel mit ihm ab. Sie bezahlten seine Schulden, ein Gönner soll sich erbarmt haben, Gotthold schwor dafür hoch und heilig, er werde von nun an in Leipzig studieren und nichts als studieren, so wahr ihm Gott helfe.

Und – zum letzten Mal – von Kamenz Abschied genommen. Und nach Leipzig zurückgeeilt. Und im Sturmschritt – zum Theater. Und unter Tränen Wiedersehen gefeiert mit der Neuberin. Und ganz besonders zärtlich mit der Lorenzin. Und mit den anderen Komödianten. Das fabelhafte, anstrengende, verrückte Künstlerleben!

Aber der Truppe ging es schlecht. Sie drohte von der Schuldenlawine zermalmt zu werden. Anspruchsvolles Theater ist kostspielig und bringt nicht halb soviel ein wie der blanke hanswurstische Hintern. Der 19jährige Lessing bürgte für einen Teil der Schulden mit fast nichts als seinem guten Herzen, der Bankrott war unabwendbar, die eben noch umjubelte Compagnie der großen Neuberin floh unrühmlich bei Nacht und Nebel nach Wien, wohin der Arm der sächsischen Polizei nicht reichte. Gotthold Ephraim blieb zurück, saß auf der leeren Bretterbühne, vermißte all die wunderbaren Spielfiguren aus Fleisch und Blut, vermißte sein entschwundenes Liebchen, weinte um die zerstörten Hoffnungen, konnte sich aber nicht entschließen, der Truppe nachzureisen, und bald bedrängten ihn die aufgebrachten Gläubiger, die aus ihm eventuell noch ein paar Taler herauszuquetschen hofften.

Der Leipziger Boden erhitzte sich schockartig. Der gefeierte Herr Nachwuchsdramatiker konnte schließlich nur noch das Weite suchen. Was war das Weiteste? Keine Frage für ein junges Genie. Genau wie Moses aus Dessau vor fünf Jahren zog es auch ihn jetzt aus einem privaten Teufelskreis hinaus – nach Berlin natürlich, dem kulturellen Zentrum, der glanzvollen preußischen Hauptstadt des jungen, aufgeklärten Königs Friedrich.

Inzwischen hat Knobelsdorff das Lustschloß Sanssoucis vollendet, Voltaire ist bei Hof auf dem Zenit seiner Wirksamkeit, Johann Sebastian Bach hat den König besucht und über ein von Majestät höchstselbst entworfenes Thema sein *Musikalisches Opfer* komponiert. Im »Frieden von Dresden« ist dem machthungrigen Preußen endlich ganz Schlesien zugefallen, und die Zahl der preußischen Bauernhöfe ist durch eine entschlossene Landreform des Königs beachtlich gestiegen.

Berlin allerdings sieht kaum anders aus als bei der Ankunft des buckligen Judenjungen Moses, die sozialen Gegensätze haben sich eher noch verschärft. Die Hauptstadt ist ein Magnet für Neureiche und Abenteurer, für Kriegsversehrte, Arme, Kriminelle, Kriegsgewinnler und Glückssucher, von denen die meisten früher oder später die Elendsviertel bevölkern.

Lessing mußte nicht am Berliner Stadttor betteln. Er mußte sich nicht im Kämmerlein verstecken, um Deutsch zu schreiben oder zu lesen. Er schritt unbehelligt durch das Tor und wurde unverzüglich eingeführt in die Vorhöfe des Kulturlebens. Ein Vetter aus der Kamenzer Lessingfamilie, schon vor Jahren nach Berlin ausgebüxt, hatte im Zeitungswesen Fuß gefaßt und vermittelte ihm die entscheidenden Kontakte. Gotthold begann, sich mutig als freier Journalist und Schriftsteller durchzuschlagen. Leicht war es nicht, er hatte nach wie vor verzweifelt wenig Geld, er schämte sich in Berlin wie Moses seiner abgetragenen Schlotterkleidung. Inzwischen waren weiße Zopfperücke, verzierter Rock, bestickte Weste, Dreispitz, Samtkniehosen, Spitzenjabot, Schnallenschuhe, Stock und Zierdegen zum Modezwang für junge Kavaliere avanciert. Totale Selbststilisierung als Gebot der Zeit. Das Rokoko diktierte seine unbarmherzig verspielten Regeln. Wer sie nicht befolgen konnte, war rettungslos im Rückstand. Wie sollte er da bei höheren Stellen gute Figur machen? Die Anfangsniederlagen warfen ihn zurück auf sein trotziges Selbstgefühl.

So dichtete Lessing in der ersten Berliner Zeit:

ICH

Die Ehre hat mich nie gesucht;
Sie hätte mich auch nie gefunden.
Wählt man, in zugezählten Stunden,
Ein prächtig Feierkleid zur Flucht?

Auch Schätze hab ich nie begehrt.
Was hilft es sie auf kurzen Wegen
Für Diebe mehr als sich zu hegen?
Wo man das wenigste verzehrt?

Wie lange währts, so bin ich hin,
Und einer Nachwelt untern Füßen?
Was braucht sie, wen sie tritt, zu wissen?
Weiß ich nur, wer ich bin.

Trotzdem, die Leserschaft horchte auf. Ein neuer Ton in der jungen Literatur, die so fatal zu Schnörkeleien neigte, ein anderer Ton, bockig, ehrlich, gerade, bitter-witzig, wahr. Es dauerte nicht lang, und sein Stil machte von sich reden. Kaum zwanzig Jahre alt, ließ er den ersten Band seiner *Gesammelten Schriften* erscheinen. Ins Vorwort schrieb er mit einer Auftrumpfmischung aus Koketterie und Aufrichtigkeit: »Meine Freunde wollen mich bereden, daß einige Bogen von mir den Beifall der Kenner erlangt hätten. Daß ich es glaube, weil ich meine Rechnung dabei finde, ist natürlich.«

Er war unverschämt jung, er war schön, energisch, gescheit. Kein Wunder, daß er bald Mittelpunkt eines Freundeskreises jugendlich-kritischer Aufklärer wurde. Er schwamm im Strom und zugleich gegen den Strom, eine Lebensform, die ihm zusagte. Aber er wäre nicht Lessing gewesen, wenn er darin aufgegangen wäre. Ohne von Moses zu ahnen, wohnte er nicht weit von ihm, im Gebiet des Judenviertels. Die bedrückenden Lebensumstände jüdischer Menschen schoben sich in sein Blickfeld.

ZWISCHENGESCHICHTE

Lessing erzählt die Fabel vom Dornstrauch

Aber sage mir doch, fragte die Weide den Dornstrauch, warum du nach den Kleidern des vorbeigehenden Menschen so begierig bist? Was willst du damit? Was können sie dir helfen?

Nichts! sagte der Dornstrauch. Ich will sie ihm auch nicht nehmen; ich will sie ihm nur zerreißen.

ZWEITES KAPITEL

Ein Lustspiel

Auch in Berlin zeigten wechselnde Schauspiel-Ensembles ihre Künste. Aber keins war annähernd so frisch und mutig wie die Neuberin und ihre Komödianten, kein einziges scherte sich um den neu zugezogenen Jungdramatiker oder animierte ihn unmittelbar zur Mitarbeit. Nach dem Absturz mit der Neuberschen Risikotruppe und dem Aufprall auf dem Boden unerfreulicher Folgen war er wohl ebenso vor den Kopf geschlagen wie vorsichtig.

Er warf sich auf die journalistische und literarische Arbeit. Und doch – das Theaterblut war nicht mehr zurückzudämmen, es strömte in den Hauptschlagadern weiter. Er schrieb kleine Komödien, begann ein Drama über den Schweizer Journalisten Samuel Henzi, der wegen seiner freiheitlichen Gesinnung hingerichtet worden war – ach, welches Thema ihn auch immer bewegte, er konnte nicht anders, er dachte in Szenen, in dramatischen Gestaltungssituationen, heimlich wuchs die ehrgeizige Hoffnung, auch ohne praktische Theaterarbeit eines Tages so etwas wie ein deutscher Molière zu sein.

Und eine weitere Nachwirkung zeitigte die kurz vergangene Gemeinschaft mit dem Theatervolk, das der Vater als Horde Gottloser verdammt hatte: Lessings Herz blieb weit geöffnet für die Verachteten auf dieser Welt. Dramatisches Genie und Mitleidsfähigkeit: Zwei Grund-Energien seines Wesens begannen sich gemeinsam in ihm freizukämpfen, als wichtige, manchmal dominierende Triebkräfte seiner Lebensarbeit.

In Berlin wohnte er – wahrscheinlich weil es billiger war – dicht bei anderen Ausgestoßenen und richtete sein Augenmerk auf sie. Die Juden.

Wieder eine Menschengruppe, die ihm aus verdammenden Vatersprüchen vertraut sein mußte. Aber diesmal war der Haß viel ernster, die Lage tausendmal brisanter. Als Pfarrerssohn und Theologiestudent kannte sich Lessing aus in der labyrinthischen Wut der Christen auf das Judentum.

Die Juden: das Volk, von dessen Religion die ihre ausgegangen war. Das Volk, dessen Gottfigur sie angenommen hatten. Auf dessen Lehre die ihre beruhte. Dessen heilige Schrift Teil ihres eigenen Glaubensbekenntnisses war. Das Volk, aus dem ihr Erlöser stammte. Das Volk, in dessen Kultur und weit entfernter Landschaft ihre Religion für immer haften mußte. Das Volk, gegen das sie sich gerade deshalb fanatisch abgrenzten, das sie anklagten als Mörder ihres Menschengottes, ohne seine Gedankenwelt je abschütteln zu können. Der verhaßte ältere Bruder, mit dem sie verwachsen waren wie mit einem lästigen siamesischen Zwilling; wofür sie ihn schlugen, demütigten, bestraften, seit bald zweitausend Jahren und mit versessener Unermüdlichkeit.

Bis jetzt hatte Lessing wahrscheinlich kein einziges Individuum aus dem verabscheuten Volk zu Gesicht bekommen, so daß er nun mit allerlebhaftestem Interesse seine Berliner Nachbarn betrachtete. Und nichts anderes sehen konnte – als daß es Menschen waren. Er hatte die einmalige Naturveranlagung eines vorurteilsfreien Geistes und einer elementaren Wahrheitsliebe. Deshalb begegnete er allen Wesen gleich unvoreingenommen und mit der gleichen Unbefangenheit. Er beobachtete und analysierte. Er sah die äußeren und inneren Verkümmerungen als Folgen der aufgezwungenen Lebensmisere. Sah Enge, Isolation, Überängstlichkeit, Opportunismus. Sah geistige Stärke, beglückende Menschlichkeit, sah die Tapferkeit unter dem Leidensdruck. Mit-Leid erfüllte ihn. Und das zwingende Bedürfnis, Unrecht zu bekämpfen. Wenigstens mit der Feder. Literarisch. Oder theatralisch.

Es war ein brandheißes Eisen, das er da anfaßte. Achtung, Gefahr! Noch nie vor ihm hatte ein deutscher Schriftsteller den Mut gehabt, den Judenhaß als Erscheinung seiner eigenen Zeit zu offenbaren. Er wurde praktiziert – und totgeschwiegen. Geschichten über Juden handelten, wenn sie überhaupt erzählt wurden, in der Vergangenheit. Wie ja überhaupt alles, was deutsche Christen über zeitgenössische Juden behaupteten, seine diffuse Rechtfertigung aus einem Vorgang bezog, der sich in einem anderen Erdteil zugetragen hatte und zehntausend Generationen zurücklag.

Lessing schob den Ballast zur Seite. Nicht die eingedickte Vorurteilsgeschichte interessierte ihn, sondern die Gegenwart, die Alltagswirklichkeit, die er als himmelschreiend erkannte – und als idealen Stoff für einen dramatischen Zugriff.

Seine Lust zum Theater sei damals so groß gewesen, sagte er später, daß sich alles, was ihm in den Kopf kam, in eine Komödie verwandelt habe. Er beschloß also, ein Lustspiel darüber zu verfassen. Eigentlich ein verrücktes Vorhaben. Dieser trostlose Würgegriff um ein ganzes Volk ... ein Komödienthema? Nun, die Last der Tragödie war für Lessings jugendlichen Übermut noch zu schwer. Außerdem fand er einleuchtende Gründe, die Möglichkeiten der Komödie gerade an diesem heiklen Stoff zu messen. »Es war«, erklärte er, »das Resultat einer sehr ernsthaften Betrachtung über die schimpfliche Unterdrückung, in welcher ein Volk seufzen muß, das ein Christ, sollte ich meinen, nicht ohne eine Art von Ehrerbietung betrachten kann. Aus ihm, dachte ich, sind ehedem soviel Helden und Propheten aufgestanden, und jetzo zweifelt man, ob *ein* ehrlicher Mann unter ihm anzutreffen sei?«

Achtung statt Ächtung forderte er. Unverkrampfte Anerkennung der gemeinsamen religiösen Wurzeln statt der gewohnten starren Ablehnung, die er kategorisch in die Rumpelkammer überlebter Irrtümer verwies.

»Ich bekam also gar bald den Einfall, zu versuchen, was es für eine Wirkung auf der Bühne haben werde, wenn man dem Volke die

Tugend da zeigte, wo es sie ganz und gar nicht erwartet«, schrieb er und gab damit zu verstehen, daß er gleich noch die herrschende Lustspielpraxis fröhlich auf den Kopf zu stellen gedachte. Treu nach französischem Vorbild machte damals die Komödie gern einen ganzen Menschenschlag lächerlich. *Der Geizige* von Molière schleppte stellvertretend für alle Habgierigen seine Kassette von einem Versteck zum anderen, der *Eingebildete Kranke* mit seinen Klistieren entlarvte den Hypochonder schlechthin.

Die Entlarvungstechnik gedachte Lessing zu nutzen, um sie sinngemäß in ihr Gegenteil zu verkehren. Sein Stücktitel *Die Juden* weckte listig die Erwartung, hier könne man sich ausschütten vor Schadenfreude über eine verachtete Minderheit. Die so angelockten Zuschauer wollte er – zu ihrem Besten – in dieser Erwartung täuschen. Die Komödie solle durch Lachen bessern, aber nicht durch Auslachen, sagte er. Nicht über den Dargestellten, sondern über sich selbst sollte das Publikum lachen, sich selber sollte es glucksend entlarven. Nicht den Außenseiter zum Schreien komisch finden, sondern die eigene Voreingenommenheit.

Daß sein Lustspiel *Die Juden* heißt, also eine Mehrzahl ankündigt, obwohl nur ein einziger wirklicher Jude darin vorkommt, weist schon auf diese Absicht hin. Nicht der Jude als Menschentyp hat spezifisch die Eigenschaften, die man ihm nachsagt; seine feindselige Umwelt überträgt ihre eigenen unvermeidlichen, aber verhaßten Fehler auf ihn, auf ihren Sündenbock. Die Judenhasser sind selbst »die Juden« in dem Sinn, wie sie ihre Opfer definieren.

Damit sind wir bei der Handlung, die Lessing ersann, um seine Absicht so lustig, so drastisch wie möglich auf die Bühne zu bringen: Zwei schurkische Diener eines Barons, mit Namen Martin Krumm und Michel Stich, planen einen Raubüberfall. Zur Tarnung verkleiden sie sich als Juden. Dafür genügte es damals, sich einen Bart umzuhängen, weil nur Juden – gezwungenermaßen – Bärte trugen, woran man sie auf den ersten Blick erkannte, ohne daß jemand genauer hinsehen mußte.

In diesem Aufzug wollen die Spitzbuben eines Abends ihren eigenen Herrn, wenn er ahnungslos von einer Landpartie zurückgefahren kommt, im Hohlweg aus seiner Kutsche zerren, berauben – und sich selbst dann unerkannt mit der Beute aus dem Staub machen. Geplant, getan. Aber auf derselben Strecke ist zufällig ein Reisender unterwegs. Der beobachtet die Szene aus seinem Wagenfenster, läßt anhalten, läuft hin, wirft sich mutig dazwischen, schlägt die Ganoven in die Flucht und rettet den Baron. Dieser Retter ist zufällig ein echter Jude. Er trägt keinen anderen Namen als »der Reisende«, in feiner Anspielung auf die jüdische Unbehaustheit. Dieser Jude allerdings verbirgt seine Herkunft und ist nicht als Jude erkennbar. Er ist ein edler, empfindsamer, belesener, vollendet höflicher, hilfsbereiter Mensch; Lessing malte ihn mit Idealfarben als Gegenbild zur üblichen Verzeichnung.

Der Baron überhäuft den Reisenden mit Dankesbezeugungen und lädt ihn, da er nicht ahnt, daß ein Jude vor ihm steht, auf sein Schloß ein, wo er ihn mit höchsten Ehren aufnimmt und bewirtet. Im Schloß sind auch Martin Krumm und Michel Stich wieder eingetroffen, haben die Judenbärte abgestreift und bedienen ihre Herrschaften, als ob nichts gewesen wäre. Allerdings erschrecken sie über die Anwesenheit des Reisenden, der sie doch vielleicht erkannt haben könnte. Deshalb fängt der Dreistere, Martin Krumm, den Wohltäter-Gast des Grafen in einem günstigen Augenblick ab und verwickelt ihn in ein Fangfragengespräch. Eine Kernszene für Lessings Anliegen, die sich beim Lesen herrlich fürs eigene Phantasietheater inszenieren läßt:

MARTIN KRUMM:

Die Räuber, – sagen Sie mir doch – wie sahen sie denn aus? Wie gingen sie denn? Sie hatten sich verkleidet; aber wie?

DER REISENDE:

Euer Herr will durchaus behaupten, es wären Juden gewesen; aber ihre Sprache war die ordentliche hiesige Bauernsprache. Ich begreife nicht, wie Juden die Straßen sollten können unsicher machen, da doch in diesem Lande so wenige geduldet werden.

MARTIN KRUMM:

Sie mögen das gottlose Gesindel nicht so kennen. So viel als ihrer sind, keinen ausgenommen, sind Betrüger, Diebe und Straßenräuber. Darum ist es auch ein Volk, das der liebe Gott verflucht hat. Ich dürfte nicht König sein: ich ließ' keinen, keinen einzigen am Leben. Hüten Sie sich vor den Juden ärger als vor der Pest.

DER REISENDE:

Wollte Gott, daß das nur die Sprache des Pöbels wäre.

MARTIN KRUMM:

Zum Exempel, mein Herr: Erstlich drängen sie sich an einen heran, so wie ich mich ungefähr jetzt an Sie –

DER REISENDE:

Nur ein wenig höflicher, mein Freund! –

MARTIN KRUMM:

Wie ein Blitz sind sie mit der Hand nach der Uhrtasche. *(Er fährt mit der Hand, anstatt nach der Uhr, in die Rocktasche des Reisenden und nimmt ihm seine Tobaksdose heraus.)*

Das können sie nun aber alles so geschickt machen, daß man schwören sollte, sie führen mit der Hand dahin, wenn sie dorthin fahren. Wenn sie von der Tobaksdose reden, so zielen sie gewiß nach der Uhr, und wenn sie von der Uhr reden, so haben sie gewiß die Tobaksdose zu stehlen im Sinne. *(Er will ganz sauber nach der Uhr greifen, wird aber ertappt.)*

DER REISENDE:

Sachte! Sachte! Was hat Eure Hand hier zu suchen?

MARTIN KRUMM:

Da können Sie sehen, mein Herr, was ich für ein ungeschickter Spitzbube sein würde. Wenn ein Jude schon so einen Griff getan hätte, so wäre es gewiß um die gute Uhr geschehen gewesen.

DER REISENDE:

Geht nur, geht!

MARTIN KRUMM:

Erinnern Sie sich ja, was ich Ihnen von den Juden gesagt habe. Es ist lauter gottloses, diebisches Volk.

Der Spitzbube bezichtigt die Sündenböcke bestimmter Untaten – und begeht sie gleichzeitig selbst. Die Gleichzeitigkeit ist sein – und Lessings – schlauer Trick. Der Gauner schiebt die Schuld auf andere, lenkt von seinem eigenen Tun ab, hat freien Zugriff auf die Beute und kann, wenn er ertappt wird, die Schuld von sich abwälzen, indem er einfach behauptet, er habe nur demonstrieren wollen, wie die Bösen ein solches Offizialdelikt begehen würden.

Darüber hinaus ist derjenige, mit dem er dieses Spiel treibt, selbst ein Angehöriger des Sündenbockvolkes. Es ist bewundernswert, wie raffiniert und zugleich grundmusterhaft die kleine Szene den absurden Vorgang herauspräpariert, der sich wohl seit Menschheitsbeginn zwischen Verfolgern und Verfolgten abspielt. Aber am unheimlichsten ist Martin Krumms hingeschmierter Satz: »Ich dürfte nicht König sein: ich ließ' keinen, keinen einzigen am Leben.«

Er propagiert, hundertachtzig Jahre vor dem Nationalsozialismus, die »Endlösung der Judenfrage«. Lessing war kaum zwanzig Jahre alt, doch er wußte alles, durchschaute alles, sah alles voraus, auch die Vernichtung, die als innere Absicht der Menschen, als ständige Drohung in der Luft lag. Und in jedem Kopf, Volkskopf oder Herrscherkopf.

Was König Friedrich betrifft, der sich mit seiner Toleranz so großtat und proklamierte, jeder solle nach seiner Façon selig werden – er war in dieser Frage von derselben Gehässigkeit wie jedermann. »Wenn die Juden abgeschaffet werden«, sagte er, »und an ihrer Stelle Christen zu den Wirtschaften genommen werden, so ist das zum Besten des Landes.« Abgeschaffet hat er sie nicht, aber drangsaliert, bis aufs Blut gequält, nach seinen Bedürfnissen manipuliert, ausgebeutet – und benutzt, wenn sie ihm nützlich sein konnten.

Kaum hat sich der Reisende von Martin Krumms Ausfällen erholt und ganz allein etwas Zaghaftes von einer besseren Welt und ihrer Unrealisierbarkeit vor sich hin räsoniert (»Sollten Treu' und Redlichkeit zwischen zwei Völkerschaften herrschen, so müssen beide gleich viel dazu beitragen. Wie aber, wenn es bei der einen ein Religionspunkt und beinahe ein verdienstliches Werk wäre, die andere zu verfolgen?«), ereilt ihn der nächste Schlag. Der Baron selbst, immer noch aufgebracht über den Vorfall in der Karosse, sucht das Gespräch mit ihm und präsentiert auf dem Niveau des höheren Standes die altgewohnten Anwürfe. Es sei doch wohl nicht daran zu zweifeln, daß ihn wirkliche Juden überfallen hätten. Ein Volk, das auf den »Gewinst« so erpicht sei, frage wenig danach, ob es ihn mit Recht oder Unrecht, mit List oder Gewaltsamkeit erhalte. Zur Handelschaft, oder deutsch zu reden, zur Betrügerei sei es geboren. Oh! Die allerboshaftesten, niederträchtigsten Menschen seien das.

Und dann ein kurzes szenisches Feuerwerk, das wieder in urkomischer Gleichzeitigkeit auf offener Szene ein Vorurteil beschreibt und widerlegt:

DER BARON:

Und ist es nicht wahr, ihre Gesichtsbildung hat gleich etwas, das uns wider sie einnimmt? Das Tückische, das Ungewissenhafte, das Eigennützige, Betrug und Meineid, sollte man sehr deutlich aus ihren Augen zu lesen glauben. – Aber warum kehren Sie sich von mir?

DER REISENDE:

Wie ich höre, mein Herr, so sind Sie ein großer Kenner der Physiognomie, und ich besorge, daß die meinige –

DER BARON:

Oh! Sie kränken mich. Wie können Sie auf dergleichen Verdacht kommen? Ohne ein Kenner der Physiognomie zu sein, muß ich Ihnen sagen, daß ich nie eine so aufrichtige Miene gefunden habe, als die Ihrige.

Die Dankbarkeit des Barons kennt keine Grenzen mehr. Pünktlich verliebt sich seine hübsche Tochter in den Reisenden, der Vater will ihm das geliebte Kind sofort als Braut in die Arme legen, natürlich mit seinem ganzen Vermögen.

Zeit für den Augenblick der Wahrheit. Der Reisende gesteht: »Ich bin ein Jude.«

Sein Geständnis reißt die Masken von den Gesichtern – und den

Herzen. Ohne Verbrämung müssen sich die Menschen in die Augen sehen. Jede Person reagiert aus ihrem eigenen Wesen. Die Tochter als einzige in Lessings Sinn. Sie fragt nur: »Ei, was tut das?« Aber der Baron zieht sie und sich sofort zurück mit der gewundenen Floskel, der Himmel selbst hindere ihn, dankbar zu sein.

Der Reisende weist alle Abfindungsangebote zurück und müht sich mit der Erklärung, er habe seine Identität nicht deshalb verborgen, weil er sich seiner Religion schäme, sondern weil er gesehen habe, daß der Baron eine Neigung zu ihm, aber eine Abneigung gegen sein Volk hege, und die Freundschaft eines Menschen, er sei, wer er wolle, sei für ihn von unschätzbarem Wert. Von unschätzbarem Wert? Eine solche Freundschaft ist ein Wunschtraum, sie fällt in sich zusammen, sobald der heimliche Außenseiter seine Abstammung enthüllt. Die Verschleierung hat ihn nur auf die schiefe Bahn und in doppelte Bedrängnis gebracht.

Der Baron veredelt seinen Rückzieher mit dem Ausdruck der Scham. Scham wollte Lessing auch in den Herzen tränenlachender Zuschauer heraufkitzeln. Und nicht nur bei den Hochwohlgeborenen. Der Reisende hat nämlich noch eine Schlußabrechnung mit seinem eigenen Diener Christoph, der stinkwütend ist über die Zumutung, daß er unwissentlich einem Juden gedient haben soll. »Potz Stern«, sagt er, »Ihr habt in mir die ganze Christenheit beleidigt. Glauben Sie nur ja nicht, daß ich Sie noch länger begleiten werde! Verklagen will ich Sie noch dazu!« Da ihm aber der Reisende großmütig trotzdem seinen Lohn gibt, denkt er blitzschnell um, entschließt sich zu bleiben, und zwar mit dem unvergleichlichen Satz: »Es gibt doch wohl auch Juden, die keine Juden sind.«

Man denkt an Görings Satz: »Wer ein Jude ist, bestimme ich.« Was also im Vorurteilssinn ein »Jude« ist und was nicht, existiert nur im krausen Hirn seines Verfolgers.

Trotz aller Anfängerschwächen des Stücks – es ist schon fabelhaft, wie der 20jährige Lessing mit der Leuchtrakete der Komik die Abgründigkeiten des Völkerhasses nicht nur erhellt, sondern in ihren Einzelheiten bloßstellt und lächerlich macht. Wie ernsthaft-vergnüglich er vorführt, daß die Verbissenheit des Verfolgers in sein Opfer mit den wirklichen Eigenschaften des Opfers nichts zu tun hat; daß das Opfer, da es auch ein Mensch ist, nichts anderes sein kann als ein Spiegelbild des Verfolgers, der, sich selbst hassend, sich selbst entlasten wollend, nicht nur das Opfer schädigt, sondern immer auch sich selbst.

Lessing hoffte, sein Lustspiel werde bald gelesen und vor allem aufgeführt. Er wollte an die aufklärerische Wirkung des Theaters glauben. Daß das Stück seine Wirkung nicht verfehlte, erlebte er dann vorwiegend im Mißerfolg. Keine Theatertruppe fühlte sich veranlaßt, sich der *Juden* anzunehmen. Als der Text fünf Jahre später in Lessings *Gesammelten Schriften* erschien, erntete er entsetztes Kritikergeschrei, sonst nichts.

Siebzehn Jahre nach seinem Entstehen wurde das Stück endlich uraufgeführt, 1766, von einer kleinen Truppe in Nürnberg mit Mut zum Salto mortale. Und noch später, in einer *Chronologie des deutschen Theaters*, heißt es: »Herr Lessing sorgte im Jahre 1749 eifrig für unsere Bühne. Denn erstlich verfertigte er sein Nachspiel *Die Juden*, eine vortreffliche Ehrenrettung eines verachteten Volkes. Wegen seines sonderbaren Inhalts ist es sehr selten aufgeführt worden.«

Es wird auch heute selten aufgeführt. Dabei tut es eigentlich Phänomenales. Es spielt die Grundbehauptungen des Völkerhasses vor und widerlegt sie im selben Moment, widerlegt sie nicht nur, führt sie ad absurdum. Und zwar so, daß man über das, was zum Weinen ist, herzlich lachen kann. Fragt noch jemand, warum es sich nie so richtig aus dem Schatten spielte?

ZWISCHENGESCHICHTE

Moses Mendelssohn erzählt die Geschichte von der mißverstandenen Demut

Rabbi Assi war krank, lag auf dem Bette, von seinen Schülern umgeben, und bereitete sich zum Tode. Sein Neffe trat zu ihm herein und fand, daß er weinte. – Was weinst du Rabbi? fragte er. Muß nicht jeder Blick in dein vollbrachtes Leben dir Freude bringen? Hast du etwa das heilige Gesetz nicht genug gelernt, nicht genug gelehrt? Siehe, deine Schüler hier sind Beweise vom Gegenteil. Hast du etwa versäumt, die Werke der Gottseligkeit auszuüben? Jedermann ist eines Besseren überführt. Und die Demut war die Krone aller deiner Tugenden! Niemals wolltest du erlauben, daß man dich zum Richter der Gemeinde wählte, so sehr auch die Gemeinde es wünschte. –

Eben das, mein Sohn, antwortete Rabbi Assi, betrübt mich jetzt. Ich konnte Recht und Gerechtigkeit unter den Menschenkindern handhaben, und aus mißverstandener Demut habe ich es unterlassen. Wer sich der Gerechtigkeit entzieht, ist schuld am Verderben des Landes.

DRITTES KAPITEL

Gotthold trifft Moses

FÜNF JAHRE SPÄTER. 1754. BACH IST BEREITS GESTORBEN. UND GOETHE GEBOREN. In London entsteht ein literarisch-femininer Arbeitskreis. Vorläuferinnen der Frauenbewegung. Sie tragen blaue Strümpfe als Erkennungszeichen. Der Begriff »Blaustrumpf« wird seither benutzt, um gebildete Frauen als »unweiblich« zu belächeln. Der große Philosoph Christian Freiherr von Wolff stirbt. Er hat die verzweigte Aufklärungsphilosophie des älteren, universalen Gottfried Wilhelm Leibniz systematisiert und zur herrschenden Lehre seiner Zeit gemacht. Er hat das System des deutschen Rationalismus geschaffen, unter Einbeziehung altgriechischer philosophischer Erkenntnisse. Er ist der wortgewaltigste Vertreter des rationalistischen Dogmatismus, des Standpunkts der reinen, ungebrochenen Vernunft. Seine Schüler, die Wolffianer, besetzen fast alle philosophischen Lehrstühle an deutschen Universitäten. Der spätere Vollender der Aufklärungsphilosophie, Immanuel Kant, ist schon 30 Jahre alt. Eine neue Generation verlangt das Wort. Sie fordert die Verwirklichung der aufklärerischen Denkanstöße im sozialen Leben der Völker. Sie reißt die Lehren der Älteren aus dem Elfenbeinturm. Rousseau schreibt die Abhandlung *Über den Ursprung der Ungleichheit unter den Menschen.* Sogar der noch unvorhersehbare Erdrutsch der Französischen Revolution bereitet sich vor. Talleyrand kommt zur Welt, Danton und Robespierre. Und der spätere König Louis XVI. Ihn und seine Herrschaft werden die Kinder der Aufklärung abschütteln und zertreten wie eine faule Frucht. George Washington, Begründer der amerikanischen Unabhängigkeit, ist 32 Jahre alt. In Deutschland, dem zerstückelten Gebilde aus etwa 300 Fürstentümern oder Herrschaftsbereichen, entwickeln sich freiheitliche Impulse spät und langsam, die Menschen lösen sich noch nicht oder höchstens in Gedanken aus den Fesseln des Gehorsams.

Moses, Sohn des Mendel aus Dessau, vermittelte den Kindern des Seidenfabrikanten sein zusammengeklaubtes Wissen, studierte und schrieb. Er verstand sich, im Seitengelaß des einsamen Selbststudiums, zunächst als Anhänger der dominierenden Philosophen Leibniz und Wolff. Bis zur Verzweiflung vermißte er den wissenschaftlichen Austausch in den akademischen Einrichtungen. Zum Trost tat sich aus dem Kreis der Juden, die ihm seine Bildung erweitern halfen, die Figur des Arztes Aaron Salomon Gumpertz hervor. Wie Rabbi Fränkel im religiösen erwies er sich als Mentor im weltlichen Bereich. Nicht nur zeigte er Moses, so gut er konnte, den Weg durch das Labyrinth der Studienfächer, er machte auch die Gettomauern etwas durchlässiger mit seinen Kontakten zur gehobenen Berliner Bürgerschicht, die er als Arzt durchaus pflegen durfte.

Seit jeher hatten Christen die Fähigkeiten jüdischer Ärzte im Notfall gern in Anspruch genommen. Ohne den Retter oder Helfer gesellschaftlich anzuerkennen. Moses konnte als Freund dieses Arztes hie und da einen Menschen aus der fremden Berliner Umwelt kennenlernen, wenn auch meistens nur flüchtig.

Unterdessen sah er mit Sorge, wie seine Zöglinge dem Schulalter entwuchsen. Was tun? Isaak der Seidenfabrikant hatte seinen jungen Hauslehrer genau beobachtet. Vom Standpunkt des Kaufmanns aus. Nicht daß ihm etwa das geistige Potential besonders gefiel. Nein, er schätzte die rechnerischen Fähigkeiten, die gestochen schöne Handschrift, die Treue und Loyalität. Er machte ihm das Angebot, als Buchhalter in seine Firma einzutreten. Moses nahm an, mußte annehmen, wenn er nicht mit alten Klamotten handeln oder betteln oder verhungern oder im jüdischen Armenhaus stranden oder ausgewiesen werden wollte. Die Panikvision des kaufmännischen Berufs wurde abgemilderte Wirklichkeit.

Die erste Zeit war allerdings höllisch. Von morgens acht bis abends neun saß er über dickleibigen Kassabüchern. Mit seiner eisernen Zuverlässigkeit erledigte er diese Arbeit, wie jede, besonders gut. Nachts rang er seinen schwachen Kräften die philosophische Arbeit ab. So geriet er in einen gefährlichen Erschöpfungszustand. Das Gefühl, er vergeude die besten Stunden des Lebens mit trockenen Zahlen, peinigte ihn unablässig. Er verging fast vor Angst, die Kräfte seines Geistes könnten unbemerkt versickern.

Und die Seelenkräfte! Er war empfindsam, niemand achtete darauf. Wenn er während der Arbeit im Kontor in seiner Herzenshungersnot hie und da heimlich unter dem Pult nach einem »Fleckchen« schöner Literatur schnappte, stieß es ihm nachher um so bitterer auf, »wie schwer es ist, Empfindung zu haben und ein Buchhalter zu sein«.

Lessing verkraftete Reinfälle und erste Erfolge. Brillierte als scharfzüngiger Kritiker bei der *Vossischen Zeitung*, war ständig unterwegs als Hansdampf in allen literarischen Gassen. Nebenher machte er, um nicht zu hungern, Bibliotheksarbeiten, Übersetzungen, Bearbeitungen. Er lernte sogenannte maßgebende Persönlichkeiten kennen, bis hinauf zu Günstlingen des Königs. Gewann sogar ein wenig Einfluß. Doch immer noch aß er für ein paar Groschen in einer öffentlichen Garküche und lebte in bescheidensten Dachkammerverhältnissen im Judenviertel.

Im Vorwort des dritten Teils seiner *Gesammelten Schriften* spricht er wieder spöttisch-kokett die Leserschaft an. Er sei eitel genug, sich des kleinen Beifalls zu rühmen, den die ersten Teile hier und da erhalten hätten. Und er würde dem Publikum ein sehr abgeschmacktes Kompliment machen, wenn er etwa behaupten wollte, ihn nicht verdient zu haben. Das wäre unversehens eine Grobheit statt einer Höflichkeit. – So nahm er die verlogene Selbsterniedrigung und Andienerei aufs Korn, die damals bei gewissen Literaten im Schwange war.

Aber. Aber auch ihn quälte das Gefühl, auf der Stelle zu treten. Berlin, das Dorado der Geistesblitze und der Künste, mit so schönen Hoffnungen angesteuert, enttäuschte ihn von Tag zu Tag bitterer. Denn praktisch lebte auch er in einem Sperrgebiet. Im Laufgitter für helle Köpfe, die ihre humanistischen Ideale mit aufgeblasenen Backen wie verspätete Barockengel herausposaunten, aber niemals Verwirklichung einfordern durften. Die Berlinische Freiheit zu denken und zu schreiben reduziere sich auf die Freiheit, so viel Sottisen zu Markte zu tragen, als man wolle, klagte er. Wenn man aber einen auftreten ließe, der seine Stimme für die Rechte der Untertanen, gegen Aussaugung und Despotismus erheben wollte, dann würde man bald die Erfahrung haben, welches Land das sklavischste von ganz Europa sei.

Lessing lebte im Umkreis des preußischen Machtzentrums. Und da er zur jungen Generation gehörte und die Aufklärung nach ihrer Auswirkung auf die Situation der Völker abklopfte, beobachtete er die Widersprüchlichkeit im Verhalten des Königs aus nächster Nähe. Einerseits förderte der Große Friedrich Künstler und Wissenschaftler, die den neuen Geist der freiheitlichen Toleranzideale propagierten, andererseits änderte er nichts an seiner restriktiven Machtpolitik, die das Volk in Unwissenheit beließ. Wie wäre es anders möglich gewesen; die Thesen, die er im erlauchten Kreis debattierte, hätten, vom Volk in die Tat umgesetzt, ihn selbst alsbald vom Thron gekippt. Es sei verlorene Mühe, die ganze Menschheit aufklären zu wollen, im Gegenteil sei es ein gefährliches Unterfangen. Man müsse sich damit begnügen, weise zu sein, wenn man es vermöge, aber den Pöbel dem Irrtum überlassen und nur danach trachten, ihn von Verbrechen abzubringen, die die Gesellschaftsordnung störten.

Noch konnte Friedrich, noch konnte jeder Monarch Theorie und Wirklichkeit, Adel und Volk, Gebildete und Ungebildete voneinander fernhalten. Aber an den Trennwänden wurde immerhin gerüttelt. Die Nachwachsenden drängten nach gesellschaftlicher Veränderung. Lessing wurde es leid, für seine Ideen höchstens am Schreibpult einstehen zu dürfen. Zumindest die Toleranz wollte er nicht nur postulieren, sondern auch leben. Vor-leben. Ohne gleich rettungslos in Ungnade zu fallen. Aber wie?

An dieser unübersichtlichen Wegstelle lernten Gotthold Ephraim Lessing und Moses, Sohn des Mendel, beide 25 Jahre alt, einander kennen.

Unter verschiedenen Voraussetzungen befanden sie sich in vergleichbaren Lebensstadien. Beide arm, aber leidlich etabliert, beide umgetrieben von der Angst, das Wesentliche zu versäumen. Aaron Gumpertz soll das Treffen vermittelt haben. Er kannte Lessing, kannte ihn als eifrigen Schachspieler, und führte ihn mit Moses, der ebenfalls hervorragend spielte – alles, was er machte, machte er gut –, zusammen.

Die Begegnung könnte in einem Gasthaus mit Schachtischen stattgefunden haben, abends, bei Kerzenlicht vielleicht. Vielleicht auch im Haus des Arztes, wir wissen es nicht. Aber so muß es gewesen sein: Sie gingen aufeinander zu. Lessing mit großen Tigerschritten, offen, neugierig, eine Hand ausstreckend oder beide. Der viel kleinere, bucklige Moses mit unsicheren Schrittchen, schüchtern, linkisch, den Gruß hinausstotternd, auf der Hut wie immer, wenn er einen Menschen aus der christlichen Sphäre zum erstenmal sah.

Er hob die Augen – und staunte. Traute seinen Augen und Ohren nicht. Denn in Lessings freundlicher Begrüßung, in seinen leuchtenden Augen war nichts, absolut gar nichts von Spott oder Hohn oder Herablassung oder Verächtlichkeit oder versterktem Haß oder Vorsicht oder was er sonst normalerweise erfuhr, wenn er mit Deutschen in Berührung kam. Am Ende seines Lebens, Rückschau haltend, wird er feststellen, daß Lessing der einzige ganz vorurteilsfreie Deutsche war – und immer blieb –, den er jemals kennenlernte.

Es ging wie befreiendes Aufatmen durch Körper und Geist und Seele. Während ihn Lessing mit abwartender Offenheit musterte, nicht anders als jeden Menschen, den er zum erstenmal traf.

So muß es gewesen sein: Sie setzten sich ans Schachbrett, vertieften sich in die Eröffnungszüge. Aber zwischen den Scharmützeln mit Bauer, Dame, Pferd und Turm schauten sie auf, einer den anderen betrachtend. Kamen ins Reden. Erzählten, was sie taten und dachten. Diskutierten über Literatur und Philosophie. Ihre Gedanken schlangen sich ineinander, setzten sich gegeneinander, steigerten sich aneinander, sie redeten und redeten, als ob es alles Wichtige nachzuholen gäbe. Lessing vergaß das Spiel, erhob sich wieder und wieder, ging im Raum auf und ab mit seinen Raubtierschritten, gestikulierte, fragte, erklärte. Moses saß wie festgezaubert und antwortete, die Worte abwägend, das Stottern wurde schwächer, die Zunge leichter, die Gedanken perlten ihm aus dem Mund, wurden aufgefangen, weiterentwickelt, zurückgeschickt. Es war ein beschwingendes Geben und Nehmen von Anfang an.

Sie müssen schnell begriffen haben: Etwas Wichtiges war geschehen, etwas Grundsätzliches war damit gemeint.

Lessing begegnete zum erstenmal einem Juden, dessen Geist den Rahmen des Gettos nicht nur ansatzweise überflog. Der Reisende, den er in seinem Stück in die Bühnenluft entworfen hatte, saß vor ihm. Eine Rolle verwirklichte sich. Der jüdische Weltbürger, fast unbeschädigt von den Nachwirkungen jahrhundertelanger Verfolgung. Zwar war er weder schön noch reich. Im Gegenteil. Aber belesen und hochintelligent. Seine Gabe, philosophische Erkenntnisse aufzugreifen, originelle Thesen daraus abzuleiten und im Gespräch weiterzuentwickeln, wirkte auf den verblüfften Lessing beeindruckend. Ein Talent auf der Spur der Weltweisheit, ein begnadeter Autodidakt, ein groß angelegter Geist.

Lessing muß sofort gespürt haben: mit Moses als Partner konnte er tätig werden. Mit ihm zusammen ein Feuerzeichen setzen gegen die allgemeine Intoleranz, mit ihm als lebendigem Beweis ihre fadenscheinigen Gründe widerlegen. Mit ihm den Testflug über herbeigelogene Abgründe tun.

Überrascht von der ungewöhnlichen Begegnung, hielt er fest: »Es ist wirklich ein Jude, welcher ohne Anweisung in den Sprachen, in der Mathematik, in der Weltweisheit, in der Poesie eine große Stärke erlangt hat. Ich sehe ihn im voraus als die Ehre seiner Nation an, wenn ihn seine eigenen Glaubensgenossen zur Reife kommen lassen, die allezeit ein unglücklicher Verfolgungsgeist gegen Leute seines Gleichen getrieben hat. Seine Redlichkeit und sein philosophischer Geist läßt man ihn im voraus als einen zweiten Spinoza betrachten, dem zur völligen Gleichheit mit dem ersten nichts als seine Irrtümer fehlen.«

Bei der scharfsinnigen Analyse vergaß er die Hauptfesseln, die Moses behinderten, nämlich die Ächtung von seiten der christlichdeutschen Gesellschaft. Vielleicht war ihm in seiner Unbefangenheit nicht einmal klar, wie entscheidend er selbst zur »Reife« des jungen Philosophen beitragen konnte.

Denn für Moses war diese Begegnung, das ist sicher, noch millionenmal wichtiger. Ein Glücksfall. Gigantisch. Fundamental. Lebensbestimmend. Ein Wunder, das endlich festen Boden unter seinen schwankenden Gang über die Grenzen legte. Zum erstenmal und mit fassungsloser Freude erlebte er einen Deutschen, der von Natur aus unvoreingenommen war. Der gar nicht anders sein konnte. Einen belesenen und gleichzeitig unabhängigen Geist, immun gegen die bösartigen Vorurteile und Irrtümer, die den meisten bei noch so gutem Willen die Sicht verstellten. Einen Boten aus der anderen Welt, der ihn, den Ausgestoßenen, mit der allergrößten Selbstverständlichkeit als seinesgleichen behandelte. Einen glänzend begabten jungen Literaten, der in gesellschaftlich-philosophischen Zusammenhängen dachte, einen blendenden Rhetoriker, der ihn in seine Gedankengänge mit einbezog, ihn als Diskussionspartner zu Höchstleistungen motivierte. Moses fühlte sich, als ob ihm jemand Eisenketten abnähme, seine Einsamkeit linderte, seine Wunden schlösse, ihn behutsam heilte von lebenslangem Schmerz.

Auch in seinem Bewußtsein griff die Bedeutung dieses Zusammentreffens weit über das Persönliche hinaus. Mit Lessing als Freund konnte er dem parteiischen Schicksal vielleicht nach und nach den Schlüssel entwinden für das Tor zu dem Gemeinwesen, in dem er geboren und aufgewachsen war, in dem er wohnte, das er nicht verlassen durfte, in dem er doch als Wildfremder mit dem Brandzeichen des Verachteten leben mußte: Deutschland, sein vor ihm verschlossenes Zuhause. Plötzlich blitzte ein übermütig tanzendes, verheißungsvolles Licht durch den Türspalt. Für ihn und eines Tages vielleicht auch für andere seiner schwergeprüften »Nation«. Sein ganzes heißes Herz flog Lessing zu.

Es war der Anfang einer engen Verbundenheit. Solange er lebte, wurde Moses nie mehr müde, diese Freundschaft zu preisen. »Mit gerührtem Herzen«, schrieb er später, »dank ich der Vorsehung, daß sie mich so früh, in der Blüte meiner Jugend, hat einen Mann kennen lassen, der meine Seele gebildet hat, den ich bei jeder Handlung, die ich vorhatte, bei jeder Zeile, die ich hinschreiben sollte, mir als Freund und Richter vorstellte, und den ich mir zu allen Zeiten noch als Freund und Richter vorstellen werde, so oft ich einen Schritt von Wichtigkeit zu tun habe.« Nicht nur als Freund, als Richter über seine Lebensführung setzte er Lessing ein.

Der herrschende Zeitgeist war das Instrument, das ihre Freundschaft über den kleinen Kreis hinaus zum Klingen brachte. Kein Mensch ist denkbar ohne seine Zeit, starke Menschen nehmen sich aus den Zeiterscheinungen, was sie für ihre Entwicklung brauchen. Sie formen es schöpferisch um zu etwas Neuem, das selbst zur Zeiterscheinung werden mag oder überzeitliche Gültigkeit erlangt. Im 18. Jahrhundert stand ein bizarrer Freundschaftskult unter Männern in dekadenter Hochblüte. Freundschaft, die scheinbar vernünftige Schwester der Liebe, bei der die Männer unter sich blieben, wurde affektiert zur Schau gestellt. Überall brachen die Herren in Freundseligkeiten aus, wenn sie sich nicht gerade duellierten oder in Kriegen abschlachteten.

Die frauenfeindliche, aufs Männliche bezogene Atmosphäre im Umkreis Friedrichs des Großen, des Männerfreunds, begünstigte ausschließlich den Kult um die Männerbeziehung. Die Beziehung auf Leben oder Tod.

Moses kannte Moden allenfalls aus der Distanz des Außenseiters, er lebte Freundschaft ehrlich und ernst. Lessing lehnte das geschnörkelte Paradieren ab. Er verlangte von seinen Freunden, denen er aufrichtig zugetan war, geistige Belebung. Er konnte es nicht ausstehen, wenn ein Gefühl genügsam in sich selbst schwelgte. Er verstand Freunde nicht, »die sich bloß mit Versicherungen von ihrer Freundschaft unterhalten können«.

Allerdings: In diesem Fall konnte er wieder einmal eine Mode benutzen, um ihr, wie mit der Umkrempelung der Personen in seiner Typenkomödie, einen rebellischen Zuschnitt zu verpassen. Denn Freundschaft zu einem Juden fiel natürlich aus dem gesellschaftlichen Konsens heraus. Sie war etwas Unmögliches, Verpöntes, fast Kriminelles. Wenn es sich um einen Juden handelte, galt die Schwärmerei für Männerbünde plötzlich nicht mehr, sondern verkehrte sich ins Gegenteil. Um so genüßlicher propagierte Lessing eine solche Verbindung. Als Demonstration für die Überwindung von Vorurteil und Völkerhaß, als lebendiges Beispiel für Toleranz.

Die erste Gelegenheit zum öffentlichen Auftritt kam schneller als erwartet. Lessings Lustspiel *Die Juden* war fünf Jahre nach seinem Entstehen in den *Gesammelten Schriften* erschienen. Das Stück schockierte in der Tat, aber ganz anders, als der Autor gehofft hatte. Es mußte ja die damalige Leserschaft ungeheuer provozieren, wenn ein junger Nestbeschmutzer-Literat ausgerechnet einen Juden auf offener Szene als edel und anständig, also ganz als ihresgleichen darstellte. Wenn er, noch schlimmer, die als »jüdisch« verachteten Eigenschaften eher in den Gemütern der Judenfeinde als der Juden lokalisierte! Ein Anschlag auf den gesellschaftlichen Konsens, der, gestützt von der Geistlichkeit, in vielen Jahrhunderten festgelegt hatte, wie man die Guten von den

Bösen, die Rechtschaffenen von den Sündigen säuberlich und endgültig trennt.

Die Rezensenten zerpflückten pflichtschuldig den kleinen Aufstand gegen nützliche Vorurteile. Als Hauptkritiker profilierte sich Johann David Michaelis, Professor für Theologie, orientalische Sprachen und Philosophie in Göttingen. Er publizierte in den *Göttingischen Anzeigen von gelehrten Sachen* einen Artikel, der die Kirche wieder ins Dorf rükken sollte – und brachte mehr als alle anderen den jungen Lustspieldichter in Wut.

Seine Argumentation war prototypisch durchtrieben und scheinheilig: Zwar ziele der Endzweck des Stücks auf eine ernsthafte Sittenlehre, nämlich die Torheit des Hasses zu zeigen, mit dem man Juden meistenteils begegne. So eröffnete er das Gefecht. Dem scheinbaren Zugeständnis als Vorstoß in die Flanke ließ er den Vernichtungsschlag um so ungenierter folgen. Aber, schrieb er nämlich, aber dieser unbekannte Reisende sei von einer absolut unglaubhaften Vollkommenheit an Güte und Edelmut. Denn es sei doch schlechthin unmöglich, daß sich »in einem Volk von *den* Grundsätzen, Lebensart und Erziehung« (er brauchte sie nicht näher zu beschreiben oder sich um eine gepflegtere Grammatik zu bemühen, da sowieso jedermann im Bild war) eine solche Idealfigur quasi von selbst heranbilde. Unmöglich schon deshalb, weil ja die wirklich üble Art, mit der die Christen den Juden begegneten, niemals etwas anderes als Feindschaft und Kaltsinnigkeit hervorrufen könne.

Dann die nächste Attacke: Selbst eine durchschnittliche Tugend und Redlichkeit finde sich in diesem Volk selten, da es ja gezwungenermaßen vom Handel lebe, der mehr als jede andere Lebensweise zum Betrügen prädestiniere. Summa summarum sei also die Unglaubwürdigkeit eines solchen Juden in der traurigen Wirklichkeit so überwältigend, daß die Zuschauer, die etwa dieses Stück auf der Bühne sähen, unmöglich gerührt sein könnten. So kramte er aus dem Schafsbalg der umständlich-wissenschaftlichen Formulierung die wölfische Schlußfolgerung hervor, die bis heute von allen Rassisten immer wieder neu erfunden wird: Weil wir das verachtete Volk so unbarmherzig verfolgen und unterdrücken, machen wir es automatisch zu einem Haufen schlechter, schmutziger, ungebildeter, uns feindselig gesinnter Menschen, die wir deswegen hinwiederum notwendigerweise hassen und verachten müssen, was uns weiß Gott niemand übelnehmen kann.

Oder, wie Moses Mendelssohn es später formulierte: »Man bindet uns die Hände und macht uns zum Vorwurfe, daß wir sie nicht gebrauchen.«

Ich stelle mir vor, wie Lessing und Moses einander diese Kritik vorlasen, wie gekränkt, wie empört sie waren, wie jeder für sich und beide zusammen Wortkanonen konstruierten für ihre Wut.

Aber Lessing wäre nicht Lessing gewesen, wenn er seinen Protest nur im Kämmerlein ausgetobt hätte. Er wandelte den Zorn in Aktion. Er trat zum erstenmal mit Moses zusammen vor die Öffentlichkeit. Gemeinsam – und doch jeder auf dem eigenen Standort – widerlegten sie schlagfertig die Anwürfe der Kritik. In der ersten Nummer der *Theatralischen Bibliothek*, einer Zeitschrift, die vermutlich speziell als Podium für das Verteidigungs-Doppelmanifest gegründet wurde. Jedenfalls ging sie bald danach wieder ein. Diese gemeinschaftliche Entgegnung verdiente es, berühmt zu sein, sie ist sehr zu Unrecht nur Spezialisten bekannt, denn sie ist ganz exakt der Beginn des öffentlichen deutsch-jüdischen Dialogs.

Den ersten Teil sprühte Lessing aus der angriffslustigen Feder. Um seinen Gegner zu entkräften, schlug er ihn mit seinen eigenen Waffen: Er gab ihm zuerst recht. Wenn man also die Meinung gelten ließe, der Grund für die Unwahrscheinlichkeit seines edlen jüdischen Lustspielhelden liege in der Unterdrückung, in welcher dieses Volk seufze, und in der Notwendigkeit, vom Handel zu leben, dann müsse doch die Unglaubhaftigkeit wegfallen, wenn ein Jude in bessere Lebensumstände geriete. Und genau das sei bei seinem Juden der Fall. Er sei reich, unabhängig, belesen und nicht einmal auf der Reise ohne Bücher. »Bestehet man aber darauf«, argumentierte Lessing weiter, »daß Reichtum, bessere Erfahrung, und ein aufgeklärterer Verstand nur bei einem Juden keine Wirkung haben könnten: so muß ich sagen, daß dieses eben das Vorurteil ist, welches nur aus Stolz oder Haß fließen kann.«

Und dann stellte er Moses dem Leserkreis vor, ohne seinen Namen zu nennen: »Doch ich will lieber hier einen andern reden lassen, dem dieser Umstand näher an das Herz gehen muß; einen aus dieser Nation selbst. Ich kenne ihn zu wohl, als daß ich ihm hier das Zeugnis eines ebenso witzigen, als gelehrten und rechtschaffenen Mannes versagen könnte. Folgenden Brief hat er an einen Freund in seinem Volke geschrieben:«

Nun folgte ein Text von Moses in Briefform; der erste von ihm, der überhaupt gedruckt wurde. Moses argumentierte ganz anders als Lessing. Er hielt sich nicht mit scheinbaren Zugeständnissen auf, er manövrierte nicht, sondern benannte ohne Umschweife den Kern, nämlich seine Getroffenheit ob der bösen verallgemeinernden Aburteilung. Den Vorwurf der Unwahrscheinlichkeit eines edlen jüdischen Menschen bestritt er mit Leidenschaft: »Diese Gedanken machen mich schamrot. Welche Erniedrigung für unsere bedrängte Nation! Das gemeine Volk der Christen hat uns von jeher als Auswurf der Natur, als Geschwüre der menschlichen Gesellschaft angesehen. Allein von gelehrten Menschen erwartete ich eine billigere Beurteilung. Wie sehr habe ich mich getäuscht! Mit welcher Stirne kann ein Mensch, der noch ein Gefühl der Redlichkeit in sich hat, einer ganzen Nation die Wahrscheinlichkeit absprechen, einen einzigen ehrlichen Mann aufweisen zu können? Man fahre fort, uns zu unterdrücken, man lasse uns beständig mitten unter freien und glückseligen Bürgern eingeschränkt leben, ja man setze uns ferner dem Spotte und der Verachtung aller Welt aus; nur die Tugend, den einzigen Trost bedrängter Seelen, die einzige Zuflucht der Verlassenen, suche man uns nicht gänzlich abzusprechen.«

Das Zusammenspiel der beiden Texte wird nicht gestört von ihrer Verschiedenheit. Im Gegenteil. Die Stimmen ergänzen sich. Lessing plädierte als kluger Anwalt einer Gruppe, deren Schicksal er nicht teilte, sondern von außen sah, und es kam ihm vor allem darauf an, die Unbelehrbaren im eigenen Bereich ad absurdum zu führen. Moses sprach ohne schlaue Verbrämung, aus der Isolationshaft der Verfolgten selbst. Den gehässigen Spruch, Unterdrückung verderbe die Tugend der Unterdrückten, den Lessing ja zum Schein noch gelten ließ, wies er von vornherein zurück. Die Tugend komme dem verfemten, auf Armut und Handeltreiben beschränkten Volk keineswegs abhanden, sondern werde im Gegenteil als einziger Trost, als einziger Besitz besonders hochgehalten. Dies alles offenbarte er so freimütig, als wäre es nicht das erste Mal, daß die Leserschaft einer deutschen Zeitschrift in die Seele eines Exemplars der verabscheuten Spezies blicken konnte. Zum Schluß schrieb er: »Laßt einen Menschen, dem von der Verachtung des jüdischen Volkes nichts bekannt ist, der Aufführung dieses Stückes beiwohnen: die guten Leute, wird er bei sich denken, haben doch endlich die große Entdeckung gemacht, daß Juden auch Menschen sind.«

Daß Juden auch Menschen sind. Diesem Satz, in verschiedenen Wortkleidern, werden wir bei beiden Freunden noch oft begegnen. Er ist im ersten Anlauf bereits gesagt. Und schon regte sich auch der gütige Humor, den Moses später hie und da in seinen Kommentaren zu Lessings Vehemenz aufblitzen ließ. Vor allem ist der Satz im Witzton ein Stoßseufzer: »... daß Juden auch Menschen sind.« Menschen wie alle anderen. Bürger wie alle anderen, ganz einfach und schlicht Mitbewohner der Erde.

Was das bedeutet, konnte Moses immer nur ahnen, weil er es selbst nie, oder höchstens in den Momenten des freundschaftlichen Umgangs mit Lessing, erlebte. Er war kein Bürger, kein Mensch, der die ringsum aufgestellte Norm erfüllte, sondern ein Außenseiter. Der Außenseiter gilt der Gesellschaft nie als ihresgleichen, so unauffällig, so konform er sich auch immer aufzuführen bemüht ist. Die Gesellschaft schafft sich ihre Außenseiter, weil sie sie für ihre Selbstachtung, gegen ihren Selbsthaß braucht. Sie will sie für schlecht und minderwertig halten, um sich selbst zu erhöhen. Gleichzeitig sieht sie in ihnen auch die Auserwählten, vom Üblichen Abgehobenen, Unschuldigen, ja, sie dichtet ihnen sogar ihre eigenen Wunschkräfte an, wie übergroße sexuelle Potenz, geheimnisvolle Anziehungskraft, enorme Tüchtigkeit, scharfe Intelligenz und Schlauheit. Um all das beneidet sie sie wiederum glühend, ein neuer Grund, sie zu hassen.

Eine unaufgeklärte Gesellschaft braucht ihre Außenseiter, die sie verachten und bewundern will, unschuldig und schuldig sprechen. Nur eines niemals: sie als gleichwertige, gleichartige Menschen anerkennen, als Mit-Menschen.

Lessing war von Natur aus frei von diesem kollektiven Übel. Moses war fähig, die Befangenheit des Zurückgesetzten zu überwinden. Sie taten sich zusammen und überschritten Hand in Hand den Teufelskreis um Verfolger und Verfolgte.

ZWISCHENTHESEN

Was ist Aufklärung?

IMMANUEL KANT: Aufklärung ist der Ausgang des Menschen aus seiner selbstverschuldeten Unmündigkeit. Unmündigkeit ist das Unvermögen, sich seines Verstandes ohne Leitung eines anderen zu bedienen. Selbstverschuldet ist diese Unmündigkeit, wenn die Ursache derselben nicht am Mangel des Verstandes, sondern der Entschließung und des Mutes liegt. Habe Mut, dich deines eigenen Verstandes zu bedienen! ist also der Wahlspruch der Aufklärung. Faulheit und Feigheit sind die Ursachen, warum ein so großer Teil der Menschen dennoch gerne zeitlebens unmündig bleibt; und warum es anderen so leicht wird, sich zu deren Vormündern aufzuwerfen.

MOSES MENDELSSOHN: Der Aufklärer, der nicht unbedachtsam zufahren und Schaden anrichten will, hat sorgfältig auf Zeit und Umstände zu sehen und den Vorhang nur in dem Verhältnisse aufzuziehen, in welchem das Licht seinen Kranken heilsam sein kann.

Aber die Entscheidung muß ihm selbst überlassen werden, und keine öffentliche Anstalt darf hierin Maß und Ziel setzen. Aufklärung hemmen ist weit verderblicher als die unzeitigste Aufklärung.

GOTTHOLD EPHRAIM LESSING: Der menschliche Verstand läßt sich zwar ein Joch auflegen; sobald man es ihn aber zu sehr fühlen läßt, sobald schüttelt er es ab.

VIERTES KAPITEL

Freundschaft als Programm

EINE FREUNDSCHAFT WAR ZUR WELT GEKOMMEN, UM DIE WELT ZU BEEINFLUSSEN. Zuerst manifestierte sie sich als Paukenschlag, als Proklamation. Dann wurde sie nach außen gefestigt, nach innen mit Leben erfüllt. Lessing übernahm die Regie der Außenwirkung. Und ging eigentlich genauso vor wie vor Jahren beim Erdichten seiner Komödie *Die Juden*, die ihm rückblickend als kopfgeborene Vorstufe der Partnerschaft mit Moses erscheinen mochte.

Für das Stück hatte er einen Außenseiter erfunden, der nicht als solcher erkennbar ist, weil er nicht vor den gesellschaftlichen Einschränkungen kapituliert. In seiner Freiheit, die freilich auf einer Lüge basiert, kann er sich zu einem besonders belesenen, edlen, sogar hoffähigen Mustermenschen entwickeln. Solange man ihn nicht als Juden entlarvt. Damit hatte Lessing zu beweisen versucht, daß nur von den Lebensumständen abhängt, wie ein Mensch sich entfaltet. Die Umwelt erklärt ihn zum Außenseiter oder zum geachteten Bürger, ohne Ansehen seiner persönlichen Eigenschaften. Freilich stand der Beweis auf den wackligen Beinen einer Theaterfigur, die Kritiker hatten leichtes Spiel mit der Behauptung, ein solcher Fall sei reine Spekulation, die der Wirklichkeit nicht standhalte. In Moses entdeckte er den Mann aus Fleisch und Blut, mit dem sich der Beweis vor aller Augen führen ließ. Denn Moses hatte seiner Isolation schon selbst ein Höchstmaß an geistiger Entwicklung abgetrotzt, war also quasi auf halbem Weg entgegengekommen. Ohne sich etwa, wie der Reisende in der Komödie, verleugnen zu müssen, womit die Gefahr des Absturzes sogar leidlich gebannt war.

Lessing konnte ihm die sozialen Fesseln nicht wegzaubern wie seinem Lustspielhelden, aber er brach energisch die gesellschaftliche Isolationshaft auf. Mit dem gemeinsamen Protest gegen die Kritik an den *Juden* begann es. Dann schmuggelte er Moses Schritt für Schritt als geistig arbeitenden Menschen ins zeitgenössische Rampenlicht.

Wie er den schüchternen Nachtkammerphilosophen zum Publizisten machte, ist in einer schönen Geschichte überliefert: Er hatte ihm zu einer abendlichen Zusammenkunft, in der Gastwirtschaft, auf dem Spaziergang oder wo auch immer, eine englische philosophische Abhandlung mitgebracht. Moses las sie aufmerksam, Lessing fragte, als er sie später zurückerhielt: »Nun, wie hat es Ihnen gefallen?«

»R-r-recht gut«, beteuerte Moses, und in einer Aufwallung von Mut und Selbstbewußtsein: »A-a-a-ber so etwas kann ich auch m-m-m-machen.«

»Dann machen Sie doch so etwas«, rief Lessing, lachte, klopfte ihm auf die Schulter, verabschiedete sich und stapfte in die Dunkelheit.

Moses lief wie von Sturmböen gejagt nach Hause, kauerte nun in noch zäher durchwachten Nächten an seinem kleinen Wackeltisch in der Schlafkammer und schrieb fieberhaft an der bestmöglichen Form seiner längst begonnenen ersten wissenschaftlichen Schrift, die er *Philosophische Gespräche* nannte. Die Feder kratzte. Ein Tintenfaß nach dem anderen leerte sich. Die Streusandbüchse tanzte über Papieren, die zum Teil im Abfall landeten. Als er endlich glaubte, nun sei das Werk einigermaßen würdig, dem verehrten Freund unter die Augen zu kommen, händigte er es Lessing aus, stotternd, mit feuerrotem Kopf. Lessing steckte es ein, las es zu Hause, brachte es ohne Vorankündigung seinem Verleger und überredete ihn, es zu drucken. Er handelte so wie damals die große Neuberin, als sie sein Erstlingswerk ohne Wenn und Aber in die Öffentlichkeit stieß. Er wußte aus eigener Erfahrung, wie lebenswichtig eine kurzentschlossene Anschubförderung sein konnte.

Als das Büchlein fertig war, präsentierte er es druckfrisch dem verblüfften, zu Tränen gerührten, vor Glück sprachlosen Moses. Allerdings: Es hatte anonym erscheinen müssen. Das war nicht unüblich und in diesem Fall als Vorsichtsmaßnahme besonders angezeigt. Ein Jude, der sich öffentlich äußerte, konnte sofort ausgewiesen werden. Womit sich doch eine kleine Ähnlichkeit zur Selbstverschleierung des Reisenden aus der Komödie einschlich. Ein »Auswurf der Natur« hatte ja nicht einmal Deutsch zu können, geschweige denn seine Hirngeburten in Deutsch zu publizieren. Anonymität bot Schutz. Hinter vorgehaltener Hand mochte sich dann in den Kreisen Gebildeter, und nur solchen waren Bücher zugänglich, mit der Zeit herumsprechen, wer der Urheber war.

Die *Philosophischen Gespräche* sind in altgriechischer Verkleidung als Dialog zwischen zwei engen Freunden aufgebaut, was der Befindlichkeit des jungen Weltweisen entsprach. Sie kommentieren die deutsche Aufklärungsphilosophie, vor allem deren Auffassung von der metaphysisch »vorbestimmten Harmonie« der Welt und ihrer Erscheinungen.

Aber – diese erste Arbeit ist auch ein konsequenter Vorstoß in streng verbotener Richtung. Tollkühn, ohne ängstliches Schielen auf Gefahr.

Zuerst pries Moses die deutsche Philosophenschule von Leibniz und Wolff, erklärte dem Leser, wie stolz Deutschland auf seine Geistesgeschichte sein könne, wie wenig Grund man habe, überbescheiden nach Frankreich zu schielen. Doch dann schlug er seine eigene Volte und fuhr mit einer These fort, die der deutschen Gelehrtenschaft eine Ohrfeige gab: »Doch was hilft es, sich mehr zuzuschreiben, als recht ist. Lassen Sie uns also immer gestehen, daß auch ein anderer als ein Deutscher, ich setze noch hinzu, daß auch ein anderer als ein Christ, daß Spinoza an der Verbesserung der Weltweisheit einen großen Anteil hat. Ohne ihn hätte die Weltweisheit ihre Grenzen nimmermehr so weit ausdehnen können.«

Er behauptete dann, der portugiesisch-holländisch-jüdische Philosoph Baruch Spinoza, vor 80 Jahren gestorben, habe die epochalen Erkenntnisse über die vorbestimmte Harmonie schon vorformuliert. Sich damit allerdings in den Abgrund gestürzt, der zwischen zwei wissenschaftlichen Systemen aufgebrochen sei: der cartesianischen Philosophie aus der ersten Hälfte des 17. Jahrhunderts, die das einzig Unzweifelhafte auf der trügerischen Welt im menschlichen Denken sah, und der Leibnizschen fast hundert Jahre später, die im Gegenteil eine vorbestimmte Gesetzmäßigkeit in allen Erscheinungen erkannte. Spinozas Wirksamkeit sei in der Erdbebenspalte zwischen diesen zwei Systemen, dem bisherigen und dem zukünftigen, zerdrückt worden. »Wie sehr ist sein Schicksal zu betauren! Er war ein Opfer für den menschlichen Verstand; allein ein Opfer, das mit Blumen gezieret zu werden verdient.«

Noch tappend zwar, doch mit aufrechtem Gang suchte Moses sein eigenes Wirkungsrecht innerhalb der philosophischen Forschungskontinuität. Daß er als »Geschwür der menschlichen Gesellschaft« in der deutschen Weltweisheit mitsprechen wollte, war waghalsig genug. Er ging sofort einen Spagatschritt weiter und bezeichnete den jüdischen, damals als Atheisten verfemten Spinoza als Urheber oder zumindest Wegbereiter einer von Deutschen entwickelten Philosophie. Damit konstatierte er den direkten Einfluß eines jüdischen Philosophen auf die deutsche Schule, schlug eine Brücke von jüdischer zu deutscher Weltweisheit und erhob zwischen den Zeilen den Anspruch, selbst als jüdischer wie auch als deutscher Philosoph zu gelten. Was es noch nie gegeben hatte. Und nicht geben durfte.

Lessing, dem Ungeduldigen, machte dieser spirituelle Weitsprung fast sportliche Freude. Außerdem entsprach er seinem Begriff von jüdischer Geistigkeit als Bestandteil, wenn nicht Voraussetzung deutsch-christlichen Denkens. Nicht nur brachte er die Schrift seines Freundes als Buch heraus, er leistete auch Starthilfe mit einer selbstverfaßten Kritik, die er in der *Berlinischen privilegierten Zeitung* erscheinen ließ. Es werde in den *Philosophischen Gesprächen* erwiesen, daß Leibniz nicht der Erfinder der »vorbestimmten Harmonie« sei, daß Spinoza sie schon achtzehn Jahre vor ihm gelehrt und daß Leibniz weiter nichts getan habe, als ihr den Namen zu geben und sie seinem eigenen System auf das genaueste einzuverleiben. Der frisch-fröhliche Versuch einer Denkmalsprengung blieb wohl nur deshalb ohne schlimme Folgen, weil der akademische Betrieb die beiden jugendlichen Besserwisser ohne Amt nicht wirklich ernst nahm.

Trotzdem. Lessing hatte eine Bresche ins Massiv der Hindernisse auf dem Karriereweg seines Freundes geschlagen. Moses ging wie auf Rosenwolken. Er wußte sich nicht zu lassen vor Dankbarkeit und Freude. Der Erfolg beflügelte seine Arbeitskraft. Noch im selben Jahr veröffentlichte er mit Lessings Hilfe seine nächste Schrift: *Über die Empfindungen.* Darin wagte er sich ebenso unerfahren wie vorwitzig auf ein anderes delikates Terrain. Die süßeste Harmonie beschwor er, der Harmoniesüchtige, diesmal herauf: Harmonie des aufgeklärten Verstandes, des ewig unberechenbaren Gefühls und der noch unberechenbareren Sinne.

All die Staubtrockenheit deutscher Schreibstubenphilosophen, die den Verstand über alles setzten, lehnte er mit weit ausholender Geniegeste ab: »Mein Wahlspruch ist: wähle, empfinde, überdenke – und genieße. Wenn du bei der Erblickung einer Schönen in Entzückung gerätst, so vereinigt sich alles zu deiner Niederlage. Der harmonische Bau ihrer Glieder; ihre blendende Gesichtsfarbe, ihre feuerige Augen und ihre reitzenden Züge bemeistern sich deiner Seele. Hüte dich, anstatt feueriger Augen der Beschaffenheit der Säfte im Auge, und anstatt reitzender Mienen einer leichten Bewegung der Gesichtsmuskeln zu gedenken. Den Augenblick würde dein Vergnügen sterben, und du hättest anstatt einer trunkenen Wollust eine Menge trockener Wahrheiten. Die ihr für eure Glückseligkeit besorgt seid, lasset euch von der Vernunft den Gegenstand eures Vergnügens auswählen. Ohne sie könntet ihr blindlings wählen, oder euch in eurer Wahl betriegen. Wenn sie euch aber die Braut zugeführt hat, so muß sie bescheiden zurückweichen, um euch nicht in dem Genusse zu stören. Wir sollen fühlen, genießen und glücklich sein. Dieses ist das System meiner jugendlichen Sittenlehre, die Richtschnur meines Wandels.«

Das Büchlein gefiel. Lessing stellte Moses Bekannten und Kollegen vor, unter der Hand verbreitete sich verblüfftes Getuschel über den Autor der beiden kleinen Schriften. Der Dichter Gleim wunderte sich maliziös, daß ein junger Jude, »ein würklicher, kein erdichteter«, der ohne Lehrer in den Wissenschaften debütiere und sein Brot in einem Handelsbetrieb verdiene, die »Werkchen« zustande gebracht habe. Und ein französischer Günstling des Königs soll gespöttelt haben, Moses fehle, um ein großer Mann zu sein, nichts als ein wenig Vorhaut. Wobei er die schlüpfrige Absurdität der Feststellung gelassen in seine Ironie mit einbezog, sogar genoß und natürlich nicht in Frage stellte. Wohlwollende, wenn auch zynische Herablassung war also bereits möglich. Doch niemand außer Lessing bekämpfte die allgemeine Diskriminierung der Menschen mit der beschnittenen Vorhaut. Nichts änderte sich an den täglichen Mühen des Außenseitertums.

Um so trotziger füllte sich das Experiment deutsch-jüdischer Freundschaft in jeder Hinsicht mit Leben. Moses war in seiner Anhänglichkeit die treibende Kraft der inneren Festigung. Sein Einsatz kannte keine Ermüdungserscheinungen. Auf ihn war immer Verlaß. Er legte den sprunghaften Lessing auf regelmäßige Zusammenkünfte fest. Und Lessing zog Moses in seinen Lebenskreis, führte ihn hinter die Kulissen des Zeitungswesens, besprach seine literarischen Pläne mit ihm und spornte mit Lob und Kritik sein Philosophieren an. Moses bemühte sich unentwegt, den Ansprüchen des Freundes gerecht zu werden. Jeden einzelnen Gedanken ließ er von Lessing begutachten. Er wiederum war ein stets Anteil nehmender Leser, Verehrer und Kritiker von Lessings Schriften. Schon fürchtete er, wie früher die Meißener Schulmeister, das vielseitige Genie des Freundes könnte sich verzetteln, und mahnte ihn zur literarischen Fleißarbeit.

Wie jedes Individuum entwickelt auch jede Beziehung ihre persönliche Gestalt. Gotthold und Moses gingen bei aller geistigen Verwandtschaft von diametral verschiedenen Voraussetzungen aus. Jüdisch geprägtes Wissen mit seiner zweitausendjährigen Tradition des geduldigen Auslotens jeder einzelnen Erkenntnis und deutsche Grundsätzlichkeit mit ihrem ungeduldigen Vorwärtsstürmen spornten sich zum erstenmal bewußt und fruchtbar gegenseitig an.

Ein philosophischer Dichter sei noch kein Philosoph, ein poetischer Weltweiser noch kein Poet, sagte Lessing. Moses war ein Philosoph mit poetischen Anlagen, Lessing ein Poet mit philosophischer Ausrichtung. Jeder pflegte also des anderen Hauptbegabung als wichtigen Nebenbereich, sie maßen aneinander ihre Kräfte und Zusatzkräfte.

Zwei verschiedene Charaktere, die in den Zusammenklang kontrastierende Töne einbrachten. Moses war ein ausgewogener, in gleichmäßigen Schritten vorangehender Mensch. Erkenntnisse faßte er gern in philosophische Formeln, die er festhielt, an denen er sich festhielt. Sein Bedürfnis nach der Harmonie von Denken, Empfinden und Glauben war unstillbar. Die Anstrengung, mit der er sich aus den Verliesen des Außenseiterschicksals herauskämpfte, forderte so übermenschliche Dynamik, daß er ungern einmal erreichte Positionen preisgab.

Genau das war aber Lessings Lebenselixier, an diesem Drehpunkt entfaltete er erst seine Energie. Er hatte sich freier entwickelt, er schlug nach vielen Seiten aus. Ein in sich widerstrebender Charakter. Gütig und sarkastisch, höflich und grob, liebevoll und frostig in abruptem Wechsel. Dramatiker und Kritiker, Literat und Journalist, Künstler und Wissenschaftler. Betrat er das eine Tätigkeitsgebiet, vermißte er schon die anderen. Was er erkannt hatte, stellte er gleich wieder in Frage. Manchmal verharrte er scheinbar unbeweglich, dann rannte er in großen Sprüngen voraus.

Moses war für Lessings Unruhe ein verläßlicher Ankerpunkt. Lessing trieb Moses an, sich nie auf einem Zwischenresultat auszuruhen. So feilten und ziselierten sie jedes aufgeworfene Thema in freundschaftlichem Wettstreit, wenn sie zusammensaßen. Das heißt: Moses saß auf seinem Stühlchen, Lessing tigerte mit großen Schritten auf und ab. Jede Frage wurde einvernehmlich kontrovers beleuchtet, ohne daß einer dem anderen seine Meinung aufzwang.

Sobald sich die überzeugendste Antwort herausschälte, hätte Moses das Ergebnis gern festgelegt. Aber für Lessing hatte jede Antwort nur vorläufigen Wert. Moses schalt ihn einen Feuerkopf, der in der Hitze des Streits aus Liebe zum Scharfsinn selbst die absurdeste Meinung noch ernst zu nehmen scheine. In solchen Momenten sei ihm die Gymnastik des Geistes wichtiger als die reine Wahrheit. Lessing wiederum war überzeugt, der Mensch könne oder solle die reine Wahrheit nie ganz entschleiern, das Leben sei, wenn es Sinn haben solle, ein nie endender Annäherungskampf: »Wenn Gott in seiner Rechten alle Wahrheit und in seiner Linken den einzigen immer regen Trieb nach Wahrheit, obschon mit dem Zusatze, mich immer und ewig zu irren, verschlossen hielte und spräche zu mir: wähle! Ich fiele ihm mit Demut in seine Linke und sagte, Vater, gib! Die reine Wahrheit ist ja doch nur für dich allein.«

Wenn Lessing Moses etwa in seinem Seidenhandel-Kontor besuchte, um ihn zu einer gemeinsamen Unternehmung abzuholen, beobachtete er mit Respekt, was für Titanenkräfte der kleine Emporkömmling aufbot, um den grundverschiedenen Anforderungen, die ihm das Leben nun einmal stellte, gerecht zu werden. Da saß oder stand er den bösen langen Tag über sein Pult gebeugt, den Kopf zwischen den Schultern, oft mit stechenden Schmerzen im krummen Rücken. Um ihn herum ein Wust von erledigten, unerledigten, ständig neu hereinflatternden Papieren. Seine Rechenzentrale inmitten eines lauten Produktions- und Handelsbetriebs. Neben ihm in der einen Halle die scheppernden Webstühle. In der anderen Regale mit Ballen und Mustertüchern aus schimmernder Seide in tausend Ausführungen. Da wirbelte ein Kommen und Gehen von Lieferanten und Kunden, ein Türenauf- und -zuschlagen, ein Anliefern und Abholen, ein Feilschen und Vergleichen und Begutachten und Aufrollen und Wiedereinrollen, Ausbreiten und Wiederzusammenfalten. Dünne, dicke, feine, grobe, schwere, leichte, samtige oder glatte, glänzende oder matte Seide, flache oder strukturierte, unbestickte oder bestickte, buntgemusterte oder einfarbige, stark- oder pastellgetönte, eine leuchtende Orgie verschiedenster Farbschattierungen, alles hatte seinen Preis, konnte herunter- oder heraufgehandelt werden, und die Rechnungen landeten auf seinem Tisch, mußten bearbeitet, ausgewiesen, zusammengezählt, eingetragen werden. Geld einnehmen, Geld herausgeben, ein ewiger Kreislauf, der ihn äußerlich in Atem hielt, innerlich nichts anging.

Nur auf ein einziges kam es an: Er mußte seine Kraftreserven so einteilen, daß er am Abend hellwach blieb. Denn dann begann sein eigentliches Leben, sein Nachtleben, sein Leben als geselliger Freund oder einsamer Weltweisheitsforscher.

Der Seidenfabrikant Isaak Bernhard vertraute seinem Buchhalter so blind, daß er sich selbst kaum noch ums Rechnerische kümmerte. Wenn etwa ein Neugieriger den jungen Philosophen in seiner Buchhalterhöhle besuchte und begaffte wie die alten Griechen den Diogenes in der Tonne, wenn er zusah, wie der bucklige Moses über den Rechnungen schwitzte und seine wertvolle Zeit an den Brotverdienst verlor, während der Unternehmer sich schonte, wenn dieser Neugierige dann sagte: »Es ist doch jammerschade, ja geradezu unverantwortlich, daß ein so kluger, genialer Kopf wie Sie einem Mann dienen muß, der ihm nicht das Wasser reichen kann«, dann antwortete Moses: »Im Gegenteil, es ist gut so. Wäre ich der F-f-f-abrikherr und er der Buchhalter, ich könnte ihn nicht gebrauchen.«

Er war unglaublich gewissenhaft. Was ihn später zum Geschäftsführer und Mitinhaber der Firma aufsteigen lassen sollte. Er strapazierte seine Kräfte. Ohne Unterlaß entzündete er die dünne Kerze seiner Gesundheit an beiden Enden.

Die Freundschaft mit Lessing steigerte den geistigen Anspruch ins Unermeßliche. Es genügte beiden nicht, auf mittlerer Ebene ein Zeichen zu setzen, es mußte ein Höhenfeuer sein, so weithin sichtbar wie irgend möglich. Als Vor-Bild, das andere und immer mehr andere zum Nachdenken, Nachempfinden, Nachleben reizen konnte.

Der Balanceakt des Moses aus Dessau barg noch mehr Gefahren. Die Diskrepanz zwischen seinem Ansehen in der Firma wie auch im gelehrten Freundeskreis einerseits und der alltäglichen Verfemtheit in der normalen deutschen Umwelt andererseits war so schroff, daß eine weniger starke Seele daran hätte zerschellen müssen. Auch drohte die Gefahr, daß er sich durch sein Vorwärtsstreben von den jüdischen Leidensgenossen entfremdete. Überall Drachen und Fußangeln. Aber es gab nun einmal keine andere Möglichkeit, zu denken, zu überleben – und vielleicht etwas zu bewirken.

Eine Moses-Geschichte: Eines Abends, als ihm der Kopf nach der Tagesarbeit dröhnte, ging er an die frische Luft, überschritt in Gedanken die Sperrgrenze und verlor sich im Tiergarten. Plötzlich stand ein langer preußischer Gendarmerie-Offizier neben ihm, packte ihn von hinten am Kragen und schrie: »He, Bruder Itzig! Wat suchst du hier?«

»I-i-i-ch –«, stotterte Moses. Der Gendarm brüllte: »Nanana, Jüdchen, jibt's nüscht zu schachern, nüscht zu wuchern, nüscht zu mauscheln, nüscht zu handeln?«

»N-n-n-nein, ich habe nichts«, würgte Moses heraus.

»Wat? Du hast nüscht zu wuchern? Det is doch wohl jelogen«, schnarrte der Offizier. »Hast nüscht zu schachern, handelst mit nüscht, he?«

Die Püffe vor die Brust bei den letzten Worten brachten Moses zur Besinnung, er rappelte sich auf, stand möglichst gerade, schaute dem Gendarmen so direkt wie möglich ins Gesicht hinauf und sagte: »Doch, mit etwas h-h-h-handle ich, aber das ist nichts für Sie!«

»Wie willste det wissen, heraus damit, worin besteht dein Handel?« grölte der Gendarm.

Moses keuchte: »Ich handle mit V-v-v-vernunft. Doch über diesen Artikel werden wir nicht handelseinig, denn S-s-s-ie haben keinen Bedarf danach.«

Riß sich los, machte sich davon, und der Gendarm glotzte in die Berliner Luft.

Lessing konnte ihn nicht vor solchen Szenen bewahren, auch nicht vor Steinwürfen und hinterhergeschrienen Schimpfworten. Aber ein Jahr nach Beginn ihrer Freundschaft gründete sich in Berlin ein »gelehrtes Kaffeehaus«, in dem junge aufklärerische Freigeister zusammenkamen. Moses gehörte, von Lessing eingeführt, von Anfang an dazu. Lessings Freunde wurden sogar zum Teil auch die seinen. Alle vier Wochen fanden Vorträge, Lesungen und Diskussionen statt, in denen Moses durch seine intellektuelle Brillanz bestach. Es war eine Oase in der Wüste, aber immerhin, es gab die Oase nicht nur als Fata Morgana wie für die meisten Glaubensgenossen.

Zu seiner Freude gab es auch bald wieder eine schriftstellerische Zusammenarbeit mit Lessing. Ausgelöst von der willkommenen Gelegenheit zur kleinen Revolte gegen Berlins intellektuelle Oberschicht.

Die Königliche Akademie der Wissenschaften lobte einen Preis aus für die beste Arbeit über den vor 10 Jahren verstorbenen englischen Aufklärungsdichter und Philosophen Alexander Pope. Es ging um die Frage, ob Pope im Recht sei mit seinen Kernsätzen »Whatever is, is right« und »All is good«, womit er der Lehre von der vorbestimmten Harmonie eine moralische Wertung gegeben hatte.

Lessing unterstellte den französischen, vom König gehätschelten Akademiepavianen, sie wollten den Wettbewerb als Angriff auf die Vormachtstellung deutscher Philosophie mißbrauchen, schließlich zwei Richtungen, zwei Nationen gegeneinanderhetzen und die lachenden Dritten spielen. Jedenfalls fanden die beiden Freunde das Thema, das ganze Vorhaben sinnlos. Mit einer scheinheilig für den Wettstreit betimmten Schrift bliesen sie zum Generalangriff auf die Präpotenz der Akademieleitung. In vielen lustigen Stunden wurde gemeinsam ein polemisch-satirischer Text verfaßt, und natürlich brannte

Lessing darauf, ihn einzureichen und nachher von Herzen über die Reaktionen zu lästern.

Aber da verließ Moses der Mut. Er hätte angesichts eines Skandals Kopf und Kragen riskiert und bestand plötzlich darauf, als Urheber wieder anonym zu bleiben. Worauf Lessing, loyal, wie er war, seinen eigenen Namen auch nicht nennen mochte. Moses meinte, sie könnten den Beitrag doch ohne Namensnennung einsenden, aber Lessing hielt ihn verärgert zurück.

»Gesetzt nun«, sagte er, »daß wir aus dieser gelehrten Lotterie das größte Los gezogen hätten; was meinen Sie wohl, was alsdann geschehen wäre? Sie hätten wollen verborgen bleiben, und ich hätte es müssen bleiben. Wenn sich alsdann niemand genannt hätte, so hätten wir unsere Schrift auch nicht einmal dürfen drucken lassen, oder wir wären doch zuletzt verraten worden. Ist es also nicht besser, daß wir die uneigennützigen Weltweisen spielen, und unsere Entdeckung der Welt ohne 50 Dukaten überlassen?«

Die Schrift wurde erst später als freie Arbeit gedruckt, auf den Markt geworfen und viel diskutiert. Die leichte Verstimmung war vielleicht notwendig für die Einsicht, daß es kein allzu schnelles Vordringen geben konnte auf dem langen Hindernislauf, den er sich mit Moses vorgenommen hatte. Es half nichts, wenn man eine Gleichstellung vorgaukelte, die es in der Realität noch nicht gab. Geduld und Ausdauer taten not. Rücksicht auf die Ängste des Unfreien, allmähliches Nachziehen, Behutsamkeit. Strategien, die er seiner jugendlichen Verwegenheit abringen mußte.

Eines Abends trafen sie sich im Theater zur Vorstellung eines sentimentalen französischen Schinkens. Moses ließ den Tränen freien Lauf. Lessing saß stocksteif daneben.

»Was sagen Sie dazu?« flüsterte Moses mit dem Taschentuch an den Augen. »Daß es keine Kunst ist, alte Weiber zum Heulen zu bringen«, zischte Lessing. »Das ist leicht gesagt, aber nicht so leicht getan«, hauchte Moses gekränkt.

»Was gilt die Wette, in sechs Wochen bringe ich Ihnen ein solches Stück.« Lessing sprach's und stürmte durchs verärgerte Publikum aus dem Saal.

Am nächsten Morgen war er aus Berlin verschwunden. Mietete in Potsdam eine Dachkammer und kam nicht daraus hervor, bis seine erste Tragödie, *Miss Sara Sampson*, vollendet war. Nach genau sechs Wochen brachte er sie dem Freund, der ihn schrecklich vermißt hatte. Natürlich ist auch *Miss Sara Sampson* eine kühne Neuerung, anderes hätte den Pionier nicht gereizt, nämlich das erste bürgerliche Trauerspiel in deutscher Sprache. Bis dahin hatten sich die hochdramatischen Schicksalsabläufe der Tragödie nur unter Adligen und anderen herausgehobenen Figuren abgespielt. Sie auf bürgerliche Kreise auszuweiten entsprach dem aufklärerischen Konzept.

Ganz dazu passend übersetzte Moses inzwischen auf Lessings Anraten Rousseaus Schrift *Über den Ursprung der Ungleichheit unter den Menschen*, die kürzlich erschienen war und wildes Aufsehen erregt hatte. Das Französisch, das Moses sich selbst beigebracht hatte, reichte nur bei mühseligstem Knobeln für das Verständnis des schwierigen Textes. Er unterzog sich der Mühe, obwohl ihm Rousseaus radikale Zivilisationskritik nicht lag. Wo er doch gerade um die zivilisatorischen Segnungen für sich und seine benachteiligte »Nation« zu kämpfen begann.

Obwohl sein Name auf dem Buchdeckel wieder nicht erschien, schrieb er ein persönliches Nachwort. Nannte es aber nicht »Nachwort«, sondern »Sendschreiben an den Magister Lessing«. Und es war keine Schlußbemerkung zu Rousseau, sondern eine Hymne – auf die Freundschaft mit Gotthold Ephraim. Noch viel mehr: Es war, in sehr losem Zusammenhang mit dem Buchtext, ein Manifest seiner Begeisterung für diesen Menschen, der ihn aus dem Schatten gezogen hatte. Moses öffnete, veröffentlichte sein Herz. Er offenbarte an eigentlich unpassender Stelle die Tiefe seiner Gefühle bis hin zur Abhängigkeit.

So, vor aller Welt, schrieb Moses seine Freundschaft zu Lessing fest:

»Mein empfindliches Herz ist Ihnen allzusehr bekannt, und Sie wissen, wie weit es dem Gefühle der Freundschaft offen steht. Sie haben allzuoft bemerket, wie viel Macht ein freundschaftlicher Blick von Ihnen auf mein Gemüthe gehabt hat, wie er vermögend gewesen ist, allen Gram aus meiner Brust zu verbannen, und mein Gesicht plötzlich mit fröhlichen Mienen zu beziehen. Sollte Ihre kurze Abwesenheit mein Herz in einen Stein verwandelt haben? Nein, theuerster Lessing! Eben die allmächtige Kraft der Freundschaft hat mich in Verwirrung gesetzt. Ohne sie kann unsere Seele nicht gebessert werden, ohne sie ekelt uns Kost und Ruhe, und unser Gemüt bleibet für alle Fröhlichkeiten dieses Lebens verschlossen, wenn sie kein Freund mit uns theilet.«

Diese Ehrlichkeit, diese Inbrunst! Sie beschämte die preziösen Floskeln der Zeit. Wer in eine Außenseitergemeinschaft hineinsieht, wird erleben, daß dort der Ausdruck der Verbundenheit besonders wichtig genommen wird. Alle gehören zusammen, sind aufeinander angewiesen, aufeinander geworfen. Liebe ersetzt die Freiheit. Nestwärme ersetzt soziale Geborgenheit. Treue ersetzt Recht und Besitz. Sie wird zur Ikone – und zur umklammernden Forderung.

Kein Wunder, daß ein solcher Gefühlsausbruch den spröderen Lessing befremdete. Dem protestantisch-deutschen Pfarrerssohn war gewiß seit früher Jugend eingetrichtert worden, daß man Empfindungen für sich behält, besonders als Mann, sich keine Blöße gibt, Härte als höchste Tugend pflegt, Gefühlen nie zu große Macht einräumt, jede emotionale Regung sofort kontrolliert. Zwar hatte sich der junge Dichter von der elterlichen Schmalspurigkeit einigermaßen emanzipiert, aber es machte ihn doch ungeduldig, wenn private Empfindsamkeit so überbordend und gar noch öffentlich ausgegossen wurde. Zwei sehnsüchtige Briefe von Moses ließ er in Potsdam unbeantwortet. Die gedruckte Eruption nötigte ihn dann doch zu einer knurrig beginnenden Antwort: »Sie sind jetzt mit drei Briefen im Vorschusse; mit zwei geschriebenen und einem gedruckten. Erlauben Sie, daß ich des gedruckten zuerst gedenke. Noch habe ich ihn nur zweimal gelesen. Das erste Mal beschäftigte mich der Freund so sehr, daß ich den Philosophen darüber vergaß. Ich empfand zuviel, um dabei denken zu können. Mehr sage ich Ihnen nicht; denn ich habe es nicht gelernt, in diesem Punkte ein Schwätzer zu sein.«

Ein offener Verweis. Liebeserklärungen, Freundschaftsbeteuerungen klassifizierte er als Geschwätz. Mit der Bemerkung, er habe es nicht »gelernt«, ein Schwätzer zu sein, beschrieb er seine andere Sozialisation. Aber schon schwang eine leise Unsicherheit mit, ob die eigene Zurückhaltung wirklich das Maß aller Herzensdinge sei. Gerade weil er so karg erzogen war, fühlte er sich wider Willen auch angezogen von Mendelssohns südöstlichem Gefühlsüberschwang. In diesem Sinn fuhr er fort: »Ich will es nicht wagen, der Freundschaft nach Ihnen eine Lobrede zu halten, ich will nichts, als mich von ihr hinreißen lassen. Möchte ich Ihrer Wahl so würdig sein, als Sie der meinigen sind.«

Die beiden hatten ihre Gleichklänge erprobt, ihre Dissonanzen ausgehorcht, ihre Bereitschaft zur Toleranz unter Beweis gestellt. Der Freundschaftspakt war fest geschlossen. Für Moses eine Harmonie geistiger und emotionaler Glücksmomente, eine Überlebensnotwendigkeit, ein Tor zur Welt, ein Rettungsanker. Für Gotthold ein Fixpunkt in seinem fortschrittlichen Lebensprogramm.

ZWISCHENGESPRÄCH

Gotthold und Moses unterhalten sich über ihre Freundschaft

GOTTHOLD:

Sie sind mein Freund; ich will meine Gedanken von Ihnen geprüft, nicht gelobt haben. Ich sehe Ihren ferneren Einwürfen mit dem Vergnügen entgegen, mit welchem man einer Belehrung entgegensehen muß.

MOSES:

Ich will auch gewiß nichts mehr schreiben, wo ich nicht einen Lessing finden werde, der mich freundschaftlich und rücksichtsvoll zurechtweiset, so oft ich in Gefahr bin, zu irren.

GOTTHOLD:

Werden Sie nicht müde, mich zu bessern, so werden Sie auch nicht müde werden, mich zu lieben.

MOSES:

Dieses sind Ihre eigenen Worte, und ich zweifle, ob Sie so viel dabei gedacht haben als ich, wenn ich Sie versichere, daß ich Sie liebe.

FÜNFTES KAPITEL

Aus Frieden wird Krieg ...

ZWEI JAHRE WÄHRTE DIE ERSTE FREUNDSCHAFTSZEIT VON GOTTHOLD UND MOSES IN BERLIN.

Immanuel Kant hat seine *Naturgeschichte und Theorie des Himmels* geschrieben, worin er bereits die Vorstellung zahlreicher rotierender Milchstraßen entwickelt. Ein Erdbeben in Lissabon fordert mehr als 30 000 Tote. Der englisch-französische Kolonialkrieg beginnt. In St. Petersburg wird der Winterpalast erbaut, die erste russische Universität ist gegründet, und die erste russische Grammatik ist erschienen. Zum erstenmal, an der Universität Halle, hat eine deutsche Frau in Medizin promoviert.

Für Moses Mendelssohn, dessen Lebensplan auf eine stetige Entwicklung in kleinen Schritten ausgelegt war, hätte die Situation nur immer so bleiben müssen wie in diesen beiden Jahren, und er wäre glücklich gewesen. Mit Lessing in Berlin den Weg der aufklärerischen Intellektualität freischaufeln, von Berlin aus nach und nach Anschluß an die internationale Geistigkeit knüpfen, zusammen die Pläne des einen oder des anderen durchdenken, einmal separat, dann wieder gemeinsam tätig sein, so wirksam wie möglich. Eines Tages Familien gründen, mit Kindern und Enkeln älter werden, ohne daß die freundschaftliche Gemeinsamkeit je verblaßt ... etwas Wünschenswerteres gab es nicht für ihn.

Aber. Aber Lessing zerstörte nach zwei Jahren das Wunschbild von der Berliner Daueridylle. Er spannte halb ärgerlich, halb sehnsüchtig die Flügel aus und flatterte davon. Warum?

Trotz aller vielversprechenden Ansätze hatte er wieder das Gefühl, er trete auf der Stelle. Vieles war gesagt, einiges auf den Weg gebracht, anderes verpufft. Verpufft im Großstadtgetriebe, verpufft an der Mauer der nach wie vor stahlharten Zensur. Er hatte keine beständige Arbeit. Lebte von der Hand in den Mund. Wichtige Ämter an Bibliotheken oder anderen Einrichtungen, die seine Laufbahn gesichert hätten, wurden immer anderweitig besetzt.

Lessing haßte die Speichelleckerei, zu der sich jeder Bewerber um ein Amt erniedrigen mußte. Bis einer es endlich freigeleckt hatte, war der Rücken verkrümmt und die Zunge das Lecken allzu gewohnt. Er konnte das nicht. König Friedrich, der sich die letzte Entscheidung bei allen Berufungsfragen vorbehielt, überging den aufsässigen Freigeist geflissentlich und hielt ihn in Armut. So entschärfte er ihn auf die »eleganteste« Art und wurde ihn schließlich los.

Eine minderwertige Fronarbeit, wie Moses sie ertrug, um sich etwas geistigen Freiraum zu erschuften? Du lieber Gott, das hätte sich Lessing nicht angetan.

Also: Wenn schon ohne Auskommen, warum dann in Berlin, wo der schöne Schein das klägliche Sein mehr beleuchtete als verhüllte? Wo er jeden Winkel kannte und bereits stinklangweilig fand?

Wieder die Grundverschiedenheit der Charaktere und der sozialen Voraussetzungen: Lessing war unstet im Vergleich zur Stetigkeit des eingeschränkten Moses. Er war unbändig, er wollte und konnte es an keinem Ort zu lange aushalten. Die Welt war riesengroß, Berlin hatte er ausgereizt. Er mußte weg.

Moses klagte und bettelte. Vergebens. Er schimpfte den Freund ein »Schwindlicht«, das niemals eine bleibende Stelle habe, mit dem nichts anzufangen sei, das von Quecksilber umgetrieben werde und sich auch noch Glück dabei wünsche. Lessing versuchte ihm sein Fernweh zu erklären. Die heißhungrige Neugier. Die Unfähigkeit, seinem Geist eine verfestigte Richtung zu geben. Das Schweifen durch alle Felder der Gelehrsamkeit und der Künste. Er sprach von seinem Drang, alles anzustaunen, alles erkennen zu wollen – und von der Gefahr, immer bald Überdruß zu spüren. Wie sein Tragödienheld, der ungeduldige Lebemann Mellefont in *Miss Sara Sampson*, der ihm in manchem gleicht.

Von seiner Angst erzählte er, der Angst, viel bemerken und wenig ergründen zu können. Mehr seltsame als nützliche Entdeckungen zu machen in Gegenden, die oft des Anblicks nicht wert seien.

Trotzdem: hinaus aus Berlin. Seufzend von den Freunden Abschied genommen und weggereist. Wohin aber? Wenn Reisen doch so viel Geld kostet?

Die erste Station war – wieder einmal – Leipzig. Also gut. Da saß er nun in Leipzig. Wo er ebenfalls schon jeden Winkel kannte. Und versuchte sich im Geldverdienen. Aber auch hier lagen die goldenen Eier nicht auf der Straße. Er stagnierte und sinnierte. Wann würde er endlich anfangen, mit sich selbst zufrieden zu sein? In Wirklichkeit hatte ihn doch nichts Spezielles aus Berlin vertrieben. Und es sah ganz so aus, als könnte er so gute Freunde hier nicht finden, wie er sie dort verlassen hatte. Warum war er überhaupt hier?

Moses klebte in Berlin. Zu seinem Leidwesen. Er hatte ja nicht den Luxus des freien Schwankens zwischen Seßhaftigkeit und Wandertrieb. Er konnte ja heilfroh sein, wenn er gerade eben sein Berliner Dasein vor sich hin fristen durfte. Dafür mußte er sich durch unermüdliche Knochenarbeit die Gunst seines Schutzjuden erhalten. Denn wenn sein Schutzjude ihn nicht mehr als seinen Diener behalten wollte, dann müßte er sich einen anderen Schutzjuden suchen, und wenn sich keiner, auch nicht ein Trödeljude fände, dem er die Klamotten nachtragen dürfte, dann würde er sofort ausgewiesen, als Jude der Klasse 6. Ausgewiesen wohin? Überall müßte er wieder einen Unterschlupf suchen, samt dazugehörigem Schutzjuden, verbunden mit Knochenarbeit. Er saß und grübelte. Ob er wohl von Natur aus so seßhaft sei oder ob seine Neugier auf die Welt im Griff der Schikanen verkümmert war. Die gemeinen kleinen unsinnigen Schwierigkeiten, er konnte sich nie über sie hinwegsetzen.

Die Frage nach dem Grund der verfluchten Unbeweglichkeit stellte sich erst jetzt so dringend, im Vergleich zu Lessings Schwindlichternatur. Außerdem fiel er in die alte schmerzhafte Einsamkeit zurück. Entzugserscheinungen quälten ihn, und die Angst, Lessing könnte ihn vergessen oder die Freundschaft zu ihm vernachlässigen. »Ich will dem allgemeinen Wahn der Menschen gern allen Kummer verzeihen, daß er mir den besten Freund, den getreuesten Ratgeber von meiner Seite getrennt hat, wenn dieser beste Freund nur fortfahren will, mir die Versicherung zu geben, daß er mich noch so zärtlich liebt als damals, da mir eine neue Unterredung mit ihm eine neue Aufforderung war, beides, meinen Verstand und mein Herz zu bessern.«

Natürlich bewahrte ihm Lessing die freundschaftlichen Gefühle. Nur waren Freundschaftserklärungen und Liebesbeteuerungen ohne geistigen Richtpunkt eben nicht seine Sache, er rang sie sich immer noch selten und mit Unbehagen ab.

In der ersten Zeit ging Moses in seiner Verlorenheit so weit, daß er sogar ankündigte, er werde sein neues Projekt, »die ganze Metaphysik in meiner Art abzuhandeln«, nicht in Angriff nehmen, bevor er wieder mit Lessing zusammenleben dürfe. »Die Welt wird meine Metaphysik nicht vermissen, wenn sie auch gar ausbleiben wird, und ich würde mich schwerlich beruhigen können, wenn ich eine herausgegeben hätte, ohne einen freimütigen Lessing zum Beurteiler gehabt zu haben.«

Die Abhängigkeit hatte gefährliche Züge angenommen. Wahrscheinlich tat Lessing Moses sogar einen Gefallen, als er sich von Berlin absetzte und ihn aus der Wärme seiner Betreuung stieß. Denn so verschaffte er dem Freund die Möglichkeit, selbständig zu werden. Was wohl oder übel geschah. Und erstaunlich gut gelang. Die beiden Jahre dieser ganz persönlichen christlich-jüdisch-deutschen Gemeinsamkeit hatten tatsächlich ein Fundament gelegt, das sich für Moses als tragfähig erwies. Er kannte jetzt eine Reihe von Menschen, die ihn förderten in der mehr oder weniger verbotenen Welt. Lessings Weggang stieß ihn nicht hinter die Absperrung des Gettos zurück. Die Brücke zur anerkannten Geisteswelt schwankte zwar, aber sie stürzte nicht ein.

Lessing fand in Leipzig wenigstens teilweise die alte Unbeschwertheit wieder. Und neuen Kontakt zum Theater, das ihn im Leben noch öfter aus seiner Kopflastigkeit reißen sollte, und zwar immer dann, wenn er das Drama, seine Hauptbegabung, eine zu lange Weile vernachlässigte. Das Zusammensein und Plänemachen mit den Komödianten um den Herrn Direktor Koch war erfrischend, er genoß es, er berichtete fröhlich nach Berlin.

Aber da geriet er bei Moses an den Falschen. Nicht nur war Moses sicher eifersüchtig, weil sein Lessing so schnell Kontakte knüpfte. Er spielte jetzt, ähnlich wie früher der Vater, den Moralapostel und war sich nicht einmal zu schade, als Außenseiter auf andere Außenseiter herabzusehen: Er wisse nicht so recht, wie er es herausbringen solle, aber er habe immer etwas Furcht, seit er vernommen habe, Lessing lebe da unter Schauspielern. Nicht daß er eine schlechte Meinung habe von diesen Leuten; aber der ständige Umgang mit Menschen, die erst in neuerer Zeit die Freiheit erhalten hätten, auf der Schaubühne zu erscheinen, mache, daß er immer sorgenvoll denken müsse, Lessing hätte in Berlin ruhiger sein können als in einer solchen geschäftigen Gesellschaft.

Ruhiger sein! Als ob Lessing Wert aufs »Ruhigsein« gelegt hätte. Er schob die Gardinenpredigt zur Seite, ließ sich nicht stören, antwortete so ausweichend wie eindeutig mit einer Geschichte, die seinen Gemütszustand spiegelt: »Karl der XIII., ein Held wie die alten Helden, die lieber Könige machten als Könige waren, und der vorige König von Polen, der sich in die Krone vergafft hatte; diese zwei kamen einst zu einer mündlichen Unterredung. Jener besuchte diesen in seiner Residenz, als er diese Residenz belagerte. Von was sprachen sie wohl in einem so kritischen Zeitpunkte? Von ihren Stiefeln.«

Und alles sei ihm jetzt um so lieber, je komischer es sei.

Vergnügen, nicht Ernst war angesagt, er hatte momentan absolut keine Lust, für seinen Platz im Pantheon der Unsterblichkeit zu rakkern. Leben, nichts als leben.

Leben? Noch einmal die Leipziger Glanzzeit mit der turbulenten Theatererfahrung aufleben lassen? So ganz gelang es doch nicht, wie eben kein Lebensstadium wirklich wiederholbar ist. Theaterdirektor Koch war keine Neuberin, forderte nicht mit der Originalität einer einfallsreichen Bühnenpersönlichkeit Lessings Schöpferkraft heraus. So stürzte der sich in die Lektüre der Lustspiele von Goldoni. »Eine von diesen Komödien habe ich mir zugeeignet, indem ich ein Stück nach meiner Art daraus verfertigt. Koch wird es aufführen. Was sagen Sie dazu?«

Was Moses dazu sagte? Er antwortete sauertöpfisch: »Wollen Sie denn nichts als Komödien schreiben? Wollen Sie die Poesie gar in den Wind schreiben? Sie sind mir ein seltsamer Kopf. Der Himmel verleihe Ihnen nur eine arbeitsame Hand.«

Die ständige Sorge des Freundes Mendelssohn um den Freund Lessing. Die Klage, sein Lessing arbeite zu sporadisch. Moses hegte eine großmächtige Bewunderung für Lessings schriftstellerische Genialität, er wußte es fest und sicher: Lessing war als einer der ganz wenigen zu unsterblichem Ruhm prädestiniert. Aber er fürchtete, der Freund strenge sich zuwenig an, seine Schätze aus sich heraus an die Öffentlichkeit zu heben. Lessing raffe sich immer erst auf, wenn der Setzerjunge schon im Zimmer stehe, um die fertigen Manuskripte zum Druck abzuholen, sagte er. Bei mittelmäßigen Schreibern sah er zu seinem Entsetzen die belanglosesten Äußerungen in schleimiger Überfülle aufs Papier tropfen. Bei Lessing fürchtete er das Gegenteil. Seine Eingebungen, rügte Moses, fänden nur mit Mühe den Weg vom Kopf in die Hand. Lessings Worte auf den Weg vom Kopf in die Hand anzuschieben, das fühlte er als Lebenspflicht.

Moses selbst war und blieb die personifizierte Arbeitswut. Abends, wenn er sich von der Tagesfron im Gespräch mit Freunden auf Spaziergängen oder in einer Stube erholt hatte, schwirrte er bienenfleißig in sein Kämmerchen und las und schrieb. »Leben«? Freiheit genießen, sich neue Luft um die Nase wehen lassen? Gab es für ihn nicht. Zum Glück fiel eine solche Existenz seinem arbeitsamen Naturell nicht allzu schwer.

Lessing erkannte bald, daß der Abklatsch seiner Leipziger Studenten- und Theaterherrlichkeit der süßen Urform von damals nicht das Wasser reichen konnte. Er hielt Ausschau nach neuen Faszinationen. Herrgott, die Welt hatte doch noch anderes zu bieten als das ewige Mittelmaß deutscher Fürstentümer. Aber wie sollte ein Habenichts den Luxus großer Reisen finanzieren? Wie, bitte?

Da schäumte wie der Geist aus der Flasche im orientalischen Märchen plötzlich die ideale Gelegenheit auf. Eine Fahrt nach Holland und England, als Begleiter eines reichen Herrn. »Ich werde als bloßer Gesellschafter eines Menschen reisen«, schrieb er an Moses, »welchem es weder an Vermögen noch an Willen fehlt, mir die Reise so angenehm zu machen, als ich mir sie nur selbst werde machen wollen, und am Ende wird er mehr mit mir als ich mit ihm gereiset sein.«

Moses schlug die Hände über dem Kopf zusammen. Was konnte auf solchen Reisen nicht alles passieren. Und überhaupt. Warum mußte Lessing so weit wegfahren? Warum mußte er, Moses, zu Hause bleiben, angekettet wie der Köter in der Hundehütte? Wie der Galeerensklave an der Galeerenbank? Warum war das Leben so ungerecht? »Reisen Sie immer. Streifen Sie die Welt durch. Lernen Sie tausend Narren kennen, um sie von noch größeren Narren auslachen zu lassen. Lernen sie tausend Elende kennen, um noch Elendere zu bewegen. Ich will indessen hier bleiben, und vor langer Weile Ihre Schriften lesen. Ich bin erstaunlich ungeduldig. Ich wollte, daß mich Bernhard zum Haus hinaus stieße; ich wollte, daß Sie sich sterbens verliebten, daß alle Pferde die Beine zerbrächen, die Sie werden von da wegfahren sollen. Wollen Sie noch reisen?«

Natürlich wollte Lessing. Fieberhaft wollte er. Bereitete sich mit großem Eifer, noch größerer Neugier und allergrößtem Vergnügen auf die Reise vor.

Und Moses Mendelssohn lernte in Berlin, ganz für sich allein, die Besorgnis bezwingen und die sehnsüchtige Eifersucht. Indem er zu sich selbst und seiner Aufgabe im Leben stand. Er konnte nicht Lessings Leben leben. Nicht mit Lessings Reiselust mithalten. Er mußte sein eigenes Dasein ausbauen. Seine Seßhaftigkeit fruchtbar machen. Er erwirkte eine Arbeitszeitverkürzung bei seinem Seidenfabrikanten-Schutzjuden. Nur noch sechs Stunden täglich, von acht bis zwei Uhr, was Lessing ihm so oft geraten hatte. Isaak Bernhard hielt Moses lieber mit solchen Zugeständnissen in seiner Seidenfabrik fest, als daß er ihn vielleicht verlor. »Alle übrigen Stunden«, steht im letzten Brief an Lessing vor dessen Abreise, »sind für mich; denn auch die Zeit ist für mich, in welcher ich mich beschäftigen werde, an Sie zu denken, im Geiste mit Ihnen zu reisen, und mich durch Ihren Umgang zu bessern und zu belustigen. Sie zweifeln wohl nicht, daß ich Ihnen von Herzen eine glückliche Reise wünsche. Wenn Sie einmal genug die Welt angegafft haben, wenn Sie sich dereinst entschließen, alle Ihre neugierigen Blicke auf Ihr eigenes Herz, und auf das Herz Ihrer Freunde einzuschränken: Wollen Sie alsdann diese ruhigen Tage bei uns zubringen? Wenn es Ihnen doch möglich wäre, hierauf mit Gewißheit Ja zu antworten! –«

Nichts lag Lessing ferner, er haßte Garantien auf irgendeine Einwurzelung. Oder gar Ruhe! Moses verdaute die Lektion. Fürs ganze künftige Leben.

Die Reise begann sehr positiv. Sie führte zuerst nach Holland, wo das goldene Zeitalter des 17. Jahrhunderts endgültig verflossen war. Die Niederlande hatten ihre europäische Vormachtstellung als Kolonialreich und die eroberten Länder an das viel stärkere England verloren und mit Mühe ihre staatliche Existenz gerettet. Vom vergangenen Glanz zeugten die architektonischen Reichtümer, besonders in Amsterdam, Rembrandts Bilder als größte Offenbarung, überhaupt die Werke der holländischen Künstlerschule, all die Zeugnisse der Hochkultur und des weltoffenen Lebensgefühls. Lessing war schon gespannt auf das siegreiche England – da brach die Reise ab, sie konnten nur noch Hals über Kopf zurück nach Deutschland übersetzen, und unversehens fand er sich – pardauz – wieder in Leipzig!

Warum?

Weil man das Jahr 1756 schrieb. Ein neuer Krieg war ausgebrochen. Friedrich der Große zettelte das längste Morden seiner Regentschaft an. Den »Siebenjährigen Krieg«. Er begann altgewohnt, nicht allzu gefährlich, als mittlerweile schon »Dritter Schlesischer Krieg«. Niemand dachte, er würde besonders lange dauern. Der König bemäntelte ihn als Vorbeugungsschlag gegen Österreich um den Besitz Schlesiens. Er bediente sich der Taktik des »Präventivkriegs«, eines Kriegs, von dem nie bewiesen werden kann, daß er überhaupt notwendig ist, aber auch nicht das Gegenteil. Denn man »wehrte« sich gegen eine Aggression, die noch gar nicht erfolgt war, von der man aber behaupten konnte, sie stehe kurz bevor, alle Spitzel seien sich einig, und man müsse sie verhindern. Die ideale Rechtfertigung für den Militärstaat, sein herumlungerndes Heer zum Einsatz zu bringen und neue Eroberungen zu machen. England war auf Friedrichs Seite. Österreich, der Erzfeind, verbündete sich nach und nach mit Sachsen, Rußland, Frankreich, Schweden. Noch ließ sich nicht absehen, zu welch furchtbarem Schlachten es da kommen würde, zu welch elendem Zermürbungskrieg, an dessen Ende praktisch nichts stand, keine politische Veränderung. Nur schrecklichste Verheerung in vielen Ländern Europas, nur maßloses Leid.

Lessing sah also im Kriegsbeginn noch keine ernste Bedrohung, er war nur fuchsteufelswild über das abrupte Ende seiner Reise. »Ich und der König von Preußen werden eine gewaltige Rechnung miteinander bekommen! Da nur er, Er allein die Schuld hat, daß ich die Welt nicht gesehen habe. Aber dafür will ich ihm auch wünschen, – daß nichts als schlechte Verse auf seine Siege mögen gemacht werden!«

Er hing noch eine Weile in Leipzig herum wie eine Fledermaus, probierte das und jenes, unschlüssig, im Schwung gehemmt, ohne rechte Freude, ohne Geld, ohne Erfolg.

Noch einmal entstand – über die Entfernung – eine Zusammenarbeit mit Moses, in Form eines veröffentlichten Briefwechsels, an dem auch ein Dritter teilnahm, Friedrich Nicolai, der treueste gemeinsame Freund, ein betriebsamer Buchhändler, Verleger und Autor in Berlin. Der Inhalt des schriftlichen Florettfechtens ist aber durch die kontroversen Ausrichtungen Lessings und Mendelssohns bestimmt und als *Briefwechsel über das Trauerspiel* das bekannteste Gemeinschaftswerk der beiden geworden. Es geht um Inhalt und Wirkung der Tragödie. In wissenschaftlich-kritischer Gestalt ist das schriftliche Gespräch eine neue Facette von Lessings und Mendelssohns kreativer Differenz im Zusammenspiel.

Wenn Lessing über die Tragödie sprach, geschah es diesmal aus der Keimzelle der Urheberschaft, denn er war Dramatiker und beschrieb nichts anderes als die Wirkung, die er sich als Autor eines Dramas auf das Publikum erhoffte.

Bei aller Vielseitigkeit hatte er seit seinen ersten dramatischen Versuchen eine gerade Richtung verfolgt. Was er als christliche Kerntugend begriff, was er im Zusammensein mit den Neuber-Komödianten, dann im Umgang mit der jüdischen Minderheit so lebhaft gefühlt wie bewiesen hatte, was er als Hauptantrieb seines Denkens und Wollens sah, was er beim Schreiben des Lustspiels *Die Juden* umgesetzt hatte, was er in Verbindung mit dem Theater immer als Grundelement empfand, was eine besonders hochherzige Triebfeder seines Lebens und seiner Kunst war – genau das erhob er nun zur allgemein verbindlichen Theorie: »Die Bestimmung der Tragödie ist diese: sie soll unsere Fähigkeit, Mitleid zu fühlen, erweitern. Sie soll uns nicht bloß lehren, gegen diesen oder jenen Unglücklichen Mitleid zu fühlen, sondern sie soll uns so weit fühlbar machen, daß uns der Unglückliche zu allen Zeiten, und unter allen Gestalten, rühren und für sich einnehmen muß. Der mitleidigste Mensch ist der beste Mensch, zu allen gesellschaftlichen Tugenden, zu allen Arten der Großmut der aufgelegteste.«

Das müßte in Großbuchstaben hier stehen, als tragende Säule des Lessingschen Lebenswerks. Mit seiner Kunst wollte Lessing eine Bewußtseinsentwicklung der Menschen anstoßen. Mit dem Beispiel der Tragödie die Zuschauer einüben auf das Erkennen von Ungerechtigkeit und Unglück. Auf Mitleiden und Helfen. Das Mitleid im Angesicht der Tragödie als Gegenstück, als weiterführende Ergänzung zum selbstkritischen Lachen im Angesicht des Lustspiels. Theater als Appell zum Handeln, als Ansporn zur höchsten Tugend, Theater als wesenhaft moralische Anstalt.

Moses setzte andere Schwerpunkte. Denn er saß in diesem Bereich auf der Seite der Passiven. Im Theater auf dem Sessel des Zuschauers, der die Tragödie nicht schreibt, sondern auf sich wirken läßt. Im Leben auf der harten Bank der Bemitleidenswerten. Der Leidenden, nicht der Mitleidenden. Deshalb bevorzugte er im Theater das Gefühl der Bewunderung. Bewunderung schöner, vorbildhafter, edler, leidender Menschenfiguren. Und das Bedürfnis, ihnen nachzueifern. »... Denn die Begierde zur Nacheiferung ist von der anschauenden Erkenntnis einer guten Eigenschaft unzertrennlich. Sie ist nicht bloß ein Ruhepunkt des Mitleidens, der nur deswegen da ist, um dem von neuem aufsteigenden Mitleiden wieder Platz zu machen; nein! die sinnliche Empfindung des Mitleidens macht einer höheren Empfindung Platz, und ihr sanfter Schimmer verschwindet, wenn der Glanz der Bewunderung unser Gefühl durchdringt.«

»Also kann uns die Bewunderung auch solche Handlungen als nachahmenswürdig anpreisen, die wir mit der Vernunft als untugendhaft erkennen?« hörte er Lessing fragen.

»Allerdings«, antwortete er darauf. »Jedoch müssen Sie nicht denken, Ihr Mitleiden habe hierin einen Vorzug vor meiner Bewunderung. Auch das Mitleiden kann uns zu Untugenden bringen, wenn es nicht von der Vernunft regiert wird.«

Lessing weigerte sich, der Bewunderung eine so hervorgehobene Rolle einzuräumen, er fand sie nebensächlich, fast entbehrlich. »Der

Tragödienschreiber setzt seines Helden Vollkommenheiten ins Licht, um uns sein Unglück um so schmerzlicher zu machen. Und sollen also nicht Bewunderung allein, sondern Bewunderung und Schmerz, das ist Mitleid, erwecken. Die Bewunderung findet also in dem Trauerspiele nicht als ein besonderer Affekt statt, sondern bloß als die Hälfte des Mitleids.« Womit er Moses rhetorisch elegant aufs Kreuz legte.

Gemeinsam sahen sie, als echte Aufklärer, sowohl Bewunderung wie auch Mitleid als Ansporn zu tätiger, von Vernunft gesteuerter Humanität.

Eine vergangene Zeit, eine andere Kunst, ein anderes Publikum. Keine Überfütterung, keine Reizüberflutung, keine Massenmedienschwemme. Und doch zielen Lessing und Mendelssohn auf die zeitlose Streitfrage: Kann Kunst die Menschen verändern? Kann sie die Zuschauer direkt zu einem aufgeklärteren Verhalten inspirieren? Oder verführt sie nur zu passivem Genuß? Allenfalls zum Bewundern, allerhöchstens Nacheifern? Die Frage scheint längst für Moses Mendelssohns Meinung entschieden. Das Publikum bewundert Idole, deren körperliche Erscheinung es durch die technische Reproduzierbarkeit meistens nicht einmal mehr unmittelbar auf sich wirken läßt, es konsumiert, ahmt allenfalls begehrenswerte Protagonisten nach, spürt scheinbar durch Theater oder Film kaum unmittelbaren Ansporn zu eigener Aktivität. Und wenn die Aufklärerfrage nach der Wirksamkeit von Kunst überhaupt noch gestellt wird, dann beteuert jeder Künstler, jeder Experte sofort seine Illusionslosigkeit.

Trotzdem ist Lessings Anspruch an die Kunst nie verstummt, im Gegenteil, er liegt, wenn auch noch so zynisch verformt, als unbedingte Forderung in jedem wirklichen Kunstwerk. Vielleicht ist die kategorische Hoffnung auf Veränderbarkeit des Menschen durch Kunst eine der Kräfte, die bis jetzt die Selbstzerstörung des Menschen verhindert haben.

Die beiden Freunde und Nicolai fochten noch eine Weile. Mit Satz und Gegen-Satz über das Trauerspiel. Die Tragödie als Thema eines

Streitgesprächs: Sie verarbeiteten, was sie seit Kriegsbeginn nicht mehr abtun konnten. Dann lief die Arbeit aus. Der Atem verging ihr. Die Wirklichkeit ließ nach und nach jede künstlerische Tragödie hinter sich an Grausamkeit, Unglück, Elend, Mitleidlosigkeit und falscher Bewunderung.

Der Siebenjährige Krieg! König Friedrichs Militärstaat vollendete sich. Sieben Jahre lang bestimmte der Krieg das Schicksal jedes einzelnen Individuums. Moses erlebte ihn anders als Lessing. Juden waren zum Kriegsdienst nicht zugelassen, litten also nicht unter der Gewissensfrage, ob sie sich am Kriegshandwerk beteiligen sollten oder nicht. Lebten sie nicht direkt bei einem Kriegsschauplatz, dann konnten sie sich einigermaßen abschirmen. Wofür sie erst recht angefeindet wurden. »Man bindet uns die Hände und macht uns zum Vorwurfe, daß wir sie nicht gebrauchen«, wie Moses sagte. Sie verkörperten die Unschuld des Ausgestoßenen, der nicht die Möglichkeit bekommt, seine Hände mit Blut zu besudeln, und deshalb von denen, die ihn ausstoßen, verachtet und gleichzeitig beneidet, heimlich sogar bewundert wird.

Der verwachsene, körperlich anfällige Moses wäre auch unter bürgerlichen Rechten für das Soldatenhandwerk nicht in Frage gekommen. Moses schuf sich ein Refugium. Er mietete einen »überaus schönen Garten«. Einen Philosophengarten. Jeden Abend um sechs kam er dort mit seinen Freunden zusammen, man disputierte wie Sokrates und Plato und Aristoteles im alten Griechenland, nur eben im rauhen, wetterwendischen Berlin. Deshalb stand im Garten eine Klause, in der sie bei Kälte zusammensaßen, damit sie nicht froren, wenn sie sich die Köpfe heiß redeten. Lessing könne dort logieren, schrieb Moses. »Kommen Sie zu uns, wir wollen in unserem einsamen Gartenhause vergessen, daß die Leidenschaften der Menschen den Erdball verwüsten.«

Aber Lessing hatte andere Sorgen, er fühlte sich meilenweit von einer Berliner Gartenidylle entfernt. Es ging ihm nicht gut. Er hatte Schulden, sie drückten, er bat Moses sogar schriftlich um Geld, 60 Taler. Die Lage mußte schon verzweifelt sein, sonst hätte er sich nicht dazu überwunden. Moses kam seiner Bitte mit Mühe nach. Er ließ ihm zweimal dreißig Taler anweisen, über die er nie wieder sprach.

Und die Kriegsfrage machte Lessing Kopfzerbrechen. Er war Bürger, er war jung und stark, er hatte ein Vaterland, auch wenn er sagte, er habe von der Liebe des Vaterlandes keinen Begriff, sie scheine ihm eine heroische Schwachheit zu sein, die er recht gern entbehre. Ja, er verabscheute den Krieg, er war der Meinung, wenn Christen das Gebot der Feindesliebe nicht einhielten, hätten sie kein Recht, sich Christen zu nennen. »Machen Sie, daß bald Friede wird, oder nennen Sie mir einen Ort, wo ich die Klagen der Unglücklichen nicht mehr höre.«

Ja, aber. Aber er konnte – wie schon zur Meißener Schulzeit – dem Krieg nicht entgehen. Obwohl es doch in seiner Macht gestanden hätte, denn er war jetzt sein eigener Herr. Sein eigener Herr, ja, aber arm, ohne Stellung. Dafür mit einem Intelligenzpotential, das im »Ernstfall« nützlich werden konnte. Wie schlimm sich der Krieg verbreiten würde, ließ sich ja auch am Anfang noch nicht absehen. Das Angebot einer rein administrativen Kriegsbetreuung, mit finanzieller Sicherheit bei nicht allzuviel Arbeit, wurde plötzlich zur Verführung – er geriet in die gefährliche Lage, wo Krieg einem Mann als einziger Ausweg aus persönlicher Misere erscheint.

Und so ließ er sich – mit schlechtem Gewissen – vom General Bogislav Friedrich Graf von Tauentzien als Sekretär in die Kriegsverwaltung nach Breslau engagieren. Er tat das Undenkbare, wenn man seine bisherige Aufklärungsarbeit betrachtet. Er war ein Mann, und er tat, was Männer immer getan hatten und tun werden. Um eine wohlformulierte Ausrede war er natürlich nicht verlegen. Er wolle sich eine Zeitlang als häßlicher Wurm einspinnen, um als glänzender Schmetterling wieder ans Licht zu kommen, teilte er Moses mit, der das beim besten Willen nicht verstand.

Wenn es so ist, daß Lessing die Schlüsselszenen seines Lebens in der Kindheit vorgeprobt hatte, so kam jetzt die Entsprechung zu seinen Erlebnissen während der Schlacht von Kesselsdorf an die Reihe. Wieder war er nicht direkt ins Kriegsgeschehen verwickelt, sondern saß – in Breslau – in einem Verwaltungsgebäude. Tauentzien, ein verdienter Soldat mit einschlägiger Schlagetotvergangenheit, ein hitziger Befehlshaber, dessen langnasigem Porträtgesicht mit den geschwollenen Backen und Augenhöhlen man den Bluthochdruck förmlich ansehen konnte, kujonierte seine Mitarbeiter, wenn auch nicht bis zum Umfallen. Lessing der Dichter, Lessing der Aufklärer, Lessing der Büchernarr saß über Kriegsakten gebeugt in der militärischen Schreibzentrale, die nicht nur den Gamaschendienst registrierte, sondern auch die eroberte Stadt verwaltungstechnisch in der Faust hielt.

Wo, um Gottes willen, blieb das Mitleid, die vornehmste menschliche Tugend? Wo in seiner eigenen Seele die edle Wirkung, die er sich von seinen Werken auf andere Seelen erhoffte? Wo blieb alles, was er gedacht und proklamiert hatte? Es ist eine der Vertracktheiten in Lessings Wesen und Schicksal, daß er in diesem stumpfsinnigen, auf Blut und Tränen beruhenden Dienst fünf relativ sorglose Jahre verlebte. Ein Minimum an Dienststunden, ein Maximum an Freizeit. Zum Vertrödeln als Tisch-, Zech-, Spielgenosse von primitiven Militärs und ihrem noch primitiveren Anhang.

Er verkam nicht nur zum Trinker, sondern auch zum Zocker in den Kriegsjahren. Das Glücksspiel »Pharao« sorgte für Nervenkitzel, es half die Tage, Monate, Jahre totzuschlagen, totzuschlagen wie Feinde. Totschlagen als Hauptbeschäftigung, so oder so.

Moses der Nüchterne hielt nichts vom Spielen. Die wichtigste Betrachtung, die man zum Spielen machen müsse, meinte er mit aufgerecktem Zeigefinger, sei die, daß man überhaupt nicht spielen solle. In seinen Augen habe das Spiel nicht einmal das leidige Verdienst, die Zeit zu verkürzen. Und er glaube doch, daß Lessing die müßigen Stunden so wenig zur Last würden wie ihm.

Moralpredigten! – Ach, die Spielsucht hatte Lessing in den Klauen.

Wenn er kaltblütig spielen würde, würde er gar nicht spielen, argumentierte er. Die heftige Bewegung setze seine stockende Maschine in Tätigkeit und bringe die Säfte in Umlauf; so befreie es ihn von einer körperlichen Angst, unter der er zuweilen leide. Angst und ihre Betäubung. Lessing funktionierte als Rädchen der Kriegsmaschinerie. Sogar an der Belagerung von Schweidnitz nahm er teil. »Dichter belagern Festungen«, spottete Moses traurig. Er maßte sich die Rolle des Gewissens an. Er hielt sie durch.

Wenn Lessing an Moses dachte, konnte er nicht verdrängen, wie schandbar er seine Ideale verriet. »Die Reue wird ohnedies nicht ausbleiben, eine so gänzliche Veränderung meiner Lebensart in der bloßen Absicht, mein Glück zu machen, vorgenommen zu haben. Verlieren Sie mich ja nicht ganz aus den Augen; lassen Sie mich ja an allen Ihren Beschäftigungen noch ferner den Anteil nehmen, den ich zu meinem großen Nutzen bisher daran genommen habe. Das wird das einzige Mittel sein, wenn ich nicht ganz in Nichtswürdigkeiten versinken soll.«

Moses konnte seinen Schein-Frieden schwerlich genießen. Nicht nur bedrohte die Kriegsgefahr selbstverständlich auch Berlin, er zermarterte sich in Sorgen um seinen liebsten Freund. Ob ihm etwas zustößt? Ob der Kontakt abbricht? Ob er seine eigentliche Bestimmung ganz vergißt? Ob er aufhört, als Dichter zu arbeiten? Ob er dem schlechten Einfluß erliegt? Ob ich ihn je wiedersehen werde?

»In der wüsten Einsamkeit, in welcher ich jetzt lebe, sind Ihre freundschaftlichen Briefe der einzige Umgang, nach welchem ich mich sehne, und ohne welchen ich unmöglich zufrieden leben kann. Unsere Correspondenz wird nur gar zu bald, und wer weiß auf wie lange? unterbrochen werden. Lassen Sie mich der kurzen Zeit genießen, die uns der wütende Krieg noch gönnt.«

»Ach, bester Freund«, schrie Lessing in seinen schwärzesten Stunden verzweifelt aus der Ferne, »Ihr Lessing ist verloren! In Jahr und Tag werden Sie ihn nicht mehr kennen. Er ist sich selbst nicht mehr.

O meine Zeit, meine Zeit, mein Alles, was ich habe – sie so, ich weiß nicht was für Absichten aufzuopfern! Ich hätte es mir vorstellen sollen, daß in dem Zirkel, in welchen ich mich hineinzaubern lassen, erlogene Vergnügungen und Zerstreuungen die stumpf gewordene Seele zerrütten würden. Ich habe mit diesen Nichtswürdigkeiten nun schon mehr als drei Jahre verloren. Nur bald Friede, oder ich halte es nicht mehr aus.«

Und plötzlich verstummte er. Tauchte ab. Soff den Ekel weg bis zur Besinnungslosigkeit. Spielte, hurte, lebte ein Männerleben auf niedrigster Stufe.

Moses hörte lange nichts mehr von ihm. Nach Breslau fahren, ihn suchen, ihn wachrütteln, das alles kam nicht in Frage. Statt dessen als Jude der Klasse 6 still in Berlin hocken, Lieferscheine, Rechnungen, Quittungen schreiben, addieren, subtrahieren, abends diskutieren, nachts im Kämmerlein philosophieren. Jeden Tag, jeden Monat, jedes Jahr.

Er gab seine neuen philosophischen Schriften heraus. In das Exemplar, das er Lessing schickte, ließ er eine spezielle Widmung eindrukken. So freudig er Lessing als Richter über sein Leben anerkannt hatte, so entschieden schwang er sich jetzt zum Ankläger des Richters auf, der seiner Meinung nach das Richteramt nicht mehr ausübte:

»An einen seltsamen Menschen.

Ich habe gerufen, und er antwortet nicht. Jetzt verklage ich ihn vor dem Publikum. Die Spötter sagen: Rufe laut, er dichtet oder hat zu schaffen, oder ist über Feld, oder schläft vielleicht – daß er erwache!

O nein! Dichten kann er, aber leider will er nicht.

Sonst war sein Ernst das Orakel der Weisen und sein Spott eine Rute auf dem Rücken der Toren; aber jetzt ist das Orakel verstummt, und die Narren trotzen ungezüchtigt.

Wenn er nicht hört, nicht spricht, nicht fühlt
Noch sieht – was tut er denn? – Er spielt.«

Moses hatte recht – und vollkommen unrecht. Weil es ihm immer schwerfiel und vielleicht nie ganz gelang, Lessings Charakter, das Komplexe, Paradoxe, Widerstreitende zu begreifen. Lessing gab sein Richteramt auch während des Kriegs nicht preis, er blieb eine Rute auf dem Rücken der Toren. Im Abscheu über die eigene Verkommenheit, im Drang, die geistige Gegenwelt nicht ganz zugrunde zu richten, entwickelte er dichterische Wunderkräfte. Ihre schönste Frucht ist ein Stück fürs Theater, für sein wichtigstes, immer wieder vernachlässigtes, immer wieder neu entdecktes Arbeitsfeld. Ein zeitgebundenes, zeitloses, ein vollkommenes, unsterbliches Stück. Ein Lustspiel. Das erste große deutsche Lustspiel und für immer eins der großartigsten. *Minna von Barnhelm oder das Soldatenglück.* Es ist, wie schon *Die Juden*, ein Lustspiel über ein todtrauriges Thema. *Soldatenglück.* Es hat die Kraft, in der leichtschwebenden Komödienform die äußere und innere Verwüstung sichtbar zu machen, die der Krieg zur Folge hat.

Die Hauptrolle spielt eine Frau, eine klare, starke Frauenpersönlichkeit, wie er sie in diesen Jahren sicher nicht kennenlernte, sondern höchstens als Sehnsuchtsbild im Herzen trug. Die erste deutsche Bühnen-Frauenfigur, die »modern« genannt werden kann, weil sie ihren Kopf und ihr Herz gleichermaßen einsetzt, wenigstens für kurze Zeit aus der historisch gewachsenen Abhängigkeit vom männlichen Geschlecht heraustritt, das Leben in die Hand nimmt, eigene Entscheidungen trifft.

Ihr von Selbstzweifeln gequälter Geliebter Major von Tellheim spricht in seinem Schlußmonolog aus Lessings eigenem Rechtfertigungsdrang: »Die Dienste der Großen sind gefährlich und lohnen der Mühe, des Zwanges, der Erniedrigung nicht, die sie kosten. Ich ward Soldat aus Parteilichkeit, ich weiß selber nicht für welche politischen Grundsätze, und aus der Grille, daß es für jeden ehrlichen Mann gut sei, sich in diesem Stande eine Zeitlang zu versuchen, um sich mit allem, was Gefahr heißt, vertraulich zu machen und Kälte und Entschlossenheit zu lernen. Nur die äußerste Not hätte mich zwingen können, aus diesem Versuche eine Bestimmung, aus dieser gelegentlichen

Beschäftigung ein Handwerk zu machen. Aber nun, da mich nichts mehr zwingt, nun ist es mein ganzer Ehrgeiz wiederum einzig und allein, ein ruhiger und zufriedener Mensch zu sein.«

Mendelssohns Lessing hatte seinen guten Kern bewahrt in der Hölle, durch die er wie Millionen vor und nach ihm aus falsch verstandener Männlichkeit und kurzsichtigem Sicherheitsbedürfnis marschierte. Später erkannte er, daß Siege zwar im Krieg den Ausschlag geben, aber absolut keine Beweise für die Gerechtigkeit einer Sache sind. Er klammerte sich dann an die Hoffnung, die kriegerischen Instinkte könnten nach und nach verschwinden unter dem Einfluß der aufgeklärten Geistigkeit.

Frieden als Meisterwerk der Vernunft. Aber wie soll das Meisterwerk je gelingen, wenn der hochherzigste Aufklärer selbst glaubte, erst einmal durch den Krieg gehen zu müssen? »Sind wir deswegen auf der Welt, daß wir einander umbringen sollen?« fragte er schließlich beklommen. Die Frage steht immer erst am Ende eines Kriegs und wird bis zum nächsten vergessen. *Minna von Barnhelm* hatte jahrelang in Preußen Aufführungsverbot.

ZWISCHENBEMERKUNG

Moses Mendelssohn äußert sich zum alten Vorwurf, die Juden seien schuld an der Ermordung von Jesus Christus

Scheinet es doch, als wenn man noch immer von uns dieserhalb Rechenschaft forderte! Was weiß ich's, was meine Vorfahren vor siebzehn-achtzehnhundert Jahren in Jerusalem für gerechte oder ungerechte Urteile gefällt haben? Ich würde sehr verlegen sein, wenn ich für das, was zum Beispiel in dem Königlichen Hohengerichte allhier zu meiner Zeit geurteilt wird, zu stehen verbunden wäre.

SECHSTES KAPITEL

Die Moses-Liebe

Zurück zum fünften Jahr des Siebenjährigen Krieges. 1761. Berlin ist zeitweise von den Russen besetzt worden. Und geplündert. Seit der katastrophalen Niederlage in der Schlacht bei Kunersdorf kämpft Friedrich der Große schon fast mit den letzten Kräften seiner Soldaten, allein die Uneinigkeit der Sieger verhindert den Untergang Preußens. In Europa breiten sich Verheerungen aus wie Pest. Das Blut aufeinandergehetzter Mordtruppen färbt die Schlachtfelder schwarz. Die schwergetroffenen Länder, die gepeinigten Völker versinken in Elend und Verderbnis. Öffentliche Bücherverbrennung in Toulouse. In den Flammen zerfällt das moraltheologische Handbuch *Medulla theologiae moralis* des Jesuiten Busenbaum. Vor allem wegen des Satzes: »Wenn der Zweck erlaubt ist, sind auch die Mittel erlaubt«, der in diesem Fall als Empfehlung zum Fürstenmord interpretiert wird. Caroline Neuber ist gestorben nach einem abenteuerlichen Theaterpionierleben. Herr Carl Theophilus Doebbelin hat in Berlin, mutig zu Kriegszeiten, eine eigene Theatergesellschaft gegründet, die später zur Hofbühne aufsteigen und sich um Lessings Stücke verdient machen wird. Der seidene Haarbeutel, den die Herren um die Spitzen ihrer weißen Perücken gebunden und – mit einer Schleife zugezogen – im Nacken haben baumeln lassen, ist aus der Frisurenmode verschwunden. Das fünfjährige Wunderkind Wolfgang Amadeus Mozart komponiert bereits und gibt die ersten Klavierkonzerte.

Moses Mendelssohn, 31 Jahre alt, überwinterte in Berlin, in seinem Winkel, wo sonst. Er litt unter der Trennung von Lessing, den er an den Krieg verloren glaubte. Lebte sein Junggesellenleben, festgefroren in der Einzelgängermisere, als in diesem fünften Kriegsjahr die Liebe seinem Schicksal eine unverhoffte Kehrtwendung gab. Unverhofft? Reine Vermutung. Ob Moses irgendwann verliebt gewesen war, wie sehr er die Liebe vermißte, wie Lessings jugendliches Liebesleben aussah ... niemand weiß es heute. Denn niemand fand es damals erwähnenswert.

Deutschlands erotische Geographie im 18. Jahrhundert: eine Wüste. Im Gegensatz zu Frankreich, das König Friedrich so sehr bewunderte. Dort war geziertes Liebesspiel en vogue. Tausende verliebter Kavaliere und ihre kapriziösen Damen spielten es in allen Varianten. Ihre Kapriolen sorgten für unerschöpflichen Gesprächsstoff. Diskret oder indiskret, offen, halboffen oder heimlich: nichts vertrieb so wonnevoll die Zeit wie die Liebe – und das Klatschen über die Liebe. Sie war das ewig neu erregende Hauptthema. Nicht nur in den Salons der gehobenen Pariser Gesellschaft oder bei Hofe. Auch als Hauptsujet der Malerei, Bildhauerei, Musik und Literatur. Erotische Schau-Spielerei auf den Bühnen, die die Rokokowelt der Paarungen bedeuteten. Alles wurde schwelgerisch zelebriert: Keuschheit und Exzesse, Zärtlichkeit und Wildheit, Leidenschaft und Sanftmut, Rausch und Ernüchterung, Treue und Untreue, Triumphe, Verletzungen, Intrigen, Ränkespiele, Liebessehnsucht, Liebeswirren, Liebesunglück, Liebesglück.

Armes Deutschland! Noch ärmeres, unsinnliches Preußen. Da lag in der Aufklärungszeit die Prüderie wie Mehltau über allem, was auch nur andeutungsweise die Gefühle zwischen Mann und Frau betraf. Freundschaft zwischen Männern wurde hymnisch gepriesen, Liebe zwischen den Geschlechtern höchstens hinter dreimal vorgehaltener Hand betuschelt.

Auch die fortschrittlichsten Geister machten aus ihrem Liebesleben ein Geheimnis. Die Künstler wurden zwar schon etwas kühner. Junge

Autoren wie Lessing und Gellert beschrieben in Romanen oder Dramen leidenschaftliche Empfindungen, wenn auch strikt im Gleis der aufklärerischen Vernunft. Liebende, fordernde Frauengestalten betraten quasi auf Zehenspitzen die Phantasiewelt deutscher Dichtung. Aber in der nüchternen Wirklichkeit, in einem Gesellschaftswesen, das auf »Männlichkeit« und ihre extreme Ausartung, »das Soldatenglück«, gerichtet war, fristete das Dschungelreich des Liebesspiels eine Schattenexistenz.

Friedrich der Große war ein Frauenfeind. Sein Hof ohne weibliches Element. Seine Frau Elisabeth Christine, der er Beinamen gab wie »brummige Zimperliese« oder »alte Kuh«, vegetierte im Schloß Niederschönhausen, wohin er sie frühzeitig abschob, wo er sie fast nie besuchte. Den Thronfolger, ohne den die mächtigsten Königshäuser ohne Zukunft sind – er zeugte ihn nicht. »Weiberfeindschaft« war an Friedrichs Hof, in Friedrichs Männerreich Trumpf und verdammte Pflicht.

In Rußland und Österreich saßen Frauen auf dem Thron, in Frankreich mischten sich die Mätressen des Königs in die hohe Politik. Wenn auch in diesen Ländern die Bürgerinnen kaum nennenswerte Rechte besaßen, so war doch das Klima für das Weibliche nirgends so rauh wie in Deutschland, dort nirgends wie in Preußen, wo Talente ausschließlich in männlicher Erscheinungsform zur Geltung kamen, was den Frauen nur die Mauerblümchenstellung übrigließ.

Weibliche Menschen hießen grundsätzlich »Frauenzimmer« – im Gegensatz zum »Mannsbild« oder zur »Mannsperson«.

Frauenzimmer. Die Bezeichnung trifft ihr eingemauertes Dasein genau. Selbst die Gleichheitsgedanken der Aufklärer reichten nicht im Traum bis zur Idee einer Gleichstellung der Frau. Außer einzelnen Vorkämpferinnen oder Künstlerinnen, die ihre halsbrecherischen Kämpfe sowieso nur außerhalb der herrschenden Gesellschaft wagen konnten, blieb die Frau aufs »Zimmer« beschränkt. In den Frauen-Zimmern verkümmerten unvorstellbar viele kostbare Anlagen weiblicher Begabung. Abgedrängt. Ohne Möglichkeit, sich auszubilden oder gar zur Wirkung zu gelangen.

Manche Frauen bauten ihre Zimmer zu gutgepolsterten Kommandozellen häuslicher Kleinmacht aus. Einzelne entfalteten als Hausherrinnen im Rahmen ihrer Wohnlichkeit einen gewissen gesellschaftlichen Glanz. Dort begegneten ihnen die klügeren Männer mit vernunftbetonter Herzlichkeit und Achtung, die dümmeren mit schnörkelhafter, halb verächtlicher Verehrung oder angestrengtem Kavaliersgehabe oder – meistens und im schlimmsten Fall – mit ehemuffeliger Herablassung.

Vor so tranfunzligem Hintergrund mutet es um so revolutionärer an, daß Lessing in seinen Dramen meistens eigenwillige Frauen mit ihren Gedanken, Gefühlen und Abhängigkeiten in den Mittelpunkt rückte. Er wunderte sich manchmal selbst darüber, daß er »immer Mädchen« zu Titelheldinnen mache, Sara, Minna, Emilia ... Zweifellos entwarf er Vor-Bilder für eine künftige Wandlung des Frauenbildes. Allerdings im Freigehege des Theaters, wo englische, italienische, französische Truppen mit offenherzigen Gastspielen schon tiefe Kerben in die deutsche Trübsal geschlagen hatten. Nicht zu vergessen, daß ihm gerade in der Theaterarbeit die erste selbständige Frau begegnet war.

Mit seinen eigenen Gefühlen verfuhr er, wie Moses, im preußischen Stil der Zeit: Über jugendliche Leidenschaften oder Liebesangelegenheiten schwiegen beide bis ins Grab. Freundschaft mit wesensverwandten Männern inspirierte sie zu grandiosen Verherrlichungen, über »Frauenzimmerchen« verschwendeten sie kaum ein Wort. Untertanen des Preußenkönigs. Junge Männer auf der Höhe ihrer Kraft und Sehnsucht – fast könnte man denken, sie hätten viele Jahre ohne Liebe, ohne sinnliche Erfüllung gelebt.

Für Moses, den Außenseiter, mochte es sogar zutreffen. Vielleicht hatte er lang nicht den Mut, sich einer Frau auch nur andeutungsweise zu nähern. Sein Buckel. Sein dünner, kleiner, schwacher Körper, sein halsloser, in die Schultern eingewachsener Kopf mit der überhohen Stirn, den vortretenden Augen, der vorspringenden Nase, den vorgebauten Lippen, dem wolligen Schwarzhaar, dem aufgezwungenen Ziegenbärtchen. Dann sein nie überwindbares Stottern. Seine übermßige Arbeitslast bei winzigem Gehalt. Er muß als Mannsperson vor Minderwertigkeitsgefühlen fast vergangen sein. Einen Spiegel besaß er nicht. Wollte keinen besitzen. Mochte sein Gesicht nicht näher kennenlernen. Versteckte sich vor seinem Gesicht. Hatte trotzdem die Kraft, über seine Behinderungen zu lachen. In einem Gedicht für die Freunde schwingt er sich galgenhumorig auf zu den Denkmälern antiker Koryphäen mit gleichen Behinderungen:

Groß nennt ihr den Demosthen,
Den stotternden Redner von Athen,
Den höckrigen Aesop nennt ihr weise –
Triumph: Ich werd in eurem Kreise
Doppelt groß und weise sein,
Denn ihr habt bei mir im Verein,
Was man bei Aesop und Demosthen
Hat getrennt gehört und gesehn.

Witzig und souverän klingt das, aber es muß einer höllischen Unsicherheit abgerungen worden sein. In Gesellschaften außerhalb des schützenden Freundeskreises kam sich Moses wie am Pranger vor. Weil er meinte, er spiele auf öffentlichen Lustbarkeiten »die u-u-u-unschicklichste Rolle«, mied er sie nach schmerzlichen Erfahrungen mit der Taktlosigkeit hämischer Mitmenschen ganz.

Aber trotz aller Hemmungen – sein Wesen war auf Gemeinsamkeit ausgerichtet. Harmonisches Zusammenleben im Kleinen erkannte er als Grundelement der kosmischen Harmonie, die er als vorbestimmt betrachtete. Sein eigenes Bedürfnis nach Liebe blieb qualvoll lange Jahre ohne Echo. Vor lauter Alleinsein setzte er in seine Männerfreundschaften – besonders in die wichtigste mit Lessing – fast übertriebene, ganz unerfüllbare Hoffnungen auf beständige Gemeinsamkeit.

Auch Gotthold Ephraim Lessing lebte noch immer als notorischer Junggeselle. Aus anderen Gründen, die in seiner Persönlichkeit lagen. Er suchte immer wieder menschliche Nähe – und entzog sich ihr abrupt, wenn sie ihn zu eng umschlang. Wie eine Sternschnuppe schoß er auf seiner Zickzackbahn zwischen möglichen Haltepunkten hin und her. Über sein Liebesleben in den zwanzig Jahren nach der Tändelei mit Caroline Neubers Jungschauspielerin Friederike Lorenz weiß man nichts, gar nichts.

Dabei war er, was männliche Attraktivität anbelangt, der absolute Gegensatz zu Moses. Von keinem Außenseiterstigma behindert, ein schönes »Mannsbild«, gut gewachsen, mit einem Gesicht, das nicht nur starke Persönlichkeit, sondern auch sinnliche Üppigkeit signalisierte. Er war geistreich, gebildet, phantasievoll, früh als Komödiendichter, als Mann des Wortes hochgelobt, ein geselliger, lebenslustiger Mensch. Der freilich abrupt und ohne Erklärung zum Einsiedler mutierte, wenn ihm danach zumute war. Und er lebte ohne festes Einkommen, bis zum Krieg, der ihn erst recht isolierte. Was in seiner Epoche, wo Liebe zu einem anständigen Mädchen alsbald in die wohlbestallte Ehe führen mußte, einem Ausschluß aus dem Angebot heiratsfähiger Kavaliere gleichkam. Als Lessing zweiundzwanzig war, drei Jahre nach der Tändelei mit der Lorenzin, schrieb er ein paar atemlose Liebesgedichte:

DIE KÜSSE

Der Neid, o Kind,
Zählt unsere Küsse;
Drum küss geschwind
Ein Tausend Küsse;
Geschwind du mich,
Geschwind ich dich!
Geschwind, geschwind,
O Laura, küsse
Manch tausend Küsse:
Damit er sich
Verzählen müsse.

Ein Mann, der die Liebe im Vorübereilen absolvierte wie sein Tragödienheld Mellefont mit Sara Sampson, »geschwind«, auf der Hut, voll übermächtiger Bindungsangst? Als er solche Gedichte veröffentlichte, entschuldigte sich der junge Dichter vorab in seiner trotzigen Art bei den Lesern. »Diese Lieder enthalten nichts als Wein und Liebe, nichts als Freude und Genuß; und ich wage es, ihnen vor den Augen der ernsthaften Welt meinen Namen zu geben? Was wird man von mir denken? Was man will. Man nenne sie jugendliche Aufwallungen einer leichtsinnigen Moral, oder man nenne sie poetische Nachbildungen niemals gefühlter Regungen; man sage, ich habe meine Ausschweifungen darinne verewigen wollen, oder man sage, ich rühme mich darinne solcher Ausschweifungen, zu welchen ich nicht einmal geschickt sey…«

Ob er zu solchen Ausschweifungen »geschickt« war, verbirgt sich hinter einer Dornenhecke der Verschwiegenheit. Je liebevoller er sich als Dramatiker sensiblen Frauenfiguren widmete, desto grimmiger zog er sich als »Mannsperson« in sein Einspännerleben zurück, das während des Kriegs, ganz nach dem Geschmack des Alten Fritz, in einer stumpfsinnigen Militärclique versumpfte.

Allerdings: Die rostende Junggesellenherrlichkeit, das »Soldatenglück«, die Gefühlsarmut, der Zynismus, das alles kam ihm mit der Zeit um so abgeschmackter vor, als nach und nach alle Freunde feste Bindungen schlossen.

Moses sogar, sein einsamer Schutzbefohlener, Moses, der Benachteiligte, Schüchterne, Moses fand ein Mädchen.

Und das begab sich so: Moses Mendelssohn brach im April 1761, noch mitten im Siebenjährigen Krieg, im Jahr der Schlacht von Hohensalza, im Jahr der Ermordung August Kotzebues, im Jahr auch, als einer der ersten empfindsamen französischen Liebesromane, *Die neue Heloise* von Rousseau, erschien – Moses der Buchhalter brach also für das Seidenhaus seines Arbeitgebers Isaak Bernhard zu einer Geschäftsreise nach Hamburg auf. Die Reichs- und Hansestadt Hamburg war der wichtigste Handelsplatz Nordeuropas, mit einem der größten Seehandelshäfen der Welt, ein reiches wirtschaftliches Zentrum, wo die Fäden der geschäftlichen Transaktionen zusammenliefen.

Moses trug alle Erlaubnispapiere bei sich, trotzdem mußte er sich wie jeder Jude an jeder innerdeutschen Grenze in der Höhe eines Stück Viehs selbst verzollen. Es war, im kalten Vorfrühling, eine Postkutschenfahrt von fast 300 Kilometern, strapaziös, aber nicht unwillkommen, immerhin streute sie ein wenig Abwechslung ins Grau der Kriegsmonotonie. Vor allem freute er sich auf das Wiedersehen mit seinem Förderer Aaron Gumpertz, der unterdessen nach Hamburg gezogen war, wo er als Augenarzt arbeitete und seit dem Tod seiner Frau bei einer verwandten Familie lebte.

Bei den Gugenheims. Der Hausherr Abraham Gugenheim, Urenkel des berühmten Wiener Hofbankiers Samuel Oppenheim, entstammte einer privilegierten jüdischen Familie. Ein tiefreligiöser Mensch, Mäzen und Anhänger des bedeutenden Hamburger Rabbis Jonatan Eibenschütz – aber leider als Kaufmann, der er nun einmal war, völlig erfolglos, in peinlichem Unterschied zum gewitzten Urgroßvater. Mit unglücklichen Geschäften hatte er sein ganzes Vermögen verloren, er stand finanziell am Abgrund. Als Moses Mendelssohn nach Hamburg kam, war Abraham Gugenheim gerade zu einer schadensbegrenzenden Geschäftsreise nach Wien aufgebrochen.

Kaum in der kühlen, halb steifen, halb quirligen Hafenstadt eingetroffen, eilte Moses zum Gugenheimschen Haus, um Gumpertz zu umarmen – und wieder brachte ihm die Berührung mit diesem Mann, durch den er Lessing kennengelernt hatte, zwanglos und wie zufällig ein großes Glück. Moses wurde Abraham Gugenheims zweiter Frau Vogel Gugenheim vorgestellt, die mit den mütterlichen Vorfahren Heinrich Heines verwandt war, ihren Kindern und Stiefkindern. Er begrüßte die kleine Schar, in der auch die 24jährige Fromet Gugenheim stand, ihm wohlerzogen die Hand reichte – und es geschah.

Sie war es! Fromet Gugenheim, älteste Tochter des Abraham, Stieftochter der Vogel, war das Mädchen, in das der bald 32jährige Moses sich blitzartig – und endgültig – verliebte. Verliebte? Was für ein oberflächliches Wort. Er erkannte fast vom ersten Augenblick an, daß er sie liebte. Er liebte sie! Es hatte ihn berührt, es hatte seine Seele ergriffen. Er sah sie an, unverwandt sah er sie an, in dankbarem, tiefbewegtem Erstaunen über die wunderbaren Empfindungen, die dieses hübsche, wenn auch nicht schöne, dieses lebhafte, kluge, liebenswürdige, bescheidene Mädchen in ihm hervorrief. Das kleine, ovale, noch fast kindliche Gesicht, die glatte hohe Stirn, die hellwachen blauen Augen mit den rundgeschwungenen Brauen, das gerade Näschen und der leicht aufwärtsgebogene Mund mit der sinnlich-vollen Unterlippe! Die ganze mädchenhafte Gestalt, die rundlichen Arme, die kleinen Hände mit den schmal zulaufenden Fingern! Ernst, ja feierlich wurde ihm zumute, wenn er sie ansah. Er wußte, es war Liebe, genug Liebe, übergenug fürs ganze Leben. Und wie immer, wenn Moses wesentliche Gefühle empfand, öffnete er sich ihnen rückhaltlos und leidenschaftlich.

Vielleicht trug der Abstand von Berlin und den harten Alltagsforderungen zu seiner spontanen Hingerissenheit bei. Wie auch immer: Er hatte seine Frau gefunden.

Aber wie ihr seine Empfindungen kundtun, wie überhaupt ihr Interesse erregen? Die Familie nahm ihn freundlich auf. Mehr vorerst nicht. Als Mannsperson scheint Fromet ihn anfangs nicht wahrgenommen zu haben. Tagelang mühte er sich um ihre Aufmerksamkeit. Schwierig war das. Immerhin, er zog sie in Gespräche. Mit den Fangarmen der Worte. Wenn er auch stotternd um die besten Worte rang: Mit seinen Worten schuf er sich Raum und Wirkung, Worte waren seine Lockmittel, durch die Worte funkelte sein Geist, sein Witz, sein Ernst, seine Hingabe.

Fromet hörte von Tag zu Tag aufmerksamer zu. Sie antwortete ihm mit ihrer angeborenen, wenig gebildeten, unverbildeten Gescheitheit. Sie genoß die Plaudereien mit dem seltsamen kleinen, verbogenen, stotternden Gast, der das Kunststück vollbrachte, nüchterner Seidenhandelskontorist und hochphilosophischer Autor in einer Person zu sein. Redend entfaltete er seine Anziehungskraft, redend liebkoste und umhüllte er sie. Aber sein Äußeres! Es war doch arg anders als die Lichtgestalt des eleganten Freiers in Mädchenträumen, abgesehen davon, daß er, wenn man es illusionslos betrachtete, als armer Buchhalter und brotloser Philosoph nicht gerade eine glänzende Partie darstellte. Manchmal ängstigte er sie sogar, wenn er so schief und bucklig vor ihr stand und sie mit uferlosen Blicken aus seinen vorquellenden Augen verschlang.

Doch er schubste, nachdem er sie so wachgeredet, zurechtgeredet hatte, mit einer genialen Geschichte die letzten Staumauern weg. Im Gedankenaustausch lenkte er das Gespräch behutsam auf das Thema »Heiraten«. Sie senkte die Augen und fragte, ob es wahr sei, daß die Ehen im Himmel geschlossen würden, wie es im Midrasch, der Auslegung zum Alten Testament, geschrieben stehe. »Gewiß«, sagte er, »und mir ist noch etwas Besonderes geschehen. Bei der Geburt eines Kindes wird im Himmel ausgerufen: Der und der bekommt die und die! Wie ich nun geboren werde, wird mir auch meine Frau ausgerufen, aber dabei heißt es: Sie wird leider Gottes einen Buckel haben, einen schrecklichen. Lieber Gott, habe ich da gesagt, ein Mädchen, das verwachsen ist, wird gar leicht bitter und hart, ein Mädchen soll schön sein. Lieber Gott, gib *mir* den Buckel und laß das Mädchen schlank und wohlgefällig sein.«

Fromet war nicht nur schlank und wohlgefällig, sie war stark und großherzig. Sie begriff, daß Liebe die Grenzen des Vorhersehbaren sprengt, sie erkannte die Bedeutung, die Kraft, die Zuverlässigkeit ihres einzigartigen Freiers, sie fühlte und ließ zu, daß ihr Kopf mit dem seinen dachte, ihr Herz mit dem seinen schlug, ihr Körper mit dem seinen atmete. Sie begann ihn zu lieben wie er sie.

Was hatte Moses mit der Geschichte ausgerichtet? Die Überlieferung vom überirdischen Eheschluß hatte er bestätigt – und gleichzeitig schlau in Frage gestellt durch die Andeutung, Gott ließe unter Umständen mit sich reden, zum Wohl der Braut. Fast unmerklich leitete er so den Trampelpfad der Vorbestimmung in eine neue Gefühlswelt-ordnung, die ihm und Fromet erlaubte, sich anders zu verhalten als alle anderen Paare, nämlich in Liebe gegen die eisernen Regeln der jüdischen Außenseitergesellschaft zu verstoßen und das erste neuzeitliche jüdische Liebespaar zu sein.

Verliebtheit, Liebesgefühle vor der Ehe – das kam bisher nicht in Frage. Weil ja der Himmel die Ehen schloß. Was eine zwar fromme, aber unwahrhaftige Formel war. Denn die höchst irdischen Eltern bestimmten zusammen mit den noch irdischeren Heiratsvermittlern die Vermählung der Kinder. Im Vordergrund stand die Absicherung der Ungesicherten und ihre gesellschaftliche Rangordnung.

Das beiderseitige Herkommen wurde gegeneinander abgewogen, vor allem die Mitgift der Tochter und die Erwerbsfähigkeit des Sohnes. Die Heiratsvermittler saßen wie Spinnen in selbstgeknüpften Kontaktnetzen voller Auskünfte über heiratsfähige junge Menschen. Den ratsuchenden Eltern priesen sie passende »Partien« in grellsten Farben an. Kam der Handel zustande, hielten sie sich schadlos. Denn sie waren unentbehrlich, sie regelten den Heiratsmarkt. Eine jüdische Heiratsvermittlergeschichte aus Rußland mag zeigen, unter was für Gesichtspunkten der Himmel junge Leute auf den gemeinsamen Lebensweg stieß:

»Ich weiß euch eine traumhafte Partie: hunderttausend Rubel Mitgift«, schreit der Schadchen einem Elternpaar in die Ohren.

»Haben Sie ein Bild von ihr?« fragt schüchtern der Sohn, um dessen Zukünftige ja verhandelt wird.

»Aber seien Sie doch vernünftig«, keucht der Schadchen, »seit wann brauchen hunderttausend Rubel ein Bild?«

Bis der Himmel die Ehen schloß, verging die Zeit in Förmlichkeit und Fremdheit. Oft kannten sich die Brautleute kaum, bevor die Vermählung sie zusammenwarf. Liebe mochte Gott nachträglich dazugeben. Oder auch nicht, verweigern kann er bekanntlich ebensogut wie gewähren – oder noch besser.

Moses, der Pionier, wollte sich den Heiratssitten seiner »Nation«, die er rückständig fand, auf keinen Fall unterwerfen. Eine Partie, die nicht Eigennutz zum Grund haben solle, müsse aus Neigung entstehen. Diese Neigung müsse gefühlt werden, sich sachte entwickeln, bevor ein Entschluß gefaßt werden könne. Sie lasse sich nicht voraussetzen oder erzwingen, sie entstehe nicht aus dem Hörensagen, sie wisse nichts von Tradition und Ammenglauben, sie kenne nur die Evidenz der Sinne. »Wie ein Neckisches und Launiges ist sie, die Liebe, gerade da, wo Ihr sie am wenigsten vermutet, und läßt euch vergebens warten, wo Ihr auf sie Rechnung gemacht habt.«

Das hinderte ihn Jahrzehnte später zwar nicht, seine Tochter Brendel zur Sicherheit mit einem ungeliebten Schutzjuden zu verkuppeln. Aber jetzt forderte er das Glück der Liebe für sich und seine selbstgewählte Braut. Es ist kaum nachvollziehbar, wieviel Mut es die beiden Menschen kostete, ein Paar zu sein, das sich frei für seine Partnerschaft entschied. Denn die Umgebung nahm ihre Eröffnung, sie liebten sich und seien zur Heirat entschlossen, mit schmallippigem Befremden auf. Besonders die Älteren, die ja die Möglichkeit einer Herzensentscheidung nicht gekannt hatten, schüttelten die grauen Köpfe. Zum guten Glück war der Brautvater gerade abwesend, so daß der Wille zur Verlobung in Fromet und Moses wachsen konnte, ohne daß ein strenger Patriarch ihn gleich zerschlug.

So leichtfüßig die Gefühle der Zeit vorauseilten, so schwerfällig war die Bezeugung der Gefühle im täglichen Umgang. Die beiden waren gehemmt, verkrampft, ihre Körper und Seelen nicht vorbereitet auf das Spiel der Liebe. Sie gingen genauso schüchtern miteinander um wie vorher, sie wagten nicht, ihrem Verlangen Ausdruck zu geben, schon gar nicht unter so vielen Anstandswächteraugen. Des Morgens habe er seiner Braut, erzählte Moses später, mit niedergeschlagenen Augen gewünscht, wohl geruht zu haben. Des Tages habe er einige Stunden mit ihr moralisiert und ihr dabei schon »dreiste« unter die Augen gesehen. Dann und wann habe er sie gegen die Attacken mutwilliger Leute verteidigt. Woraus zu ersehen ist, daß es in dieser Familie und ihrem Kreis eine lebhafte Diskussionskultur gab. Des Abends habe er mit ihr an einem Tisch gespeist und endlich nach einem vielstündigen Gespräch eine angenehme Ruhe gewünscht. Erst kurz bevor Moses abreiste, flohen sie für Minuten ins »wüste Gartenhäuschen« hinter dem Gugenheimschen Haus, im verwilderten Garten mit den ersten feuchten Frühlingsblüten, wo bodenlos ungeschickt etwas Zärtliches passiert sein muß, jedenfalls bat Moses später von Berlin aus seine Braut um Verständnis. »Was das Gartenhäuschen betrifft? Vergessen Sie es auf ewig. Ich kann Ihnen nicht beschreiben, wie unruhig mein Herz damals gewesen. Die Küsse selbst, die ich von Ihren Lippen gestohlen, waren mit einiger Bitterkeit vermischt, denn die nahe Trennung machte mich schwermütig, und unfähig, ein reines Vergnügen zu genießen.«

Trotzdem reiste Moses als glücklicher, aufgebrochener Mensch nach Berlin zurück. Als Liebender. Als Mannsperson, die endlich auf die Lebensgemeinschaft mit einem Frauenzimmer zusteuern durfte!

Erst als er wieder im Berliner Alltag gefangen war, wurde ihm bewußt, wie radikal die Liebe das Leben verändert. Hatte er doch seit früher Jugend die Einsamkeit als Gewächshaus für die Saat seines Denkens und Schreibens sorgsam bestellt und ausgebaut. Das war Moses: abgesondert schon als Kind durch übergroße Intelligenz und körperliche Schwäche, ein aus der Norm gefallener Sohn überforderter Eltern. Mit 14 Jahren geflüchtet in die unheimliche preußische Hauptstadt. Wo er sich, gefördert, aber auf sich allein gestellt, hatte durchschlagen müssen. Im Dauerjoch des Brotberufs, immer überanstrengt, meistens allein mit dem Versuch, aus dem Nichts eine klassische »Bildung« zu erringen, die Forderungen seiner Intelligenz zu erfüllen. Allein mit dem Schreiben und Philosophieren. Im jüdischen Zirkel an Enge leidend. Im christlich-deutschen Freundeskreis nie ganz heimisch, mit Ausnahme der seltenen Geborgenheit in Lessings Freundschaft. Jederzeit in Gefahr, aus dem Geburtsland geprügelt zu werden, in das er so hartnäckig Wurzeln schlug. – Vielleicht wurde Moses erst jetzt gewahr, wie dringend er ein weibliches Wesen brauchte. Einen Menschen, der zu ihm gehörte. Eine Geliebte für sein Zärtlichkeitsbedürfnis. Ein Frauenzimmer für den Hausstand. Eine Partnerin, die ihm Gesellschaft leistete, vernünftigen Gedankenaustausch pflegen konnte und ihm doch genug Zeit zum Arbeiten ließ. Nun empfand er, was er vermißt hatte. Er wußte sich nicht zu lassen vor Liebe und Sehnsucht, vor Glück und Schmerz.

Seinem Freund Lessing, der sich gerade als »häßlicher Wurm« auf dem Boden des Kriegsdienstes bei General Tauentzien wand, berichtete er die Neuigkeit, sobald er Luft geholt hatte. Zum erstenmal mußte Moses der Zuverlässige sich für längeres Schweigen entschuldigen. Dann stürzte es aus ihm heraus. Er habe eine Reise nach Hamburg unternommen, die ihn in tausend Zerstreuungen verwickelt habe. Er habe das Theater besucht, Gelehrte kennengelernt, und – endlich – »ich habe die Torheit begangen, mich in meinem dreißigsten Jahr zu verlieben. Sie lachen? Immerhin! Wer weiß, was Ihnen noch begegnen kann? Das Frauenzimmer, das ich zu heiraten willens bin, hat kein Vermögen, ist weder schön noch gelehrt, und gleichwohl bin ich verliebter Geck so sehr von ihr eingenommen, daß ich glaube, glücklich mit ihr leben zu können. An Unterhalt, hoffe ich, soll es mir nicht fehlen, und an Muße zum Studieren werde ich mirs gewiß nicht fehlen lassen.«

(Die Wonnen der Ehe dürfen auf keinen Fall die Vormacht der Philosophie untergraben!)

»Zum Hochzeitskarmen«, plauderte er selig weiter, »sollen Sie noch ein ganzes Jahr Zeit haben, aber alsdann muß Ihre reimfaule Muse die staubigte Leyer wieder ergreifen, denn wie könnte ich unbesungen Hochzeit machen?« Im Überschwang bestellte er tatsächlich, wenn auch sicher nur zum Scherz, beim christlichen Freund das Lied zur jüdischen Hochzeit. Eine lustig herausgesprudelte Undenkbarkeit. Nie war je ein Christ zu einer jüdischen Hochzeit erschienen, schon gar nicht mit einem Hochzeitslied.

Aber: vor der jüdischen Hochzeit lag ein Verlobungsjahr. Getrennt verbracht. Von Fromet in Hamburg, von Moses in Berlin.

Unterdessen war Vater Gugenheim nach Hamburg zurückgekehrt und wenig erbaut über die eigenmächtigen Heiratspläne seiner Tochter. Als gescheiterter Kaufmann konnte er zwar nicht hoffen, sie an einen wohlhabenden Erben zu verschachern, und stimmte zähneknirschend der Verbindung mit dem armen Philosophen und Buchhalter zu. Aber wenn er schon solche Absurditäten wie eigene Partnerwahl und voreheliche Liebesgefühle zuließ, dann wollte er wenigstens den Schaden so klein wie möglich halten. Retten, was zu retten war. Absichern, was abzusichern war. Herausschlagen, was herauszuschlagen war. Zur Bedingung für sein Einverständnis machte er den Abschluß des üblichen, umständlichen Verlobungsvertrags mit tausend Klauseln und Unterklauseln, die den Bräutigam bis in alle Einzelheiten darauf festzurrten, das Frauenzimmer ewig zu lieben und zu versorgen.

Nicht daß Moses an der Unumstößlichkeit seiner Liebe gezweifelt hätte, nicht daß er eine Sekunde gezögert hätte, Fromet für immer in seine Obhut zu nehmen. Aber er war nicht nur von der Liebe berauscht, sondern auch von ihrer Freiwilligkeit. Das Glücksgefühl der Selbstbestimmung wollte er nicht herabstimmen, die Reinheit der Liebe nicht mit materiellem Eigennutz besudeln lassen. Außerdem kränkte ihn die Vorsicht des zukünftigen Schwiegervaters, die er als Mißtrauen auslegte. Er wurde nicht nur wütend, sondern seinerseits nun auch mißtrauisch. Nein, er wolle einen solchen Verlobungsvertrag nicht unterschreiben. Er fürchte, daß Fromets Vater, habe man einmal eingewilligt, immer neue Einwände erfinde, ihn zu immer neuen Zugeständnissen zwinge, sich immer neue Spitzfindigkeiten ausdenke, neue Besorgnisse äußere. Im stillen fürchtete er, Abraham Gugenheim wolle ihn zu jenem Großverdiener ummodeln, den er sich für seine Tochter eigentlich wünsche.

Aber nichts half, keine Wut, kein Protest. Er mußte den Vertrag unterzeichnen, erst dann wurde die Verlobung öffentlich angezeigt.

»Liebste Mamsell Braut«, schrieb Moses an Fromet. »Ich sollte den vertrauten Ton bei Seite setzen, und Ihnen mit hochtrabenden Worten zu unserer gesegneten Verlobung meine untertänigste Gratulation herauswürgen.« Sein Abscheu vor modischen Schnörkelkonventionen trieb ihn sogar zu einem Sarkasmus, der ihm sonst fremd war: »Ich begleite hiermit, allerwerteste Freundin! einige geringschätzige Kleinigkeiten, die Sie zum Andenken meiner aufrichtigen Liebe an Ihren unvergleichlichen Finger gütigst anzustecken belieben werden. War dieses Compliment nach der Mode? Ich zweifle sehr, denn es ist ja so leicht zu verstehen.«

Das Verlobungsjahr verging zum Verrücktwerden langsam. Briefe, zweimal wöchentlich am »Posttag« in tausend Ängsten aufgegeben – es gab nichts Unzuverlässigeres als Postkutschen, außerdem war Krieg, er konnte sich jederzeit noch verheerender ausweiten –, Briefe mußten die heute so selbstverständliche Zeit der Einstimmung ins Zusammenleben ersetzen. In den Briefen tastete sich Moses an Fromets Seele heran und gab von sich preis, was er der Geliebten ohne Verletzung der »Schicklichkeit« bekennen konnte.

Fromets Briefe sind leider verloren, ihre Worte spiegeln sich nur in den Ant-Worten des Bräutigams, den die geradlinige Ausdruckskraft ihres Wesens entzückte. »Ihre kleinsten Briefe sind voller Zärtlichkeit, voller Empfindungen. Die Sprache des Herzens ist Ihre natürliche Sprache, und Ihre edlen Gesinnungen vertreten die Stelle des frostigen Witzes, dadurch andere ihre Briefe so häßlich entstellen.« So reizte und lockte er sie aus sich heraus. Ihre innersten Gefühle, die damals eine Braut nie und nimmer aus ihrem Herzen ließ, wollte er erfahren. Ihre geheimsten Gedanken kennenlernen. Er drängte, sie solle ihm so offen schreiben, wie wenn sie mit sich selbst rede. Er forderte sie sogar auf, ihn zu tadeln, wenn er es verdiene, ihr Tadel sei ihm das sicherste Kennzeichen ihrer Liebe.

Fromet war von Natur aus klug. Angetrieben von seiner fordernden Intelligenz, bekam sie Hunger nach Lektüre, nach Bildung und geistiger Entwicklung. Er schickte ihr Bücher, seine eigenen philosophischen Schriften und moderne Dichtungen, er regte an, sie solle Französisch lernen, was wegen der Unzuverlässigkeit des von ihm empfohlenen Lehrers allerdings im Sand verlief, er kümmerte sich um die Erweiterung ihrer Interessen – genau bis zu dem Grad, der in den Augen eines »Mannsbilds« seiner Zeit einem »Frauenzimmer« angemessen war.

Als sie aber mehr als bescheidenen Wissensdurst zeigte, pfiff er die herbeigerufenen Geister wieder zurück. »Wie ich vernehme, übertreiben Sie den Fleiß im Lesen sehr und machen beynahe einen Mißbrauch davon. Dieses kann ich durchaus nicht billigen. Was wollen Sie damit ausnehmen? Gelehrt werden? Dafür behüte Sie Gott! Eine mäßige Lektür kleidet dem Frauenzimmer, aber keine Gelehrsamkeit. Ein Mädchen, das sich die Augen rot gelesen, verdient ausgelacht zu werden.«

Immerhin schämte er sich jetzt, weil er die allgemeine Frauenverachtung in Friedrichs Reich so unkritisch übernommen hatte. »Ihr Haus frequentieren, Sie und Ihre Familie kennen, liebste Fromet, und von Frauenzimmern schlecht denken, ist in meinen Augen unmöglich.« Jedoch: Wenn die Liebste seine dringende Aufforderung, sich selbst zu entdecken, wörtlich nahm, dann, ja dann setzte er sofort einen Stoßdämpfer auf: »Ihre gar zu große Aufrichtigkeit, liebste Mamsell! scheint sich öfters in einen kleinen Eigensinn zu verwandeln, der zu manchem Mißverständnis Anlaß zu geben pflegt.«

Wie weit hinkte er selbst noch hinter seinen vorausfliegenden Gedanken und Idealen hinterher. Ein Aufklärer, der die Gleichberechtigung aller Menschen propagierte, aber, wie alle Männer, den Frauen nicht mehr als eine Hinterzimmerexistenz zugestand. Und Fromet, zum Kuschen erzogen, pfiff ihren Ehrgeiz zurück. Ohne Verlust ihrer natürlichen Klugheit. Zur Ehrenrettung des hin- und hergerissenen Bräutigams sei gesagt, daß er sich im festgesteckten Rahmen bemühte, sie zu achten, wie sie war, sich selbst aus Liebe zu ihr zu bessern oder gar zu ändern. Davon erzählte er ihr zum Purimfest eine tiefsinnige Geschichte: »Einst kam zum Socrates dem Weisen ein Schüler und sprach: Mein lieber Socrates! Wer mit dir umgeht, bringt dir was zum Geschenk. Ich habe dir nischt zu schenken als mich selbst, sey so gut und verschmähe mich nicht. Wie! sprach der weise Mann, achtest du dich so gering, daß du mich bittest, dich an-zu-nehmen?

Nun gut! Ich will dir einen Rat geben: bemühe dich, so gut zu werden, daß deine Person das angenehmste Geschenk werden mag. Mein Märchen ist aus. Auch ich, meine liebste Fromet! will mich bemühen so gut zu werden, daß Sie sagen sollen, ich könnte Ihnen nichts Besseres schenken als Ihren aufrichtigen Mausche mi-Dessau.«

Er schrieb ihr deutsch, doch mit hebräischen Schriftzeichen, andere hatte sie ja eigentlich nicht lernen dürfen, und da er keinen Nachnamen haben durfte, nannte er sich Moses aus Dessau. Später – von der Vaterstadt zum Vater – machte er Mendels-Sohn, Sohn des Mendel, daraus. Der Name vererbte sich dann in der Familie weiter, bis er offiziell registriert werden durfte.

Sie sahen sich nicht in der Verlobungsphase, sie durften sich nicht hören oder betrachten oder berühren, umarmen, küssen. Über ihre sinnlichen Bedürfnisse durften sie nicht reden, Gott mußten sie anheimgeben, ob sich nach der Hochzeit die körperliche Liebe ebenso glücklich wie die geistig-seelische entwickeln ließ. Oder nicht.

Weit war es noch bis dahin. Ein Hürdenlauf. Moses sollte seine Existenz besser festigen, mehr Geld verdienen, als Schwiegersohn einigermaßen präsentabel wirken, jaja, er kannte den Kehrreim. Aber wie?

Da erschien plötzlich wie ein Springteufelchen die Möglichkeit, rasch großes Geld zu machen. Zweifelhaftes Geld natürlich, wie immer in solchen Fällen, aber immerhin! Als Kriegsgewinnler, egal wie der Krieg ausging. Der Krieg dauerte jetzt schon über fünf Jahre. Krieg war Preußens einziges Staatsziel geworden. Er fraß alles weg, auch die Gelder in den Staatskassen. Friedrich der Große griff zu einem seit dem Mittelalter probaten, wenn auch verpönten Notbehelf. Er verpachtete die »Berliner Münze« für sieben Millionen Taler an seine Schutzjuden Ephraim und Itzig. Die beiden prägten eilfertig-untertänig immer mehr, immer minderwertigeres Geld. So konnte der König die Kriegsausgaben erst einmal bezahlen. Die unweigerlich anrollende Inflation – bei Kriegsende hatte der Taler noch 28 Prozent des Ursprungswerts – ließ sich dann den Juden in die Schuhe schieben. Sie nahmen als Sündenböcke die Schande auf sich, wurden dafür bis weit über ihren Tod hinaus verflucht, durften aber zu Lebzeiten ihre eigenen Schäfchen ins trockene bringen. Majestät drückten beide Augen zu.

Die Durchführung dieser Geschäfte leitete in der Kriegsverwaltung ausgerechnet General Tauentzien, bei dem Lessing gerade in Diensten war. Und die beiden Berliner Schutzjuden, vor allem der einflußreiche Veitel Heyne Ephraim, dessen Rokokopalais in Berlin heute noch zu bewundern ist, wollten den tüchtigen Moses als Verbindungsmann, als Mitarbeiter, Mittäter – und Mitgewinnler anheuern. Die Versuchung des Moses. Die ausgelegten Köder des Reichtums. Die Gelegenheit, vor den Schwiegereltern großzutun!

Der Bräutigam überlegte – und verzichtete. »Ich danke Gott«, schrieb er Fromet, »Er sei gesegnet, daß ich von den Münzen weggeblieben bin, wie leicht wäre ich mit dem Strom weggeschwommen. Alle Welt beschuldigt mich, ich hätte mir die Gelegenheit Nutz machen sollen, ein reicher Kerl zu werden. Aber ich kenne meine Schwachheit, und weiß, daß ich recht getan habe.«

Seine Schwachheit? Seine Stärke! Freilich um den Preis der gehobenen Armut. Er schloß einen festen Vertrag als Prokurist zu bescheidenem Gehalt mit der Bernhardschen Seidenfabrik, wo er bisher mit Gewohnheitsrecht gearbeitet hatte. Damit zementierte er – sein größtes Opfer an die zukünftige Familie – den Broterwerb, den er bisher noch als Provisorium hatte betrachten können.

Mit philosophisch-psychologischen Beschwörungen stimmte er die Braut auf ein Leben ohne materiellen Glimmer ein. »Die Reichen«, argumentierte er, das sei ausgemachte Sache, seien zu keiner Freundschaft aufgelegt. Man könne mit den Reichen allenfalls wie mit guten Bekannten leben, aber zur Freundschaft gehöre der Mittelstand. Sogar seine geliebte Fromet wäre längst nicht so liebenswert, wenn Gott sie in einem glanzvollen finanziellen Rahmen belassen hätte. Sobald sie als seine Frau in Berlin leben werde, müsse sie alle Gesellschaften mit den Berliner Reichen meiden, »weil Ihr Charakter sich mit jener Denkungsart gar nicht vertragen will. Doch wieviel Gesellschaften werden wir wohl suchen? Ich werde in Ihnen die angenehmste Gesellschafterin finden, und mich bemühen, von Ihnen für den besten Gesellschafter gehalten zu werden. Was brauchen wir andere Leute, um glücklich zu sein?«

Der Außenseiter unter Außenseitern. In der jüdischen »besseren« Gesellschaft fühlte er sich nicht wohl, und in der christlichen war er nie wirklich sicher. Also bereitete er Fromet auf ein Leben zwischen allen Stühlen vor.

Aber noch gehörte er ja zur Klasse 6, hatte kein Niederlassungsrecht, kein Recht, eine Ehe zu schließen. Er wurde zwar unter den Fittichen des Seidenfabrikanten geduldet, aber offiziell existierte er nicht. Also kämpfte er fast das ganze Verlobungsjahr um die Daseinsberechtigung. Das Beantragen, das Betteln, das Buckeln vor preußischen Amtspersonen und jüdischen Vermittlern, besonders vor dem unumgänglichen Veitel Ephraim, den er doch gleichzeitig mit seiner Absage an die Münzschieberei gegen sich aufbrachte.

Die Niederlassungsrechte! Bestenfalls konnte eine Duldung von seiten der Behörden herausspringen, ohne sichere Aufenthaltserlaubnis, ohne Schutz vor Ausweisung. Fromet muß nach Wochen des Wartens ängstlich nachgefragt haben, wie es um die Niederlassungsrechte stehe. »Liebste Fromet!« seufzte er. »Das geht hier so leichte nicht. Ich muß warten, bis der König, Gott erhöhe seinen Glanz, in die Winterquartiere geht und nachher bei dem Kabinett drum anhalten.«

Sein Gesuch wurde auf die lange Bank geschoben. Über ein halbes Jahr später mußte er gestehen: »Wegen der Niederlassungsrechte, liebe Fromet! kann ich Ihnen nischt Positives melden. Sie sind am Werk, von allen Oberen die Versicherung erhalten, daß sie mir akkordiert werden sollen. Sie können sich nicht vorstellen, was es hier für Schwierigkeiten hat, wenn zwei Fremde sich hier etablieren wollen, insbesondere da jetzt der König, Gott erhöhe seinen Glanz, nischt kann geschickt werden.«

Die Zermürbungstaktik der Behörden hatte System. Nach monatelangem Bangen mußte ein positiver Bescheid wie unverdiente Erlösung wirken und den Außenseiter-Untertan in winselnde Dankbarkeit versetzen. Moses durchschaute das – und bog es für sich und seine Liebste zurecht: »Gestern sind unsere Niederlassungsrechte accordirt worden. Nunmehr sind Sie ein preußischer Untertan, und müssen die preußische Partei ergreifen. Sie werden also auf gut preußisch alles glauben, was zu *unserem* Vorteil ist.«

Solche Rechte kosteten viel Geld. Und zeitigten neue Schikanen. Friedrich der Große hatte ein Dekret erlassen, wonach ein Jude nur heiraten durfte, wenn er für die enorme Summe von 300 Talern Porzellan aus der kürzlich gegründeten Berliner Manufaktur erstand. Aussuchen durfte er die Ware nicht. Auch Moses mußte bei seiner Verheiratung einen solchen Zwangskauf tun. Er wurde Besitzer von – nein, nicht von Tellern, Tassen, Kannen, Schüsseln, Schalen, sondern von 20 lebensgroßen, grotesk gekrümmten Porzellanaffen mit feixenden Köpfen und herausgestreckten Zungen. Das nannte sich »Judenporzellan«. Es wurde speziell für heiratswillige Juden hergestellt, um sie damit zu beliefern und zu verhöhnen. Judenporzellan. Fromet und Moses warfen die Kreaturen nicht in die Abfallkiste. Nein, sie verteilten sie in ihren Räumen. Die Ohrfeigen aus Porzellan blieben in Mendelssohns Familie. Noch die Enkel haben damit gespielt. Mit den Affen, der Figur gewordenen Verachtung, gehorsam aufgestellt, gehütet, geputzt, immer wieder entstaubt, poliert, an Kinder und Kindeskinder weitergegeben von einem jüdischen Aufklärer und seiner Frau, den gewitzten, aber treuen preußischen Untertanen.

Damit sind wir am Ende der Verlobungsdurststrecke, bei der Vorbereitung auf die Hochzeit und den gemeinsamen Hausstand. Moses suchte ein Haus. Fand ein Haus. Spandauer Straße 68. Unweit der ältesten Synagoge Berlins, unweit der ältesten Kirche Berlins. Ein schmuckloses Reihenhäuschen. Dreistöckig, auf jeder Ebene vier eng aneinanderstehende Fenster. Niedrige, leicht gebogte Eingangstür.

Es war das richtige, das vorbestimmte, eingestimmte, angemessene Haus. Wirklich und wahrhaftig das Haus, wo vor Jahren Lessing in einer Dachkammer gelebt und sein Stück *Die Juden* geschrieben hatte.

Es mußte geräumt, es mußte renoviert und möbliert werden. Der Bräutigam Moses stand in den kahlen Stuben, sah das private Gerüst seiner Zukunft, schmeckte den Vorgeschmack auf kommende Hausvaterpflichten, muß erschrocken sein, denn er erklärte Fromet: »Möbel schaffe ich mir nach und nach an. Doch das muß ich Ihnen zum voraus sagen, ich bekümmere mich um die Wirtschaft nicht und mache es wie jener Poet. Er saß in seiner Studier-Stube, und man rief Feuer! Feuer! Sagt es meiner Frau, gab er zur Antwort, ich bekümmere mich um keine Wirtschafts-Sachen.«

Lieber mit männlichen Vorrechten umkommen als auf männliche Vorrechte verzichten. Schwingt in der Witzgeschichte die Ahnung von der Fragwürdigkeit der strikten Rollenteilung zwischen Mannsperson und Frauenzimmer?

Die Hochzeit wurde im Juni 1762 gefeiert. Eine streng jüdische Hochzeit. So könnte sie sich abgespielt haben: Der Synagogenhof. Vor der Nordwand der Synagoge versammelt sich die Hochzeitsgesellschaft. Vier Kinder tragen einen quadratischen Stoffbaldachin. Von einer Seite kommen die männlichen Verwandten und Gäste und der Rabbi, von der anderen die Frauen. Alle tragen die gleiche altmodische Tracht, lange schwarze weite Mäntel mit mächtigen weißen Halskrausen. Die Männer haben schwarze Barette auf dem Kopf, die Frauen Perücken und weiße Stoffhauben, von denen oben zwei Zipfel abstehen. Drei

Musikanten, zwei Geiger und ein Cellist, stellen sich etwas abseits dazu, bei ihnen ein paar Gaffer in normaler Rokokotracht.

Der Baldachin wird mitten vor der Synagogenmauer angehalten, die verschleierte Braut und der Bräutigam darunter zusammengeführt. Sie stehen mit dem Rücken zum Norden, denn vom Norden kommt das Unheil, vom Süden das Glück. Links davon stehen die Männer, rechts die Frauen. Der Rabbi tritt vor und spricht den hebräischen »Copulationstext«.

Der Bräutigam wirft ein Krüglein mit Wasser hoch an die Synagogenwand, es zerbricht auf der dafür bestimmten Stelle am Eckpfeiler. Dies soll die Freude und den Überschwang mäßigen, indem es daran erinnert, daß dem Wasser sehr schnell die Dürre folgen kann, der Freude die Trauer, dem Hochzeitstag der Todestag. Dann entschleiert sich die Braut, die beiden sehen sich in die Augen. Leise, fröhlich und traurig zugleich, erklingt die orientalisch getönte Musik, das Brautpaar beginnt zuerst zu tanzen, die Kinder hüpfen, die Erwachsenen drehen und wiegen sich, der Baldachin verschwindet, das Brautpaar wird mit Weizenkörnern bestreut, das heißt, mögen sie sich vermehren wie das Korn.

Das Feiern und Glückwünschen und Tanzen schwillt an, ergießt sich bald in einen Saal, und es wird sein ein Schmausen und Trinken und Schwelgen bis in die Nacht.

Lessing war nicht unter den Gästen. Er hat Moses nie ein Wort zu seiner Liebe geschrieben, hat ihm nicht gratuliert, geschweige denn das »Hochzeitskarmen« gesungen. Die »staubigte Leyer« hing in einer Abstellkammer seines Herzens, während er in der Kriegsverwahrung die Zeit totschlug. Bitter wurde er, wenn er an seine Freunde dachte, die Hochzeiten feierten und Familien gründeten. Mit-Leid hatte er jederzeit für Moses übrig, aber er brachte es nicht über sich, ihm ein Zeichen der Mit-Freude zu geben.

Zumal Moses sein Mitgefühl jetzt nicht zu brauchen schien, ihm als Mann sogar überlegen war. Als Mann. Lessing verzehrte sich in Selbstzweifeln. Er war also ein »häßlicher Wurm« im Krieg. Kaum mehr fähig, sich als Mann zu spüren. »Ich bin so ein Ding«, so ein Ding, sagte er, »was man Hagestolz nennt. Das hat keine Frau (›das‹ hat keine Frau) und wenn es schon dann und wann Kinder hat (wenn ›es‹ Kinder hat), so hat es doch keine zu versorgen. Lieber mögen meine alten Schulden bis auf das alte Geld meiner lieben künftigen Frau warten. – Denn ich bin ein Hagestolz, der es nicht ewig bleiben will.«

Nicht ewig bleiben will er es, aber er kann sich die Frau im Moment höchstens als Geldautomaten vorstellen. Liebe? Liebe liegt außer Reichweite in diesem Organismus der Gewalt, an den er sich verkauft hat.

Gleichzeitig ersinnt er in seiner Schreibstube *Minna von Barnhelm*, eine der großen Liebenden der Weltliteratur, die ihren fast liebesunfähig gewordenen, störrischen, vom Krieg in verlogene Ehrbegriffe getriebenen, zerrütteten Gefährten mit gewaltlosen Mitteln verändert. Widersprüche, die sein Leben prägten, aus ihnen schlug er die Funken zur schriftstellerischen Produktion.

»Lessing«, sagte Goethe von ihm, »der die persönliche Würde gern wegwarf, weil er sich zutraute, sie jeden Augenblick wieder ergreifen zu können, gefiel sich in einem zerstreuten Wirtshaus- und Weltleben, da er gegen sein mächtig arbeitendes Inneres stets ein gewaltiges Gegengewicht brauchte.«

Lessing schwieg zur Hochzeit seines Freundes Moses.

Kaum war die Hochzeit verrauscht, kaum die »häusliche Glückseligkeit« etabliert, zeigte sich Moses schon leicht gelangweilt von so viel schweißtreibender Nestwärme. Übereifrig suchte er wieder den Anschluß an die Sphäre der geistigen Männerfreundschaften. Mit der Versicherung, daß ihn nichts auf der Welt davon abhalten könne. Er habe, klagte er, seit Wochen keinen Freund gesprochen, an keinen Freund geschrieben, nicht gedacht, nicht gelesen, nicht geschrieben, nur getändelt, geschmaust, heilige Gebräuche beachtet, sich bald hier, bald da zur Schau stellen lassen und seine Zeit mit Kleinigkeiten hingebracht. »Ein blauäugiges Mädchen, das ich nunmehr meine Frau nenne, hat das eiskalte Herz Ihres Freundes in Empfindungen zerlassen, und seinen Geist in tausend Zerstreuungen verwickelt, aus welchen er sich nunmehr nach und nach wieder los zu winden versuchet.«

So kann sich der Ton einer Mannsperson ändern, wenn langgehegte Bedürfnisse plötzlich erfüllt sind, zumal die Erfüllung neue Pflichten auferlegt, verknüpft mit der Angstvorstellung, die geistige Freiheit könne ersticken im häuslichen Wohl und Weh.

Wie Fromet die Verpflanzung von Hamburg nach Berlin verkraftete? Den Wechsel in ungewohnte Verhältnisse? Die Anfangszeit der Ehe mit einem sehr anspruchsvollen Mann, der in zwei Berufen, einem ungeliebten und einem der Zeit abgetrotzten, Außergewöhnliches leistete, aber noch um Anerkennung rang? Wie die körperliche Beziehung gedieh, abgesehen davon, daß sie sich bald wie üblich in Schwangerschaft, immer neuer Schwangerschaft manifestierte? Wir wissen es nicht, ein preußisches Frauenzimmer durfte sich solche Fragen nicht stellen, weshalb Fromet es vielleicht auch nicht tat. Sie gebar zehn Kinder und stand energisch ihrer großen Familie vor, sie war impulsiv und vernunftbegabt, was ihren Ehemann entzückte. Tatsache ist, daß sich nach den Unsicherheiten der Eingewöhnung die Ehe von Fromet mit Moses glücklich entwickelt hat. Es ist ihnen anscheinend gelungen, die verschiedenen Notwendigkeiten des Alltags einigermaßen in Einklang zu bringen.

Für Moses gab es keine Alternative zum »häuslichen Leben«, in dem der Mensch allein Glück und Beruhigung finde. Selbst das Unangenehme und Beschwerliche des Familienlebens habe, besonders wenn der Mensch in die Jahre komme, weniger Fürchterliches als ein eheloses Alter, sagte er, als der Tod schon nicht mehr weit war.

Fromet verstand mit ihrer natürlichen Klugheit ihren Moses vielleicht nicht immer im einzelnen, aber immer im ganzen. Sie war eine vortreffliche Ehefrau und Mutter – und dabei eine ausgeprägte, reizbare, temperamentvolle Persönlichkeit. Sie gab ihren Stimmungen sehr spontan Ausdruck. Und sie war gesellig. Das beweisen die wenigen erhaltenen Briefe der Ehefrau Fromet an ihren Mann Moses, die neben ungeduldiger Sehnsucht auch ihre Tage schildern, Tage randvoll von Besuch und Gegenbesuch.

Sie nahm Menschen mit offenen Armen bei sich auf, sie schuf für Gäste eine großzügige Atmosphäre in ihrem kleinen Haus, sie führte sicher und einfühlsam verschiedenartige Persönlichkeiten zusammen. So eröffnete sie die Reihe jüdischer Frauen, die neue Möglichkeiten des Brückenschlags ergriffen, ein Stück weit aus dem Schatten traten, auf ihre Weise das deutsche und das jüdische Geistesleben versöhnten, nämlich mit ihrer verständnisvollen, anregenden Gastfreundschaft.

Die Aufgeschlossenheit kluger jüdischer Frauenzimmer brachte in der nächsten und übernächsten Generation die berühmten »Salons« hervor. Einen davon führte Fromets schriftstellernde Tochter Brendel, die sich scheiden ließ von dem jüdischen Mann, den ihr der Vater aufgezwungen hatte, sich in Dorothea umbenannte und Friedrich Schlegel heiratete. Die hochbegabte Rahel Varnhagen machte ihren Salon der Dichter- und Denkerbegegnungen zu einem reizvollen Kapitel deutscher Literaturgeschichte.

Fromet war sich ihrer Wegbereiterinnenrolle kaum bewußt, sie mag auch als Erscheinung längst nicht so glanzvoll gewesen sein. Aber sie war, anders als ihre emanzipierteren Nachfolgerinnen, mit dem bedeutendsten Juden ihrer Zeit verheiratet. Mit ihm zusammen hielt sie partnerschaftlich und wirksam über viele Jahre ihr Haus offen, weit offen in schöner Selbstverständlichkeit für alle, die es aufsuchen wollten.

Dieses Haus, erst Lessing-Haus, dann Mendelssohn-Haus, blieb nicht einsam, wie Moses in der Brautzeit fürchtete. Das schmale Haus weitete sich zu einem der ersten Begegnungsorte von Christen und Juden in Deutschland. Im Geist von Lessings Komödie *Die Juden*, die in seiner Mansarde entstanden war. Und ohne sich schon breitspurig »Salon« zu nennen. Fromet und Moses waren liebenswürdige Freunde, Meister lebhaften Gesprächs und trotz ihrer beschränkten Geldmittel – Fromet zählte manchmal die Rosinen nach Gästezahl einzeln in die Schälchen – hochgeschätzte Gastgeber.

Ihre Ehe: ein Spiegel der Harmonie, für die Moses Mendelssohns Lebensentwurf prädestiniert war. Sie hielt in Liebe bis zu seinem Tod. Fromet, acht Jahre jünger als er, viel gesünder und kräftiger, überlebte ihn um 26 Jahre.

ZWISCHENÜBERLEGUNG

Moses Mendelssohn räsoniert über das »Vorurteil«

Merkwürdig ist es, zu sehen, wie das Vorurteil die Gestalten aller Jahrhunderte annimmt, uns zu unterdrücken und unserer bürgerlichen Aufnahme Schwierigkeiten entgegenzusetzen.

In jenen abergläubischen Zeiten waren es Heiligtümer, die wir aus Mutwillen schänden; Kruzifixe, die wir durchstechen und bluten machen; Kinder, die wir heimlich beschneiden und zur Augenweide zerfetzen; Christenblut, das wir zur Osterfeier brauchen; Brunnen, die wir vergiften u.s.w.

Verstocktheit, geheime Künste und Teufeleien, die uns vorgeworfen, um derentwillen wir unseres Vermögens beraubt, ins Elend gejagt, wo nicht gar hingerichtet worden sind.

In mancher lieben Stadt Deutschlands wird noch jetzt kein Beschnittener, wenn er auch seinen Glauben verzollt hat, am hellen Tage ohne Bewachung gelassen, aus Beisorge, er möchte einem Christenkinde nachstellen oder die Brunnen vergiften. Des Nachts hingegen wird ihm unter aller Bewachung nicht getrauet, wegen seines bekannten Umganges mit den bösen Geistern.

Selbst die Aufklärung unserer besseren Tage erstreckt sich noch lange so weit nicht, daß diese gröberen Anklagen gänzlich ohne Wirkung sein sollten.

Man kann einem verjährten Vorurteile alle Wurzeln durchschneiden – ohne ihm die Nahrung gänzlich zu entziehen. Es saugt solche allenfalls aus der Luft.

Lessing als Kind

Lessing-Museum Kamenz

Lessing 1765
Gemälde von Johann Heinrich Tischbein d.Ä.
AKG Berlin

Moses Mendelssohn im Alter von 38 Jahren
Kopie nach einem mit »Dr. P. S.« signierten und 1767 datierten Bild
Katalog Moses Mendelssohn, Herzog August Bibliothek, Wolfenbüttel 1986

Gotthold Ephraim Lessing um 1767
Gemälde von G.D. May
Gleimhaus Halberstadt

Eva Lessing
Herzog August Bibliothek Wolfenbüttel

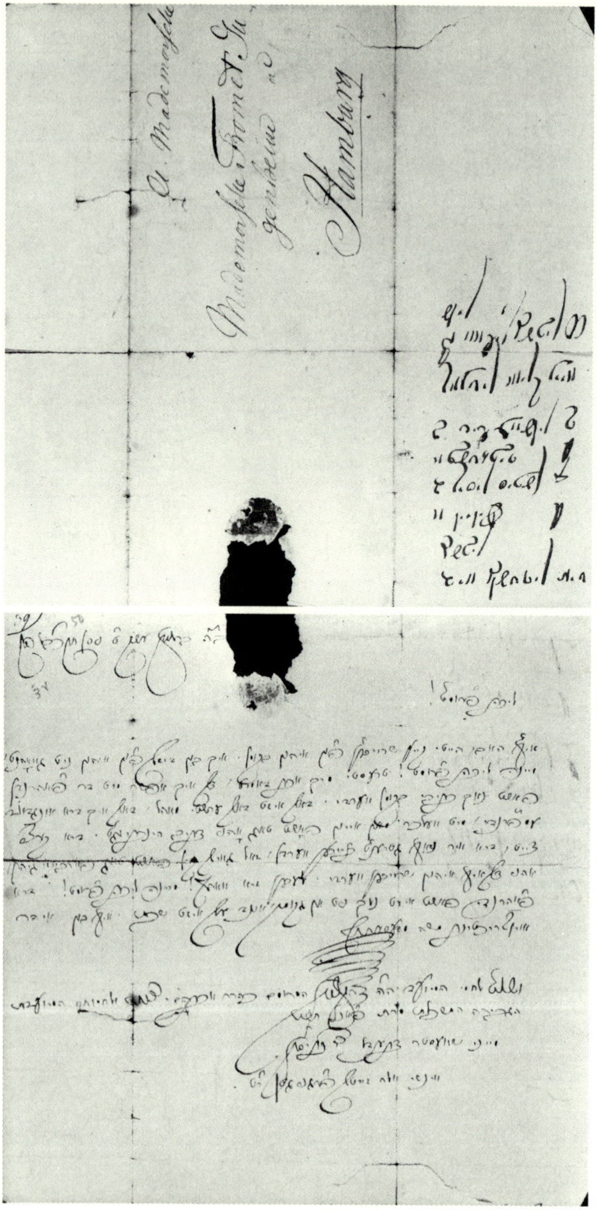

Moses Mendelssohn: Brautbrief an Fromet Guggenheim vom 16. März 1762

bildarchiv preussischer kulturbesitz, Berlin

Fromet Mendelssohn, geb. Guggenheim
Porträt von 1767
bildarchiv preussischer kulturbesitz, Berlin

Lessing und Lavater bei Mendelssohn
Holzstich nach Oppenheim
ullstein bild

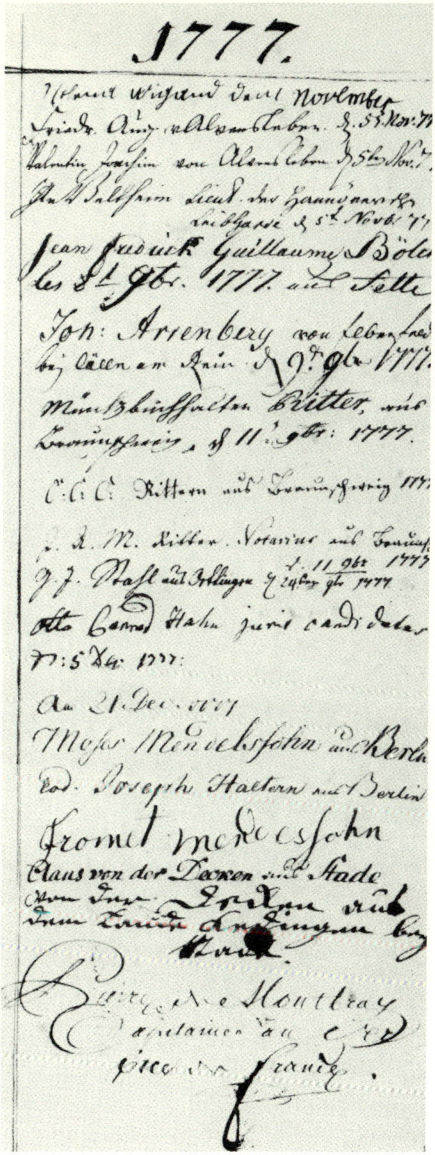

1777.

Moses Mendelssohn aus Berlin

Fromet Mendelssohn

Claus von der Decken aus Stade

Besucherbuch der Herzoglichen Bibliothek Wolfenbüttel.
Am 21. Dezember 1777 trugen sich »Moses Mendelssohn aus Berlin« und »Fromet Mendelssohn« ein.

Katalog Moses Mendelssohn, Herzog August Bibliothek, Wolfenbüttel 1986

Lessing und Mendelssohn vor Lessings Haus in Wolfenbüttel,
21. Dezember 1799

Herzog August Bibliothek, Wolfenbüttel

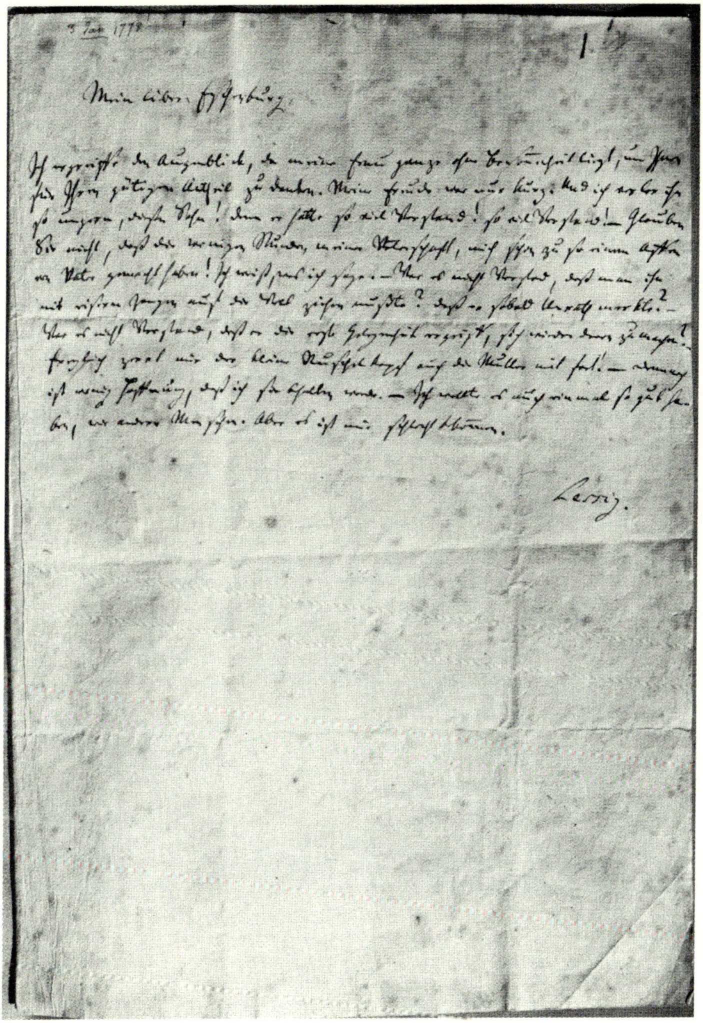

3 Jan 1778

1

Mein lieber Eschenburg,

Ich ergreife den Augenblick, da meine Frau ganz ohne Besonnenheit liegt, um Ihnen für Ihren gütigen Antheil zu danken. Meine Freude war nur kurz: Und ich verlor ihn so ungern, diesen Sohn! denn er hatte so viel Verstand! so viel Verstand! — Glauben Sie nicht, daß die wenigen Stunden meiner Vaterschaft, mich schon zu so einem Affen von Vater gemacht haben! Ich weiß, was ich sage. — War es nicht Verstand, daß man ihn mit eisern Zangen auf die Welt ziehen mußte? daß er sobald Unrath merkte? — War es nicht Verstand, daß er die erste Gelegenheit ergriff, sich wieder davon zu machen? Freylich zerrt mir der kleine Ruschelkopf auch die Mutter mit fort! — Denn noch ist wenig Hoffnung, daß ich sie behalten werde. — Ich wollte es auch einmal so gut haben, wie andere Menschen. Aber es ist mir schlecht bekommen.

Lessing.

Brief Lessings an Johann Joachim Eschenburg, Wolfenbüttel 1777

Katalog Gotthold Ephraim Lessing,
Herzog August Bibliothek, Wolfenbüttel

Lessings Totenmaske
ullstein bild

»Moses Mendelssohns Examen am Berliner Thor zu Potzdam«
Kupferstich von Michael Siegfried Lowe nach Daniel Chodowiecki (1791)
Niedersächsische Staats- und Universitätsbibliothek, Göttingen

Friedrich II.

Stich nach Chodowiecki

Moses Mendelssohn
Kupferstich von J.G. Müller 1787
Katalog Gotthold Ephraim Lessing, Herzog August Bibliothek, Wolfenbüttel

Moses Mendelssohns Wohnhaus in Berlin, Spandauer Straße 68, um 1885

F.A. Schwartz/bildarchiv preussischer kulturbesitz, Berlin

SIEBTES KAPITEL

Das Leben. Vor und nach dem Tod

Der Siebenjährige Krieg liegt in den letzten Zügen. Nach und nach ziehen sich Preußens Verbündete erschöpft zurück, in der Schlußphase hält Friedrich der Große nur noch mit wahnsinniger Sturheit und eiserner Faust sein ruiniertes, geplündertes Land, sein ausgelaugtes Heer im Kampf. Alle kriegführenden Staaten haben ihre Völker, haben die Lebensgrundlagen ihrer Völker ruiniert. In überfälliger Kriegsmüdigkeit wird nach sieben Jahren ein Frieden geschlossen, der im verheerten Europa politisch ungefähr den Vorkriegszustand wiederherstellt. Man sollte denken, Friedrichs Kriegsstaat habe sich ad absurdum geführt. Aber nein, die Geschichtsschreibung stellt es anders dar: Schlesien gehöre nun sicher auf immer und ewig zu Preußen, was ohne den Krieg unmöglich gewesen wäre. Die Sinnlosigkeit eines Vorbeugungsschlags kann noch weniger bewiesen werden als der Sinn, Preußen sieht sich endgültig als fünfte Großmacht neben Rußland, Frankreich, England und Österreich. Hunderttausende von Toten, Kriegsversehrten, ihre weinenden Familien, ihre zerstörten Länder, Städte, Dörfer sind der Preis.

Moses Mendelssohns erstes Ehejahr fiel auf das letzte Jahr des ausblutenden Kriegs. Unfaßbar schroffe Gegensätze. Heilsam das private Glücksgefühl, lähmend das Entsetzen über die Kriegsnachrichten. Andere Lähmungen quälten noch unmittelbarer. Das brotberufliche Joch lag ihm jetzt endgültig im Nacken. »Ich habe zwar nach meiner Denkungsart glücklich geheiratet. Aber die Geschäfte! Die lästigen Geschäfte! Sie drücken mich zu Boden und verzehren die Kräfte meiner besten Jahre. Wie ein Lastesel schleiche ich mit beschwertem Rükken meine Lebenszeit hindurch, und zum Unglück sagt mir die Eigenliebe oft ins Ohr, daß mich die Natur vielleicht zum Paradepferd geschaffen hat.«

Nur mit schonungslosester Plünderung aller Kraftreserven rang er sich die philosophische Arbeit ab. Und obwohl er sich doch einen Kreis unter Literaten und Forschern geschaffen hatte, vermißte er Lessings Gegenwart immer schmerzlicher. Sein Bedürfnis nach Liebe war gestillt, nun drängte sich das Verlangen nach Freundschaft wieder in den Vordergrund, wenn auch ruhiger und vernünftiger als früher. Er sehnte sich nach dem »laut Denken« mit dem Mann, der ihm am nächsten stand, dem einzigen Deutschen, dem einzigen Menschen sogar, in dessen Gegenwart er sich nie als »Jude« im Außenseitersinn fühlte, sondern einzig als Mensch, und dessen genialer, sprunghafter Geist ihn anregte wie kein anderer. »Eilen Sie nur bald in meine Arme, Freund! Ihr Umgang allein kann mir das verlorene Feuer wiedergeben, kann mich zu Gedanken erheben, die meiner würdig sind. Sie glauben nicht, wie unschmackhaft mir aller Umgang geworden, seitdem ich den Ihrigen entbehren muß.«

Und immer saß die Angst im Nacken, der kostbare Beginn grundlegender deutsch-jüdischer Annäherung, ihr gemeinsames Werk, könnte verdorren in der Wüste der Lebensmühsal.

Doch Lessing steckte noch in Breslau, betäubt von der Agonie des Kriegs – und Nachkriegs. Moses blieb nichts anderes übrig als stille Ausdauer in Berlin – und ein Wunder geschah. Der Weg, den der Freund einmal geebnet hatte, führte nicht nur weiter, sondern aufwärts. Ein Jahr nach seiner Heirat bekam der Mann mit der fehlenden Vorhaut, der fehlenden akademischen Vorbildung, den fehlenden Ämtern und Würden, bekam Moses Mendelssohn von der Königlichen Akademie der Wissenschaften den ersten Preis in einem gelehrten Wettbewerb. Für seine Abhandlung *Über die Evidenz der metaphysischen Wissenschaften*. Im Akademieprotokoll stand trocken der revolutionäre Satz: »Den Preis erhielt der schon zur Genüge durch seine Schriften bekannte hiesige Jude Moses Mendelssohn.«

Erstaunlich, aber nicht unbegreiflich, daß ein solches Ereignis überhaupt im Bereich des Möglichen lag. Es war eine Nebenwirkung von König Friedrichs janusgesichtiger Vexierstrategie. Sie förderte prinzipiell die Aufklärerfreiheit des Denkens, in der sogar ein beachtliches Maß an Toleranz und geistiger Entfaltung gedeihen konnte, und würgte sie pünktlich wieder ab, wenn sie über enge Zirkel hinauswucherte – ein Wechselspiel, das Lessing und Mendelssohn mit hoffnungsvoller oder qualvoller Regelmäßigkeit am eigenen Leib erlebten. Diesmal war die Hoffnung an der Tagesordnung. Den zweiten Preis in jenem Wettbewerb bekam ein Privatdozent aus Königsberg, der fünf Jahre ältere, aufsteigende Stern am Philosophenhimmel: Immanuel Kant.

Moses genoß die Ehrung, die er nicht im Traum erwartet hatte. Es gelang ihm, bei aller Freude bescheiden und selbstkritisch zu bleiben. »Glauben Sie aber ja nicht«, sagte er, wenn er darauf angesprochen wurde, »daß ich mir einbilde gesiegt zu haben, weil mir die Akademie den Preis zuerkannt hat. Ich weiß gar wohl, daß im Kriege nicht selten der schlechtere General den Sieg davonträgt.«

In literarisch-wissenschaftlichen Kreisen wurde er jetzt als seriöser Außenseiterphilosoph anerkannt, mit Gleichgesinnten konnte er ein Leben fast ohne Verachtung führen. In seinen vier Wänden fühlte er sich behaglich als Ehemann und neuerdings werdender Vater. Der allerdings die Zeit zur wissenschaftlichen Arbeit allzu oft der eigenen Müdigkeit abringen mußte. Denn tagsüber in der Seidenfabrik opferte er weiterhin seine besten Stunden der Buchhalterei. Und sobald er auf die Straße ging, war er schlagartig nichts anderes als der verhöhnte, bespuckte, angerempelte, verachtete Jude. Davon gibt es viele Geschichten. Sie erzählen, wie der Spagatkünstler Moses aus schmerzhaften Demütigungen die Funken seines lebensweisen Witzes schlug.

Einmal zum Beispiel soll er mit Professor Engel im Lustgarten zu Berlin spazierengegangen sein. Ein betrunkener Soldat heftete sich an seine Fersen, pöbelte lallend den »bucklichten Juden« an, stieß ihn, puffte ihn, trat ihn, zog ihn brutal am Ohr. Professor Engel hob fuchtelnd den Stock. Mendelssohn fiel ihm in den Arm und sagte freundlich: »Was wollen Sie tun, mein Freund? Gönnen Sie doch dem unglückseligen Sklaven die einzige Freude, die einzige Freiheit, die er hat: einen J-j-j-uden mißhandeln zu dürfen.«

In den Grenzen der gespaltenen Lebenswirklichkeit kämpfte er nach wie vor um ein Mindestmaß an Sicherheit. Zwar hatte er die »Niederlassungsrechte«, war aber von Klasse 6 nur zu Klasse 5 vorgerückt, blieb also dem Ermessen des Schutzjuden Bernhard ausgeliefert. Eine Art Freiwild innerhalb der staatlich reglementierten jüdischen Hierarchie. Aus Rücksicht auf seine wachsende Familie versuchte er den Hochsprung, »gewöhnlicher Schutzjude« zu werden, also in Klasse 2 vorzudringen. Mit schlechtem Gewissen. »Es tut mir weh«, sagte er, »daß ich um das Recht der Existenz erst bitten soll, welches das Recht eines jeden Menschen ist, der als ruhiger Bürger lebt. Wenn aber der Staat überwiegende Ursachen hat, Leute von meiner Nation nur in gewisser Anzahl zu dulden, welches Vorrecht kann ich vor meinen Mitbrüdern haben, eine Ausnahme zu verlangen? Sokrates bewies ja seinem Freunde Kriton, daß der Weise schuldig ist, zu sterben, wenn es die Gesetze des Staats fordern.«

Doch derlei philosophische Einsichten führten schneller zum Märtyrerlos als zum Familienglück. Deshalb richtete er mit zusammengebissenen Zähnen das Gesuch um Aufnahme in Klasse 2 an den König. Nach einem Vierteljahr erklärten Majestät auf Anfrage, man habe die Bittschrift nie erhalten, sie müsse verlorengegangen sein. Moses setzte eine neue auf: »Ew. Majestät wollen gnädigst geruhen, mir mit meinen Nachkommen dero allergnädigsten Schutz nebst den Freiheiten, die dero Untertanen zu genießen haben, angedeihen zu lassen, in Betracht, daß ich den Abgang an Vermögen durch meine Bemühungen in den Wissenschaften ersetze, die sich Ew. Majestät Protektion zu erfreuen haben.«

Wieder vergingen drei Monate, dann erhielt er endlich das »Privilegium Außerordentlicher Schutzjude«. Er war nun Jude der Klasse 3, der sein Schutzrecht auf niemanden vererben durfte. Die Familie blieb rechtlos. Der Schutzbrief kostete 1000 Taler Gebühren, die Moses nicht aufbringen konnte. Schließlich erließ man sie ihm.

Zwei Jahrzehnte später, im Visier des nahenden Todes, wird Moses Mendelssohn in Sorge um seine Familie noch einmal eine Eingabe verfassen: »Der Berlinische gelehrte Schutzjude Mendelssohn, welcher das Beste der hiesigen Bernhardschen seidenen Warenmanufakturen sich angelegen sein lassen, bittet alleruntertänigst, das ihm verliehene Schutzprivilegium auf seine Nachkommen beiderlei Geschlechts gratis allergnädigst extendieren zu lassen.«

Unterdessen wird er als Philosoph international berühmt sein und enorm erfolgreich als Seidenfabrikant. Trotzdem wird der König unter das Gesuch schreiben: »Vor seine Person wohl gratis. Aber nicht vor seine Kinder.«

Ein Leben lang konnte er die Existenz seiner Familie »auf dem Sande« der Judengesetzgebung nicht sichern oder auch nur »genehmigen« lassen. Er blieb »außerordentlicher Schutzjude«. Friedrichs Judenpolitik von Zuckerbrot und Peitsche funktionierte perfekt. Mit kleinen, genau dosierten Zuckerbrotstücken lockte sie jeden, dem Staat besonders nützlich zu sein. Mit der Peitsche stauchte sie alle, die sich zu weit hervortaten, wiederum strikt zusammen, so daß Gleichberechtigung in Wirklichkeit unerreichbar blieb, aber doch als Möglichkeit nie ganz hinter dem Horizont verschwand.

Moses hatte, wie alle anderen Juden, zeitlebens die Gefahr der Ausweisung vor Augen. Als er sich in der Zeitschrift *Literaturbriefe* kritisch über einen Hofprediger und sogar einmal leicht abfällig über die poetischen Versuche Seiner Königlichen Majestät ausließ, war es fast so weit, er stand kurz vor der Verbannung. Die im letzten Moment verhindert werden konnte. Aber als geistig arbeitendes jüdisches Individuum blieb er dem König unheimlich. Friedrich der Große hätte ihn als Kaufmann und mundtot bei weitem mehr geschätzt und ließ ihm eines Tages 20 000 Taler zur Gründung einer eigenen Seidenweberei anbieten, die ihn dann sicherlich mit Arbeit so turmhoch eingedeckt hätte, daß dem Kritisieren und Philosophieren die Luft weggeblieben wäre. Moses leitete das Geld geschickt auf seinen Arbeitgeber um, blieb dessen Geschäftsführer, später Teilhaber der Witwe Bernhard und ging weiter auf dem Höhenweg des Philosophen.

Oft war er es von Herzen leid. Den ständigen Balanceakt, das Großstadtgeschwätz, den hektischen Existenzkampf, den nicht abzuschüttelnden königlichen Druck, die Sisyphusarbeit in der Fabrik, von der er nach wie vor befürchtete, sie verblöde ihn mit der Zeit. Er träumte auch nach seiner Heirat davon, das Joch abzuschütteln. Träumte von freiwilliger Abwanderung. Ein winziges Vermögen hatte er angespart. In etwa zwei Jahren, in noch einmal und noch einmal zwei Jahren könnte es so weit sein, daß pro Jahr mit 400 Taler Ertrag zu rechnen wäre. Wegziehen. In ein beschauliches Städtchen! Wo es sich billig und abgeschieden leben läßt. Mit Zeit. Zeit für das Wesentliche.

Aber die Oase hätte doch gewisse Voraussetzungen zu erfüllen: Es müßten bereits ein paar, wenn auch ja nicht zu viele jüdische Familien darin wohnen, in einem winzigen genehmigten Getto, denn für ein einzelnes »Geschwür der menschlichen Gesellschaft« gäbe es ja nicht einmal ein Wohnrecht. Man müßte für nicht allzuviel Geld irgendeinen herrschaftlichen Schutz erringen können, sonst wäre man zum Abschuß prädestiniert. Und dieses Paradies hätte eine Art literarisches Leben aufzuweisen, damit man nicht ganz von den Neuigkeiten der gelehrten Welt abgeschnitten wäre.

Hätte. Sollte. Müßte. »Ich muß indessen anfangen, darauf bedacht zu sein, sonst schlentern meine Jahre so nacheinander hin, und am Ende habe ich weiter nichts getan als vegetiert.«

Die Oase oszillierte als Fata Morgana »auf dem Sande«. Es gab keinen Ruhepol, keine goldene Kleinstadtidylle, keine Philosophenfluchtburg. Er mußte sich weiterschleppen und immer weiterschleppen mit dem Bleigewicht am Fuß. In Berlin. Unter den Augen des argwöhnischen Königs, der in seiner großmäuligen Toleranz allen Minderheiten, von Hugenotten bis Herrenhutern, Pietisten, Hussiten, Sozinianern, Türken und schlesischen Schwenkfeldianern, seinen Schutz ohne Wenn und Aber angedeihen ließ, die Juden jedoch mit seinem eingefressenen Haß und seiner langen Würgeleine zu ewig ungesicherten Unter-Untertanen erniedrigte. Am Schluß seines Lebens riet Königliche Hoheit sogar noch seinem Neffen, dem Thronfolger, zur Rücksichtslosigkeit in allem, was das jüdische Volk, das notwendige Übel, betraf.

Mußte man bei so viel Druck nicht früher oder später das Rückgrat brechen und zur Sklavenseele verkümmern? Moses zweifelte in vielen bösen Stunden an seiner Durchhaltekraft.

Deshalb erschrak er fast zu Tode, als ihn die schweizerische »Patriotische Gesellschaft« einlud, ihr Mitglied zu werden. Diese Vereinigung verstand sich als Zusammenschluß aufgeklärter Vertreter verschiedener Berufe – von Ökonomie über Landwirtschaft und Jurisprudenz bis zu den Geisteswissenschaften. Als interdisziplinäres Gremium, das Denkmodelle für die Herausforderungen der Zukunft konzipieren wollte. In der klug vorausblickenden Annahme, der Fortschritt in der komplizierter werdenden Welt werde vom Zusammenwirken der Wissenschaften bestimmt. Ausgewählte fremdländische Koryphäen waren hochwillkommen, und es zeugt für die Unvoreingenommenheit der Schweizer Initiative, daß sie dem Juden Moses Mendelssohn die Mitgliedschaft antrug. Seine Schrift *Über das Erhabene und das Naive* hatte den Gründer der Gesellschaft, Isaak Iselin, einen Basler Ratsschreiber, Historiker und Philosophen, begeistert.

Moses – ja, Moses lehnte ab. Obwohl er sich aufs allerhöchste geehrt fühlen mußte. Warum?

Er halte sich nicht für würdig, als mehrfach verkrümmter Untertanenmensch in eine Vereinigung der Schweiz einzutreten. Er sei nicht fähig zu einem nützlichen Beitrag.

Die Schweizerische Republik stellte für die deutschen Aufklärer das politische Ideal dar, so unerreichbar wie die höchsten, von ewig haltbaren Schneemützen gekrönten Schweizer Berggipfel. Namentlich die Preußen lebten in einer Monarchie, deren Zangengriff unlösbar schien. »Der glückliche Republikaner«, schrieb Moses in seinem Absagebrief, »übersiehet die menschliche Gesellschaft aus einem weit höheren Gesichtspunkte als der monarchische Untertan. Und der monarchische Untertan ist noch weit über den Standort hinweg, der *mir* im bürgerlichen Leben zugewiesen. Die bürgerliche Unterdrückung, zu welcher uns ein sehr eingerissenes Vorurteil verdammt, liegt wie eine tote Last auf den Schwingen des Geistes und macht sie unfähig, den Flug des Freigeborenen jemals zu versuchen.« Die Zeit ging. Glück und viel Traurigkeit. Der Vater starb, ein Kind starb, kaum geboren, ein naher junger Freund starb.

Ganz plötzlich kam er doch noch, der ersehnte Lichtblick. Kam und blendete allen Übeln die Härte weg. Lessing erschien 1765 eines Tages unangemeldet in Berlin. Stand vor der Tür des Lessing-Mendelssohn-Hauses und nahm Moses in die Arme. Als ob man sich nie getrennt hätte. Das Wiedersehen muß ein Freudenfest gewesen sein. Lessings Anwesenheit hob sofort wieder die Schmerzen auf in einen höheren Sinnzusammenhang. Nichts schien mehr vergeblich erlitten oder geglückt. In Lessings Gegenwart, nur in der seinen, lösten sich die Fesseln wie von selbst, die Kerkertüren brachen in sich zusammen, Moses fühlte sich wieder als Mensch, einzig als Mensch, ohne herabsetzendes Attribut. Lessings selbstverständliche Freundschaft erlöste ihn wieder aus jeder Stigmatisierung, jeder Stagnation, regte ihn an und beflügelte seinen flugbereiten Geist.

Zwei Jahre hatte es seit dem Kriegsende noch gedauert, bis Lessing sich endlich vom Dienst als Sekretär bei General Tauentzien losmachte.

Gleich nach dem elenden Friedensschluß hatte er gehen wollen. Hatte angekündigt, daß sein »itziges Engagement von keiner Dauer« sein könne, daß »ich meinen alten Plan, *zu leben,* nicht aufgegeben«. Fünfunddreißig Jahre alt, vermutete er sich »über die Hälfte meines Lebens, und ich wüßte nicht, was mich nötigen könnte, mich auf den kürzeren Rest desselben noch zum Sklaven zu machen«. Dem unterstützungsbedürftigen Vater, der ihn gern auf Lebenszeit in militärischen Diensten gesehen hätte, verkündete er, man müsse ihn von allen Ansprüchen auf ein »fixiertes Glück« weit entfernt sehen. »Ich brauche nur noch einige Zeit, mich aus allen Rechnungen und Verwirrungen, in die ich verwikkelt gewesen, herauszusetzen, und alsdann verlasse ich Breslau ganz gewiß. Wie es weiter werden wird, ist mein geringster Kummer. Wer gesund ist und arbeiten will, hat in der Welt nichts zu fürchten.«

»Der alte Plan zu *leben*«. Zeitlebens stieß er mit seinem groß angelegten Lebensentwurf an die Gitterstäbe enggefaßter Zwänge. Die Laufbahn eines »freien« Schriftstellers – er versuchte sie als einer der ersten immer wieder – verlief damals noch tausendmal unfreier als heute. Und jede finanzielle Absicherung war mit Unterwerfung verquickt. Vor Jahren hatte er eine Professur in Königsberg nur deshalb abgelehnt, weil er einmal im Jahr eine vor Subordination triefende Lobrede auf den König hätte halten müssen. Und war er nicht aus Berlin, dessen goldene Freiheitlichkeit er als Scheingold entlarvt hatte, geflohen? Nun floh er aus der Mordsfreiheit des Militärlebens und landete – noch einmal in Berlin. Einer seiner Teufelskreise. Weil er da seine angefangenen Werke vollenden wolle. Und weil die Stelle des Vorstehers der königlichen Bibliothek frei geworden war, von der er sich eben doch insgeheim eine relativ windstille Nische für sein Dichterdasein versprach. Der Krieg hatte ihm die erste feste Anstellung beschert, er forderte das Recht auf sicheres Auskommen auch im Frieden. Einflußreiche Bekannte hatten ihm Hoffnungen gemacht – und da war er nun, zum Vergnügen seiner Freunde, zum maßlosen Entzücken seines Freundes Moses!

1765, das Jahr, in dem sich die Kartoffel als menschliches Nahrungsmittel in ganz Deutschland verbreitet, das Jahr, in dem J. Watts die »moderne Dampfmaschine« erfindet, das Jahr, in dem Spallanzani die Konservierung durch Luftabschluß entdeckt.

Wie Gotthold und Moses das Glück des neuen Zusammenseins feierten? Wie Lessing mit Fromet und dem Töchterchen Brendel umging? Worüber sich die Mannsbilder die Köpfe zerbrachen im Lessing-Mendelssohn-Haus? Ganz sicher führten sie abendfüllende Gespräche über die Weltordnung nach dem Krieg, über Philosophie und Literatur im allgemeinen – und vor allem anderen über ihre neu entstehenden Arbeiten. Moses auf seinem Stühlchen sitzend, Lessing durch die Stube tigernd, wie immer.

Das lange entbehrte laute Denken ließ sich jetzt besonders spannend an, weil die beiden wieder einmal – jeder vom eigenen Standort aus – die Fühler in vergleichbare Betrachtungsräume streckten. Beide beschäftigten sich mit einer Geschichte aus der griechischen Antike. Verschiedene Geschichten, die das Wichtigste gemeinsam haben: Im Mittelpunkt steht ein Mann, der ermordet wird, weil er unbequeme Wahrheiten ausspricht. Die Ausgangsfrage war in beiden Arbeitsprojekten die gleiche: Wie verhält sich ein Mensch, wenn er unmittelbar vor seinem gewaltsamen Tod steht?

Gewaltsamer Tod, gewaltsame Unterdrückung der Wahrheit. So kurz nach dem Krieg ließ dieses Thema alle anderen unwichtig erscheinen. Ein Grauen, das verwunden, bewältigt, sublimiert werden mußte. Eine Betroffenheit, die mit der Analyse der armseligen Gegenwart nicht zu verarbeiten war. Abgesehen davon, daß die Zensur jede noch so zaghafte Kritik an herrschenden Zuständen unterband.

Lessing und Mendelssohn waren nicht allein mit ihrem Interesse am klassischen Griechenland. Der zwölf Jahre ältere Kunsthistoriker Johann Joachim Winckelmann, Ostdeutscher wie sie, früher in Dresden tätig, jetzt in Rom als Präsident der Altertümer und Skriptor der vatikanischen Bibliothek, beeinflußte mit seinen Büchern die deutsche Ästhetik. Seine

Betrachtung der griechischen Meisterwerke, deren »edle Einfalt und stille Größe« er pries, wurde berühmt, weil sie der aufkeimenden deutschen Sehnsucht nach dem absolut Schönen, Reinen, Guten, nach Strenge und Klarheit der Formen Ausdruck gab. Seine deutsch-idealisierende, oft verfälschende Betrachtung der Antike war ein Anstoß für die Entfaltung des Klassizismus, der später in der Goethezeit ganz Europa erfaßte. Ein Jahr nach dem Siebenjährigen Krieg erschien bereits sein Hauptwerk: *Geschichte der Kunst des Altertums*.

Mendelssohn und Lessing gehörten zu den ersten deutschen Schriftstellern, die sich im Diskussionswettstreit mit Winckelmann in die faszinierende Kulturgeschichte des alten Griechenlands vertieften. Aber auf ihre Weise. Sie idealisierten nicht. Sie schönten nicht. Sie vereinfachten nicht. Sie verdrängten nicht die Wildheit und Buntheit der Mittelmeerkultur. Sie suchten in ihr, was sie überall suchten, den Weg zur Wahrheit.

Lessing wählte die Form der geisteswissenschaftlichen Betrachtung anhand eines antiken Meisterstücks der Bildhauerkunst, der *Laokoon-Gruppe*. Sie war im ersten vorchristlichen Jahrhundert auf Rhodos geschaffen worden. Später von den römischen Eroberern nach Rom entführt. Dort über tausend Jahre verschollen, dann leicht beschädigt im Jahr 1506 wiederentdeckt. Ein grandioses Steingebilde, das Generationen von Künstlern inspirierte und bis heute die vielen Betrachter beeindruckt.

Laokoon soll als Priester in Troja gelebt haben, zur Zeit des Trojanischen Kriegs, der drei Jahre länger dauerte als der Siebenjährige, der gerade hinter Lessing lag. Ein Eroberungskrieg um die Stadt Troja an der kleinasiatischen Küste zwischen den angreifenden Griechen und den abwehrenden Trojanern. Kein Massenkrieg, aber bis heute im Weltbewußtsein, weil Homer ihn als Krieg der Kriege, als Inbegriff eines Kriegs, in seiner *Ilias* verewigte.

In jeder Phase sollen die ränkesüchtigen Götter auf der einen oder anderen Seite Partei ergriffen haben. Ein Krieg der Götter und der

Menschen. Also weder für die Trojaner noch für die Griechen mit den Mitteln der offenen Schlacht zu gewinnen.

Deshalb ersann der griechische Krieger Odysseus die List mit dem Pferd. Die Griechen zimmerten ein hölzernes Pferd, in dessen Bauch zwanzig oder fünfzig, nach manchen Schilderungen dreihundert bewaffnete Männer Platz hatten. Nachts bestiegen die mutigsten Krieger mit einer Strickleiter das Innere des Ungetüms. Die anderen machten ihre Schiffe flott, täuschten den Abbruch der Belagerung vor, stachen in See, hielten sich aber hinter der nächsten Insel versteckt.

Alles ging genau nach dem Plan des listenreichen Odysseus. Trojanische Späher meldeten im Morgengrauen, der Feind sei verschwunden. Nur die Riesenfigur des Pferdes, einer Tiergattung, die den Trojanern in jeder Erscheinungsform heilig war, stand auf dem blutgetränkten Boden vor der Stadt. Sie trug eine Inschrift, die sie der Göttin Athene weihte mit dem Spruch, sie sei ein Opfer der Griechen für göttlichen Beistand und sichere Rückkehr in die Heimat.

Trojas König Priamos, der auf keinen Fall Athenes heiliges Eigentum entweihen wollte, befahl, das Pferd in die Stadt zu wuchten. Obwohl man wegen seiner Übergröße den Sturzbalken des Skaeischen Tors herausnehmen mußte. Obwohl eine Prophezeiung verhieß, wenn dieser Balken je entfernt werde, müsse Troja fallen.

Die königliche Entscheidung löste den dramatischen Auftritt des Apollo-Priesters Laokoon aus. Laokoon kam von der hohen Tempelburg heruntergestürzt und erhob seine Stimme. Er warnte seine Leute eindringlich vor dem Geschenk der Griechen. Er schleuderte sogar einen Speer dagegen, der dem Holztierbauch ein Stöhnen entlockte.

Weil er die Wahrheit gesagt hat, muß Laokoon sterben. Aus dem Meer gleiten zwei Schlangen an Land. Sie winden sich zielgenau auf Laokoon zu, nicht nur auf ihn, auch auf seine beiden kleinen Söhne, die links und rechts neben ihm stehen. Sie ringeln sich tödlich fest um die zarten Kinderkörper. Umschlingen dann Leib, Hals und Arme des Vaters, beißen, würgen, erdrücken auch ihn.

Das hölzerne Ungetüm wird trotzdem in die Stadt gezerrt. Sobald nach einem rauschenden Friedensfest alle in Tiefschlaf gefallen sind, entsteigen die Griechen dem Bauch des Holzkleppers, schänden die Frauen, stecken die Häuser in Brand, wehren den zu spät erwachenden Widerstand ab, metzeln alles nieder. Sie haben den Sieg erschlichen, mit einer so schrecklich leicht durchschaubaren List.

Die Figurengruppe aus Rhodos, fast tausend Jahre nach dem Untergang Trojas entstanden, zeigt Laokoon und seine Söhne im Moment der Todeswahrheit. Die Schlangen liegen kunstvoll geringelt um ihre Leiber, vergeblich versuchen sie, sich mit ausgestreckten Armen, mit bloßen Händen der Umklammerung zu erwehren. Die Sterbensqual ist auf den Gesichtern festgehalten, nicht als subjektive Schreiverzerrung, sondern als überzeitlich gebändigter Schmerz.

Lessing nahm die Darstellungskraft der Skulptur eigentlich nur als Ausgangspunkt für sein Postulat einer scharfen Trennlinie zwischen den beiden Kunstformen Bild und Literatur. Während die bildende Kunst das Konzentrat eines Augenblicks festhält, schildert die Literatur den Hergang einer Geschichte in seiner Häßlichkeit und Schönheit, in der Bewegtheit des Glücks und des Leidens. Laokoons Sterben würde ein Dichter im tragischen Ablauf des Geschehens erfassen, während der bildende Künstler einen ästhetisch fixierten Moment als unbewegliche Form für sein Kunstwerk wählt.

Eine Selbstverständlichkeit. Aber Lessing kam es darauf an, den Literaturbegriff neu zu definieren. Er proklamierte eine bewegliche Literatur, die komplexe Vorgänge schildert und nicht in starren Beschreibungen gefriert wie die meisten Dichtungen seiner eigenen höfischen Epoche. Damit schuf er, wenn auch in schwer verständlichen Formulierungen, die Grundlage für eine neuzeitliche, entkrampfte, lebendige, dynamische: eine bürgerliche Dichtung.

Im Denk-Kosmos der Freundschaft von Lessing und Mendelssohn wuchs über die Zeiten ein hintergründiges Geflecht gegenseitiger Anregung, dessen einzelne Berührungspunkte manchmal erst Jahre nach der ersten Erörterung sichtbar wurden. Schon vor dem Krieg, im *Briefwechsel über das Trauerspiel*, hatte Moses eine Bemerkung zur Laokoon-Gruppe gemacht und den Ausdruck des geronnenen, sozusagen besiegten Schmerzes in den Gesichtern dieser Plastik als Beweis dafür angeführt, daß der Betrachter keinesfalls nur Mitleid, sondern mindestens ebensoviel Ehrfurcht beim Anblick eines Kunstwerks empfinden solle.

Da war es wieder. Das alt-neue Lessing-Mendelssohn-Thema. Durch Lebenserfahrung, durch Kriegserfahrung vertieft. Die Tragödie. Der leidende Mensch. Das Strafgericht der Macht über den Erkennenden, der die Wahrheit sucht und nicht anders kann, als die Wahrheit zu sagen.

Das verspielte Gefecht von Lessings Mitleid mit Mendelssohns Bewunderung hatte sich überlebt. Transformiert in eine substantielle geistige Suche, bei Lessing nach gesellschaftlichem Fortschritt, bei Moses nach der letzten Wahrheit des Lebens und des Todes.

Der Streifzug in die griechische Kultur, das Studium der griechischen Staatsform mit ihren Demokratieversuchen machte beiden ungeheures Vergnügen. Es steigerte sich in der freundschaftlichen Diskussion wie im einsamen Schreiben zum fruchtbaren geistigen Abenteuer.

Den protestantisch-deutschen Pfarrerssohn Lessing, in Sprödigkeit und Zurückhaltung erzogen, bereicherte das Studium des ungehemmten mediterranen Charakters auch persönlich. Vielleicht half es sogar zu einem tieferen Verständnis für die früher so befremdenden Gefühlsausbrüche des Freundes Moses. »Schreien ist der natürliche Ausdruck des körperlichen Schmerzes«, erklärt Lessing der drögen deutschen Leserschaft in seinem *Laokoon*. »Aber *unsere* Ureltern waren Barbaren. Alle Schmerzen verbeißen, dem Streiche des Todes mit unverwandtem Auge entgegensehen, unter den Bissen der Nattern lachend sterben, sind Züge des alten, nordischen Heldentums. Nicht so der Grieche! *Er* fühlte und furchte sich; *er* äußerte seine Schmerzen und seinen Kummer; *er* schämte sich keiner der menschlichen Schwachheiten; keine mußte ihn aber auf dem Wege nach Ehre und von der Erfüllung seiner Pflicht zurückhalten. Was bei den Barbaren aus Wildheit und Verhärtung entsprang, das wirkten bei ihm Grundsätze.«

Moses Mendelssohns Vorfahren waren aus dem Mittelmeerraum nach Norden gewandert. Eruptiver Gefühlsausdruck, verbunden mit dem Ringen um ethische Grundsätze, entsprach seinem Wesen. Wenn er sich mit seinem neuen Projekt ebenfalls ins alte Griechenland begeben hatte, wenn es auch ihn zu einer griechischen Tragödie zog, dann auf andere Art. Er bemächtigte sich einer philosophischen Schrift der Antike, stellte aber nicht von außen Betrachtungen eines Spätergeborenen über die altgriechische Kultur an, um Schlüsse auf die zeitgenössische zu ziehen, sondern nahm sich das Werk als Ganzes vor. Nicht um es neu zu übersetzen oder zu bearbeiten, sondern um es quasi von innen heraus für seine eigene Zeit neu zu schreiben. Nämlich den *Phaedon* des großen Philosophen Platon, der im 4. Jahrhundert vor Christus gelebt und gewirkt hatte.

Ein anmaßendes Unterfangen. Immerhin ging es um einen der berühmtesten philosophischen Texte. Moses hatte schon zur Kriegszeit an Lessing geschrieben: »In unseren mündlichen Unterredungen ist es jederzeit Ihr Amt gewesen, die nützlichen Materien aufs Tapet zu bringen, in dem Wettlauf den ersten Schritt zu tun, und mich zum Nachdenken aufzumuntern. Mein Geist ist ohne alle Bewegung, wenn Sie nicht seine Triebfedern aufziehen. Fangen Sie von einer Materie an, von welcher Sie wollen, ich folge Ihnen mit Vergnügen. Mein Phaedon liegt mir immer noch in den Gedanken; ich werde fürs erste die zweite Ausgabe meiner kleinen Schriften besorgen, und sodann zur Ausarbeitung dieser Abhandlung schreiten. Leben Sie wohl, mein teuerster, bester Lessing.«

Er hatte geduldig-vertrauensvoll auf Lessings Rückkehr, Lessings anspornende Kritik gewartet. Nun war Lessing da, nun wurden die Triebfedern aufgezogen, die Kräfte aneinander gesteigert. Laut denkend schlossen sie dann gemeinsam die Expedition in die Welt der Antike mit geschärftem Blick auf die Gegenwart ab. Eine Gemeinschaftsarbeit entstand nicht mehr aus dieser neuen Diskussion über ein »Trauerspiel«. Die Zeit der Gemeinschaftsarbeiten war vorbei, die Bereiche hatten sich endgültig voneinander abgegrenzt. Deshalb fielen die beiden Schriften trotz ähnlicher Ausgangspunkte so unterschiedlich aus.

Platons *Phaedon* handelt vom Sterben des zum Tod verurteilten Philosophen Sokrates. Moses erklärte: »Nach dem Beispiel des Plato habe ich den Sokrates in seinen letzten Stunden die Gründe für die Unsterblichkeit der menschlichen Seele seinen Schülern vortragen lassen. Ich habe mir die Einkleidung desselben zunutze gemacht, und nur die metaphysischen Beweistümer nach dem Geschmacke unserer Zeiten einzurichten gesucht.«

Sokrates hinterließ keine eigenen Schriften. Seine Lehren wurden vor allem von seinem verehrungsvollen Freund Platon überliefert.

Dieser Sokrates berührte Moses über die Jahrhunderte als brüderliche Figur. Wie er hatte auch Sokrates in seiner Epoche gelitten unter einem ständig gefährdeten Außenseiterleben. Von den einen als Ethiker gepriesen, von anderen als Aufwiegler verdammt. Seine Philosophie beruht auf der Überzeugung, das sittlich Richtige sei klar erkennbar und lehrbar. Aus dem Wissen um Sittlichkeit folge das Handeln in Sittlichkeit. Exakte Selbsterkenntnis des Individuums war höchstes Ziel. Unermüdlich regte Sokrates in jedem Einzelfall den Menschen, das hieß damals den Mann und nur den Mann, als einmalige Persönlichkeit zur unfehlbaren Begriffsbildung über moralisches Verhalten an. Die individuelle Unterweisung jedes wißbegierigen Jünglings interessierte Sokrates, nicht das Niederlegen einer Theorie. Weiß ich, was ich bin, so weiß ich auch, was ich soll. In sich selbst findet Sokrates zufolge der Mensch das göttliche Daimonion, das ihm weist, was er tun und meiden soll.

Sittlich richtig ist ein Handeln, das den echten Nutzen des Menschen, der Menschengemeinschaft befördert und damit die »menschliche Glückseligkeit«.

Genügsamkeit ist die höchste Tugend. Wer am wenigsten nach materiellen Schätzen strebt, ist der Gottheit am nächsten. Nur wer sich selbst beherrscht und damit stets der richtigen Einsicht folgt, ist auch fähig, andere zu beherrschen.

Ein solcher Mensch allein hat das Recht, als Staatsmann zu wirken. In der Kompetenzfrage spitzte sich seine Kritik am Staat und den politischen Führern zu. Niemand, sagte Sokrates, würde einem unfähigen Steuermann oder Arzt Leib und Leben anvertrauen. Aber in der Politik, die das gesellschaftliche Zusammenleben bestimmt, reißen Unkundige und Unfähige die Macht an sich, sehr oft zum Verderben des Volkes.

Kein Wunder, daß Sokrates einflußreiche Feindschaften bis in die höchste Regierungsebene auf sich zog.

»Schwierigkeiten und Hindernisse«, sagte Moses, »standen dem Sokrates im Wege, als er den großen Entschluß faßte, Tugend und Weisheit unter seinen Nebenmenschen zu verbreiten. Er hatte, von der einen Seite, seine eigenen Vorurteile der Erziehung zu besiegen, die Unwissenheit anderer zu beleuchten, Bosheit, Neid, Verleumdung und Beschimpfung von Seiten seiner Gegner auszuhalten, Armut zu ertragen, festgesetzte Macht zu bekämpfen, und, was das Schwerste war, die finsteren Schrecknisse des Aberglaubens zu vereiteln. Von der anderen Seite waren die schwachen Gemüter seiner Mitbürger zu schonen, Ärgernisse zu vermeiden, und der gute Einfluß, den selbst die albernste Religion auf die Sitten der Einfältigen hat, nicht zu verscherzen.«

Wenn Moses den Sokrates beschrieb, sprach er von eigener Gratwanderung, eigener Absturzgefahr.

Mit siebzig Jahren wurde Sokrates zum Tod verurteilt. Weil seine Wahrheit, wie die Wahrheit des Laokoon, den Machthabern unerträglich erschien. Nicht gottgesandte Schlangen erstickten ihn. Er wurde von Menschen inhaftiert und genötigt, ein Gefäß mit einem Gifttrunk, den Schierlingsbecher, zu leeren. »Die Anklage war:«, erläuterte Moses, »Sokrates handelt wider die Gesetze, indem er 1) die Götter der Stadt nicht verehrt und eine neue Gottheit einführen will, und 2) die Jugend verderbet, der er eine Verachtung alles dessen, was heilig ist, beibringet. Seine Strafe war der Tod.«

Phaedon schildert die letzten Gespräche des Sokrates. Er sitzt in seiner Todeszelle. Er weiß, daß ihm ein Diener der Regierungsgewalt den Giftbecher bringen wird. Er hat nur noch kurze Zeit. Um ihn sind seine Freunde und Schüler versammelt, mit ihnen diskutiert er über das Sterben als Pforte zu individueller Transzendenz. Am Ende trinkt Sokrates vor den Augen seiner Getreuen den Becher aus. Das Gift ätzt langsam, von den Füßen aufwärts, sein Körperinneres zu Tode. Er leidet so, er stirbt so, wie es Lessing seinerseits an der griechischen Laokoon-Figur bewunderte: offen-sichtlich, ohne Hemmung im Äußern des Schmerzes, aber gehalten durch die Kraft der Grundsätze.

Um Grund-Sätze ging es Moses in anderem Sinn als Lessing. Er suchte nach den letzten Wahrheiten der Metaphysik. Im Sterben des Sokrates äußerte er eigene Gedanken über das Leben nach dem Tod. Er entwikkelte seine Theorien um so freier, als er im griechischen Gewand jeder christlich-jüdischen Spannung enthoben war. »Ich muß einen Heiden haben«, gestand er mit Augenzwinkern, »um mich auf die Offenbarung nicht einlassen zu dürfen.«

Zuerst erzählt Sokrates den Freunden von seiner Vorfreude auf den Tod und vom Sinn des Sterbens. Dem wahren Philosophen müsse der Tod niemals schrecklich, sondern immer willkommen sein, weil er seine ganze Lebenszeit dazu verwende, mit dem Tod vertrauter zu werden. Sich auf den Tod vorbereiten. Sterben lernen. Tod als Ziel des Lebens. Das traf sich mit Lessings christlich geprägter Überzeugung, ein vernünftiger Mensch könne weit eher das Leben als den Tod für eine Strafe halten.

Moses-Sokrates geht in seinen Mutmaßungen zum Leben nach dem Tod weit über Platon hinaus. Daß die Seele unsterblich ist, erscheint als Grundthese, die vor allen Erwägungen feststeht. Zwischen Geist und Seele macht er keinen Unterschied, das Vermögen, zu denken und zu wollen, nennt er Seele. Solange allerdings diese Geistseele untrennbar mit dem Körper verwachsen ist, sind ihrer eigentlichen Bestimmung, nämlich Wahrheit und Vollkommenheit zu finden, zu enge Grenzen gesetzt, da der Körper mit seinen ewigen Bedürfnissen, Anfälligkeiten und Schwächen die Entfaltung der Seele stört.

»Kann also die Seele«, erklärt Sokrates seinen Freunden, »so lange sie im Leibe wohnet, die Wahrheit nicht deutlich erkennen, so müssen wir eines von beiden setzen: entweder wir werden sie nie erkennen, oder wir werden sie nach unserm Tode erkennen, weil die Seele alsdann den Leib verläßt.«

Sokrates ist sicher, daß sich die Seele nach dem Tod nicht verflüchtigt, sondern wie alle Erscheinungen des Universums dem Gesetz der fortwährenden Veränderung folgt. »Sie wird also fortdauern, ewig vorhanden sein. Erwäget aber dieses, meine Freunde! Wenn unsere Seele nach dem Tode ihres Leichnams noch lebet und denkt, so muß sie einen Willen haben. Wohin kann dieser anders zielen, als nach dem höchsten Grade der Glückseligkeit. Wer also auf Erden für seine Seele Sorge getragen hat, wer sie sich in Weisheit und Tugend hat üben lassen, der hat die größten Hoffnungen, auch nach dem Tode von Stufe zu Stufe sich dem erhabensten Urwesen zu nähern, welches die Quelle aller Weisheit, der Inbegriff aller Vollkommenheit ist. Aber der Weg ist unendlich, kann in Ewigkeit nicht ganz zurückgelegt werden. Daher kennet das Fortstreben in dem menschlichen Leben keine Grenzen.«

Ob der menschliche Wille in die entgegengesetzte Richtung steuern, sich und die Welt zerstören kann, wie es uns heute ständig als Gefahr vor Augen steht? Das zieht Moses-Sokrates bereits erschrocken in Erwägung – um es gleich als Unmöglichkeit von sich zu weisen: »Daß diese nun sämtlich mitten auf dem Wege stille stehen, nicht nur stille stehen, sondern auf einmal in den Abgrund zurückgestoßen werden, und alle Früchte ihres Bemühens verlieren sollten, dieses kann das allerhöchste Wesen unmöglich belieben, und in den Plan des Weltalls gebracht haben, der ihm vor allem wohlgefallen hat.«

Schließlich die Frage aller Fragen: In welcher Form wird die Seele nach dem Tod des Menschen weiterleben? Als identische, fortschreitende Individualität in nachkommenden Körpern? Als ewig wandelbare Substanz in neuem Leben überhaupt? Oder, losgelöst von Leiblichkeit, als freie Kraft in der Sphäre? »Es dürfte jemand von Euch sprechen«, sagt Sokrates. »Wo werden sich unsere abgeschiedenen Geister aufhalten? Welche Gegend des Aethers werden sie bewohnen? Womit werden sie sich beschäftigen? Auf welche Art werden die Tugendhaften belohnt und die Lasterhaften zu besserer Erkenntnis gebracht werden? Wenn mich jemand dieses fragt, so antworte ich: Freund, ich habe dich durch alle Krümmungen des Labyrinths geführt, und zeige dir den Ausgang: hier endiget sich mein Beruf. Andere Wegweiser mögen dich weiter führen.«

Moses hatte den weitestmöglichen Bogen über die Erdenklichkeiten des Weiterlebens nach dem Tod gespannt. Die Unsterblichkeit der Seele selbst hatte er mit Besonnenheit, Klarheit und literarischer Eleganz bekräftigt. Seine These, daß sich die Seele erst nach dem Tod ihrer vollkommenen Form nähern könne, in welcher Gestalt auch immer, hatte die Substanz eines großen philosophischen Werks aus der Antike mit den Ideen der Zeit verbunden. Die Frage über die Erscheinungsform der unsterblichen Seele hatte er offengelassen und damit weder einer Weltweisheit noch einer Weltreligion ihre Vorstellungen bestritten. Respektvoll und kreativ zugleich hatte er die Kraft des alten Werks benutzt – und für die Gegenwart erweitert durch die sublime Kunst seiner Neugestaltung.

Die beiden »griechischen« Bücher der Freunde erschienen im Abstand eines Jahres, zuerst *Laokoon* 1766, dann *Phaedon* 1767. Lessings

Laokoon oder über die Grenzen der Malerei und Poesie wurde kontrovers diskutiert und von den Speichelleckern der Monarchie als Gefahr erkannt. Man vermutete zu Recht, es ziele auf eine Befreiung der zeitgenössischen Kultur aus ihrem absolutistischen Herrschaftskorsett. Es plädiere für eine aufgeklärte Dichtung mit allgemeinverständlichen Themen, die alle Menschen unmittelbar angingen und sie herausrissen aus ihrer bebilderten Untertanenlethargie. Lessings Vision der entfesselten, unzensierten Literatur wurde dann von den Schriftstellern der nächsten Generationen begierig aufgegriffen. Er bereitete ihnen das Feld. Kein Wunder, daß im Moment des Erscheinens *Laokoon* noch ein zwiespältiges Echo fand, wie alles, was dieser stürmisch vorauseilende Genius der Öffentlichkeit preisgab. Kein Wunder, daß *Laokoon* für die ersehnte Bibliothekarsstelle nicht gerade hilfreich war.

Ganz anders erging es gegen alle Erwartung Moses Mendelssohn mit seinem *Phaedon oder über die Unsterblichkeit der Seele*. Die Wirkung dieser Schrift explodierte sofort zum Riesenerfolg! Ihre erste Auflage war bereits nach vier Monaten vergriffen, die zweite und dritte folgten im Abstand von je einem Jahr. Das Buch wurde in zehn Sprachen übersetzt, als epochale philosophische Schrift gepriesen, als Spitzenwerk der deutschen, der europäischen Aufklärung.

So besonnen, so klar, so transparent hatte niemand außer ihm die Unsterblichkeitsbeweise vorgeführt. Vor allem entzückte die Sprache, kein Philosophenkauderwelsch, sondern eine literarisch geschliffene, leicht zu begreifende, verführerische Dichtersprache. Auch für eine Leserschaft ohne Vorbildung waren die Zusammenhänge mühelos faßbar, was dem Buch die Breitenwirkung sicherte. Das Wagnis der Verschmelzung eines starken Werks der klassischen Antike mit den Ideen der Gegenwart wurde nicht mit Verrissen, sondern mit allseitiger Anerkennung überschüttet.

Das Buch kam, wie jeder durchschlagende Erfolg, zu einer bestimmten Zeit einem bestimmten Bedürfnis des Publikums entgegen. Die Geschöpfe der Aufklärung vermißten plötzlich einen seelischen Halt, da die neue Rationalität die alten Offenbarungssätze verdrängte. Der heraufziehende Materialismus und das Vordringen der technischen Revolution beunruhigten die Menschen. So wirkte die weitgefaßte Unsterblichkeitsdeutung im *Phaedon*, die für jede Vernunft und jeden Glauben Raum ließ, nicht bloß wie eine philosophische Abhandlung. Sie wirkte wohltuend wie eine religiöse Stütze, die dem Werden und Vergehen die Eisigkeit linderte, nicht nur das, den Schrecken des Todes aufhob in die aufklärerische, gutbegründete Zuversicht, daß die Seele nicht verloren sei, sondern sich im Licht der Unsterblichkeit erst entwickeln werde zu ihrer wesenhaften Form.

Dieser Gedanke rief allerdings auch Kritik hervor, besonders von der Seite des jungen Theologen und späteren Goethe-Freunds Johann Gottfried Herder, der sich den Menschen als Einheit aus Leib und Seele vorstellen wollte und nicht an eine selbständige, sogar bessere Entwicklung der Seele nach dem Tod des Körpers glaubte.

Nichts konnte jedoch den Siegeszug des *Phaedon* aufhalten. Moses war durch die Trennmauern gebrochen, er galt fortan als philosophische Kapazität. Vor allem schien es, als ob er den Graben, der einen deutschen Juden von anderen Deutschen trennte, mit einem kraftvollen Wurf zugeschüttet hätte. Wenigstens in der gebildeten Welt, wenigstens für die eigene Person. Die zeitgenössischen Schöngeister rieben sich die Balken aus den Augen und zweifelten plötzlich an der Unfehlbarkeit ihres Vorurteils, daß Juden »unwissende, der deutschen Kultur unfähige Menschen« seien. Ein verdutzter Bewunderer beschrieb es so: »Jeder rechnete es sich zur Ehre, den deutschen Plato, wie er fortan vorzugsweise genannt wurde, zu sprechen, von ihm zu lernen, mit ihm in Correspondenz zu treten.«

Im Erscheinungsjahr des *Phaedon* mußte Moses allerdings wieder einmal das tun, was für ihn das Schlimmste war: Abschied nehmen von seinem liebsten Freund. Lessing hatte natürlich den Bibliothekarsposten nicht bekommen. Sollte der König etwa den gefährlichsten Kritiker seiner Willkür dauerhaft im vulkanischen Geistesleben der

Hauptstadt etablieren? Nur heraus aus dem Pelz mit der Laus. Man hatte Lessing hingehalten, ihm immer wieder den Speck unter die Nase gehalten, ihn mit der Absage schließlich um so härter getroffen. Ein höfischer Günstling aus Frankreich, garantiert ungefährlich, bekam die Stelle. Nach zwei Jahren zermürbenden Bangens um ein nicht allzu aufreibendes Amt, das endlich etwas Ordnung in seine Verhältnisse gebracht hätte, kehrte Lessing der »verzweifelten Galeere«, wie er Berlin nannte, dem »sklavischsten Land von Europa« verbittert und für immer den Rücken.

Sein Weggang war ein Rauchzeichen für den Bruch des echten, gesellschaftlich engagierten Aufklärertums mit einer literarischen Scheinaufklärung, die sich in gelehrten Florettfechtereien erschöpfte, doch nie die Machtverhältnisse in Frage stellte. Lessing war nicht gezwungen, in Berlin zu haften wie Moses. Er war frei. Vogelfrei. Und flog wieder aus. Berlin verlor ihn und war sich nicht im mindesten bewußt, wen es da verlor.

In ein freieres Land wollte er ausfliegen, auch Lessings Traum war noch nicht ausgeträumt. »Auf was ich nach Hamburg gehe?«

Nach Hamburg also. In die Freie Reichsstadt. Eine stolze, große, lebendige Hafenstadt, keine Fürstengaleere. Und auf was also ging er nach Hamburg? Auf das, womit er sich nicht zum ersten- und noch nicht zum letztenmal in einer Lebenskrise am eigenen Schopf aus dem Sumpf zog. Lessing aktivierte die so oft vernachlässigte, die stärkste seiner Begabungen. »Ich will meine theatralischen Werke, welche längst auf die letzte Hand gewartet haben, daselbst vollenden und aufführen lassen. Solche Umstände waren notwendig, die fast erloschene Liebe zum Theater wieder bei mir zu entzünden. Ich fing eben an, mich in andere Studien zu verlieren, die mich gar bald zu aller Arbeit des Genies würden unfähig gemacht haben.«

Im lebenslangen Tauziehen zwischen Theorie und Kunst gewann die Kunst wieder einmal die Oberhand. Diesmal nicht allein zum »Verfertigen« von Theaterstücken, die meistens auf unzulänglichen Bühnen verkümmerten, sofern sie überhaupt gespielt wurden. Wenn er das Theater verändern wollte, mußte er es selbst mitgestalten. Fast zwanzig Jahre nach dem Glück und Absturz bei der Neuberin ließ er sich noch einmal – diesmal mit Haut und Haar – auf einen Theaterbetrieb, ein Theaterexperiment ein. Er war gereift, er hatte mit seinen dramatischen Werken eine fruchtbare Saat gelegt. Es schien Zeit für die Ernte auf den Brettern, die Neuerung bedeuten können. Zeit für die Zurichtung der Schaubühne zum Forum eines aufgeklärten bürgerlichen Selbstbewußtseins.

»Ich habe mit dem dasigen neuen Theater, und den Entrepreneurs desselben, eine Art von Abkommen getroffen, welches mir auf einige Jahre ein ruhiges und angenehmes Leben verspricht.« Ein ruhiges und angenehmes Leben? Beim Theater?

Der Literat J. F. Löwen, Gatte einer Schauspielerin, Schwiegersohn eines Theaterdirektors der Neuber-Zeit, betrieb in Hamburg mit Elan und Durchsetzungskraft die Gründung eines »Deutschen Nationaltheaters«. Der Name war Programm. Deutsches Theater, von französischem Einfluß erdrückt, hatte ja immer noch zuwenig eigene Ausdrucksform gefunden. Außer Lessing, dem berühmten, aber verkannten Theatergenie, gab es kaum wichtige deutsche Dramatikertalente. Goethe war siebzehn Jahre alt, Schiller acht, Kleist und Hebbel noch nicht geboren. Die Saat im Boden noch, ein Brachfeld mit Lessing als einsam aufragendem, von bösen Winden gezaustem Baum.

Gerade deshalb gründete J. F. Löwen sein Deutsches Nationaltheater. Hier wollte er endlich deutsche Dramendichtung, deutsche Schauspielkunst enwickeln. In hoher literarischer und darstellerischer Qualität. Mit einem fest engagierten Ensemble, das er als einzig richtige Alternative zur künstlerischen und wirtschaftlichen Misere umherziehender Truppen sah. Platter Unterhaltung, niedriger Erfolgshascherei erteilte er von vornherein eine strenge Absage.

Allerdings stand ihm keine städtische oder staatliche Einrichtung mit öffentlichen Geldern zur Verfügung, wie es der Name »Nationaltheater« suggeriert. Auch kein fürstliches Mäzenatentum. Nein, eine

Handvoll Hamburger Kaufleute mit unterschiedlichem Ruf und momentan einheitlich gutem Willen zeigte sich bereit, das Unterfangen wirtschaftlich zu stützen.

Am Gänsemarkt stand seit zwei Jahren eine fast ideal gebaute Schaubühne. Das Erdgeschoß aus Stein, am Eingang ein eleganter kleiner Vorbau, gehalten von zwei schlanken Säulen, links und rechts schön geschweifte, doppelbogige Vitrinen für die Schautafeln, darüber der hohe, geräumige Holzbau für Theatersaal und Bühne mit lukenartigen Fensterchen und einer kleinen schrägen Dachkappe.

Unangenehmerweise wurde das Theater recht erfolgreich von einer Truppe unter der Leitung des Schauspielers Ackermann bespielt. Löwen hielt Ackermann für einen stumpfen Mimen ohne geistigen Überblick, unfähig zur Führung eines anspruchsvollen Hauses. Er intrigierte so ausdauernd, daß er bald mit tätiger Beihilfe einer Komödiantin der Ackermann-Truppe und mit dem neuen Geldgeber-Konsortium sein Ziel erreichte: Ackermann wurde als Direktor abgedrängt, ihm blieb nur ein Gnadenbrot als Darsteller. Die meisten Künstler mußten einem neuen Ensemble weichen. Löwen, und nur Löwen, hieß jetzt der Direktor.

Der Umstürzler demonstrierte programmatischen Wagemut. Er verpflichtete den umstrittenen Gotthold Ephraim Lessing, den besten Dramatiker und schärfsten Kritiker des deutschen Sprachgebiets, für ein Jahresgehalt von achthundert Talern als Berater und Schriftsteller. Das ehrgeizige Deutsche Nationaltheater nahm seine Arbeit auf. Ein ruhiges und angenehmes Leben? Lessing übersiedelte voll Tatendrang nach Hamburg, bezog ein schmales Giebelhäuschen am Brook, einer gemütlich-engen, baumbestandenen Gasse, stürzte sich in die Arbeit und, was ihm besonders gefiel, in eine lebensfrohe Geselligkeit.

Am 22. April 1767 fand die festliche Eröffnung des Nationaltheaters statt. Dargeboten wurde das zwar mittelmäßige, aber garantiert deutsche Drama *Olint und Sophronica* des früh verstorbenen Stückeschreibers Cronegh. Und ab Mai veröffentlichte Lessing eine begleitende kritische Theaterzeitung, die viel später berühmt wurde als *Hamburgische Dramaturgie*.

Damit integrierte er, wie es seinem doppelseitigen Genie entsprach, die Theorie in die Kunst. Eine Neuheit. Zum erstenmal wurde das flüchtige Theaterspiel konzeptionell festgehalten. Lessing, der notorische Initiator, brachte die Dramaturgie als mitgestaltende geistige Kraft auf den Weg. In seinen ungeschminkten Analysen beschrieb er die feinsten Problemschattierungen der dramatischen Kunst. Und ihrer praktischen Umsetzung, die von Unwägbarkeiten, Erfolgen und Reinfällen, Unsterblichkeiten und Eintagsfliegen-Flügelschlägen begleitet ist. Er heftete die Schmetterlinge auf Papierblätter und forschte sie aus. Er benannte als einer der ersten professionelle Erfordernisse für Theaterkünstler, schlug Sicherheitspflöcke in das schwankende Berufsbild, entwarf Grundregeln für die Entwicklung anspruchsvoller Dramatik und Schauspielkunst. Er beschwor in vielen Aufsätzen seine kühne Vision eines künftigen deutschen Theaters. Denn dieses konnte ja nichts anderes sein als der Spiegel einer aufgeklärten deutschen Bürger-Gesellschaft, wie er sie sich vorstellte. Forum für das Lebensgefühl mündiger Menschen, ihrer Glücksmomente und Probleme.

Auch sich selbst stellte er offen und ehrlich zur Debatte. Er beschrieb das permanente Ausschwingen seines Talents zwischen Schöpfertum und Forschertrieb. Den wechselseitigen Ansporn von Produktivität und Kritik oder Selbstkritik.

»Ich bin weder Schauspieler noch Dichter«, bekannte er. »Nicht jeder, der einen Pinsel in die Hand nimmt und Farben verquistet, ist ein Maler. Die ältesten von jenen Versuchen sind in den Jahren hingeschrieben, in welchen man Lust und Leichtigkeit so gern für Genie hält. Was in den neueren Erträgliches ist, davon bin ich mir sehr bewußt, daß ich es einzig und allein der Kritik zu verdanken habe.« Und dann kehrte er mit radikalem Freimut das Innerste seiner Schöpfernatur nach außen. »Ich fühle die lebendige Quelle nicht in mir, die durch eigene Kraft sich emporarbeitet, durch eigene Kraft in so reichen, so frischen, so reinen Strahlen aufschießt: ich muß alles durch Druckwerk und Röhren aus mir herauf pressen. Ich würde so arm, so kalt, so kurzsichtig sein, wenn ich nicht einigermaßen gelernt hätte, fremde Schätze bescheiden zu borgen, an fremdem Feuer mich zu wärmen und durch die Gläser der Kritik mein Auge zu stärken.«

Mit dem überscharfen Blick der Verzweiflung hat er sicher den Anteil seiner schöpferischen Kraft zu gering bewertet.

Verzweiflung? Ja, Verzweiflung. Die Erscheinungsnummer, in der seine Selbstanalyse stand, war auch schon die letzte der *Theatralischen Nachrichten*.

Wie immer, wenn Lessing die Theaterwelt zu seiner eigenen machte – nach kürzester Zeit stürzte wie aus Sturmwolken ein Fluch auf das Unternehmen. Es kam, wie es kommen mußte. Eine deutsche Nation existierte noch nicht, wie sollte da ein deutsches Nationaltheater gedeihen? Oder war es einfach nur Versagen auf allen Seiten? Oder war das Versagen nur ein Spiegel der Verhältnisse? Jedenfalls, schon vier Wochen nach Beginn der Spielzeit sproß der Spaltpilz. »Es ist Uneinigkeit unter den Entrepreneurs und keiner weiß, wer Koch oder Kellner ist.«

Die Machtkämpfe verschärften sich mit dem ausbleibenden Erfolg. Das Publikum für ein so ungewöhnliches Unternehmen ließ sich nicht aus dem Boden reißen, es hätte mit unendlicher Geduld herangezogen werden müssen. Lessing hat ja in seiner Zeitschrift liebevoll-sarkastisch die Arme nach ihm ausgestreckt:

»Es komme nur, und sehe und höre, und prüfe und richte. Seine Stimme soll nie geringschätzig verhöret werden, sein Urteil nie ohne Unterwerfung vernommen werden. Nur daß sich nicht jeder kleine Kritikaster für das Publikum halte, und derjenige, dessen Erwartungen getäuscht werden, auch ein wenig mit sich selbst zu Rate gehe, von welcher Art seine Erwartungen gewesen. Nicht jeder Liebhaber ist ein Kenner! Man hat keinen Geschmack, wenn man nur einen einseitigen Geschmack hat; aber oft ist man desto parteiischer ... Der Stufen sind viel, die eine werdende Bühne bis zum Gipfel der Vollkommenheit zu durchsteigen hat. Alles kann folglich nicht auf einmal geschehen. Der Langsamste, der sein Ziel nur nicht aus den Augen verlieret, geht noch immer geschwinder, als der ohne Ziel herumirret.«

Das Hamburger Publikum. Das waren überwiegend kaufmännisch orientierte Bürger einer Stadt, die längst nicht so frei war, wie es schien, weil ihr Reichtum auf der Abhängigkeit von England und Frankreich und auf dem internationalen Zwischenhandel basierte. Das Hamburger Publikum wollte nicht in einem Deutschen Nationaltheater »prüfen und richten«, nicht »mit sich zu Rate gehen« oder seinen Geschmack veredeln oder mit den Künstlern langsam viele Stufen »durchsteigen«. Es wollte auf hergebrachte Art mit Gaukel- und Theaterspiel unterhalten sein und zeigte dem Nationaltheater angewidert die kalte Schulter.

Einen langen Atem hätte das Unternehmen gebraucht, um über Durststrecken eine lernfähige Zuschauerschaft heranzubilden. Aber der Atem war kurz. Die Einnahmen kläglich. Sogar Lessings *Minna von Barnhelm* ging im Herbst – von der Zensur endlich freigegeben – ohne Anklang über die Bretter. Dabei gaben alle Mitwirkenden ihr Bestes. Besonders von der lustigen, großäugigen, spitznasigen Susanne Mecour, die die Franziska spielte, war Lessing begeistert, sehr begeistert, wie klatschsüchtige Zungen tuschelten. Aber der Zuschauerraum blieb fast leer. Es war todtraurig; niemand nahm die wunderbare *Minna von Barnhelm* zur Kenntnis, während zu gleicher Zeit eine Bande »lumpichter und elender französischer Gaukler« in Hamburg dem Nationaltheater die Zuschauer abjagte.

Die inneren Kämpfe wurden verbissener. Die Schauspieler meuterten. Hatte der Schreibstubenmensch Lessing eigentlich das Recht, ihnen arrogant zu erklären, was Schauspielkunst und die »Durchbildung« eines Ensembles sei? Was schrieb er doch in der hauseigenen Zeitung? »Wir haben Schauspieler, aber keine Schauspielkunst. Meiner Absicht nach sollten diese Blätter hauptsächlich der Kritik der Schauspieler gewidmet sein; ich sehe aber wohl, daß mit diesem Volke nichts anzufangen ist; sie nehmen Privaterinnerungen übel, was würden sie bei einer öffentlichen Rüge tun; ich werde es also wohl die Autoren müssen entgelten lassen.« Verrat! Nestbeschmutzung! Gab es nicht von außen Ablehnung genug? Brauchte man auch noch innerbetriebliche Schelte, die nach außen getragen wurde? Und hatte Lessings kopflastiger, treudeutscher Spielplan nicht die Hauptschuld an der Misere? Lag es nicht auf der Hand, daß ein erfolgversprechendes deutsches Repertoire durch Abwesenheit glänzte?

Erfolg. Mißerfolg. Erfolg steckt sich jeder an den Hut, Mißerfolg schiebt jeder auf alle möglichen Schultern, nur nicht auf die eigenen. Der Niedergang war unaufhaltbar. Die besseren Schauspieler wanderten ab. Schulden, geifernde Gläubiger, schwächliche Rettungsversuche – eine Zeitlang ließ man zur Aufbesserung der Kasse sogar einen spanischen Gaukler gastieren. Das war das Ende. Nach 270 Spielabenden wurde das Theater aufgelöst. »Der süße Traum«, stöhnte Lessing, »ein Nationaltheater hier in Hamburg zu gründen, ist schon wieder verschwunden; und so viel ich diesen Ort nun habe kennen lernen, dürfte er wohl gerade der sein, wo ein solcher Traum am spätesten in Erfüllung geht.«

Als ob ein Tiefschlag allein nicht weh genug getan hätte: Lessing scheiterte gleichzeitig an einem Druckerei- und Verlagshaus, das er in Hamburg mit einem Freund gegründet und unter Einsatz seiner letzten Geldreserven zu betreiben versucht hatte. Auch dieses Projekt ging nicht nur an kaufmännischer Unerfahrenheit zugrunde. Sondern auch an seinem hochgespannten Programm, das der Zeit in seiner Art genausoweit vorauseilte wie die Nationaltheater-Idee. Es zielte auf einen Selbstverlag der Autoren mit überschaubaren Rechten und Einnahmen. Auf eine fundierte Schriftstellerexistenz, eine rechtliche Neudefinition der Stellung des Autors in der Gesellschaft. Womit der große Vorkämpfer auch diesem Berufsstand aus der Freiwild-Existenz geholfen hätte.

Aber Deutschland war in Hunderte von Fürstentümern zerstückelt, hinter jeder Grenze stellte jeder Gauner hemmungslos Raubdrucke her. Kein Autor konnte mit ordentlichem Ertrag für seine Bücher rechnen. Man erwartete, daß der Dichter sein Brot in irgendeiner Amtsstube erbuckelte oder gefälligst hungerte. Um der undankbaren Welt mitzuteilen, was er mitzuteilen notwendig fand, hatte Lessing selbst oft genug alles eingesetzt, was er besaß. Dieser Mißstand mußte doch beseitigt werden! Aber die Zeit war noch längst nicht reif. Weder für ein anspruchsvolles Staats-Theater noch für eine abgesicherte literarische Produktion. Die beiden Pionierwerke, in waghalsiger Gleichzeitigkeit begonnen, gingen an ihrer rettungslosen Verfrühtheit zugrunde.

Zweifacher Schiffbruch an mörderischen Klippen. Die Schulden schossen hoch wie Ozeangischt. Sie verschlangen den Rest seiner kostbaren Bibliothek und waren danach nur teilweise bezahlt. 40 Jahre alt, stand Lessing vor dem totalen Bankrott. Er war zermürbt, erschöpft, am Ende. »Hochzuehrender Herr Vater«, gestand er dem hilfsbedürftigen Altpfarrer Lessing. »Wenn es möglich wäre, Ihnen zu beschreiben, in was für Verwirrungen, Sorgen und Arbeiten ich seit Jahr und Tag stecke, wie erschöpft ich mich oft an Leibes- und Seelenkräften befunden: ich weiß gewiß, Sie würden mir mein zeitheriges Stillschweigen nicht allein verzeihen, sondern es auch für den einzigen Beweis meiner kindlichen Achtung und Liebe halten.«

Um »unseren lieben Moses« konnte sich Lessing in seiner Lebenskrise kaum kümmern, er grüßte ihn hie und da zerstreut über andere. Moses vermißte den Freund schmerzlich wie immer. Und hätte gerade jetzt den Beistand des einzigen vorurteilsfreien Deutschen bitter nötig gebraucht. Denn für ihn schliff sich der schriftstellerische Erfolg – ganz anders als für Lessing, aber um so nachhaltiger – zum zweischneidigen Schwert, das sich bald gegen ihn richtete.

Der Siegeszug seines *Phaedon* wurde ihm unheimlich. Er beschwerte sich, die »Kunstrichter« gingen eher zu nachsichtsvoll als zu streng mit ihm um. Nicht über ungerechten Tadel, eher über ungerechtes Lob habe er zu klagen, »davon mich die Selbsterkenntnis versichert, daß es übertrieben ist. Unmäßiges Lob pflegt mehr die Absicht zu haben andere zu demütigen, als den Gegenstand desselben anzuspornen.«

Lobte man ihn so krampfhaft, um das latent schlechte Gewissen an seiner Person abzustreifen wie Schmutz am Türvorleger? Mit der Umkehrung eines Sündenbocks zum Tugendbock? Oder um ihn mit dem Lob erst recht zu isolieren? Oder alles in einem? Die Winkelzüge toleranzfeindlicher Strategen sind schwer zu durchschauen. Jedenfalls wurde Moses durch seinen hochgepeitschten Ruhm zum Ausnahme-Juden, zum Renommier-Juden, an dessen Beispiel jedermann demonstrieren konnte: Wenn sich ein Jude so herausmacht, bin ich der erste, der ihn lobt. Verhielten sich alle wie er, könnte man über alle besser denken. Aber leider sind die meisten genauso minderwertig wie eh und je, so daß man sie verachten muß. Wenn wir diesen einen anerkennen, führen wir den Beweis unserer Unvoreingenommenheit.

Moses Sohn des Mendel geriet also durch seine hochgepeitschte Berühmtheit erst recht ins Wildwasser. Der Ruhm verschlimmerte die mehrfache Zerrissenheit seiner bürgerlichen Existenz, und kein Lessing war da, die Härten mit seiner Menschlichkeit zu lindern.

Einerseits war Moses in die herrschende deutsche Kultur vorgestoßen; andererseits hatte er sich von der Befindlichkeit seiner Glaubensgenossen, zu denen er sich doch gehörig fühlte, gefährlich weit entfernt. Einerseits war er nicht nur ein berühmter Philosoph, sondern auch ein leitender Mitarbeiter der Seidenfabrik, in der er wirkte; andererseits: Wenn er die Kreise, in denen er Ansehen genoß, hinter sich ließ, wenn er mit seiner Familie zum Beispiel einen Spaziergang durch Berlins Straßen unternahm, wo ihn niemand kannte, was geschah dann?

Er selbst hat eine jüdische Familienpromenade um 1770 in Berlin so geschildert: »Ich ergehe mich zuweilen des Abends mit meiner Frau und meinen Kindern. Papa! fragt die Unschuld, was ruft uns jener Bursche dort nach? Warum werfen sie mit Steinen hinter uns her? Was haben wir ihnen getan? – Ja, lieber Papa!, spricht ein anderes, sie verfolgen uns immer in den Straßen, und schimpfen: Juden! Juden! Ist denn dieses so ein Schimpf bei den Leuten, ein Jude zu sein? – Ach! Ich schlage die Augen unter, und seufze mit mir selber: Menschen! Menschen! wohin habt ihr es endlich kommen lassen?«

An der Dürftigkeit seines Lebenszuschnitts änderte sich nichts. Sein Ruhm brachte ihm nie den geringsten materiellen Lohn. »Allhier in diesem duldsamen Lande lebe ich gleichwohl so eingeengt, durch wahre Intoleranz so von allen Seiten beschränkt, daß ich meinen Kindern zuliebe mich den ganzen Tag in einer Seidenfabrik einsperren muß, und den Musen nicht so fleißig opfern darf, als ich es wünsche.«

Ein einziges Mal war Besserung in Sicht. Wie dem Freund Lessing das Trugbild der Bibliotheksstelle wurde auch ihm die Chance zu einem wissenschaftlichen Amt vorgespiegelt. Die Königliche Akademie der Wissenschaften schlug Moses Mendelssohn tatsächlich als ordentliches Mitglied der Philosophischen Klasse vor. »Jetzt vor der Hand« sei keine Pension damit verbunden, schrieb ihm die Akademie. Aber in der Formulierung »vor der Hand« schimmerte doch die Möglichkeit, dies könne sich eines Tages ändern. Die Akademie würde sich freuen, wenn ihm eine solche Position nicht zuwider sei. In diesem Fall werde der Vorschlag dem König unterbreitet. Moses wagte sogar zu hoffen.

Die Mitgliedschaft hätte höchste Ehre bedeutet und die bisher unerreichbare institutionelle Abstützung seiner wissenschaftlichen Tätigkeit. Wenn schon nicht an der Universität, so doch bei einer preußischen akademischen Einrichtung. Eines Tages hätte sich vielleicht sogar mit der endlich gewährten Pension die Arbeit in der Seidenfabrik auf ein Minimum drücken lassen. Aber: Friedrich der Große strich den Namen Mendelssohn auf der Kandidatenliste aus.

»Warum?« fragte Moses. Und antwortete mit Galgenhumor: »Religionshaß ist es doch sicherlich nicht.« Majestät hatten nur das Zukkerbrot zurückgezogen und mit der Peitsche geknallt. Vielleicht das nächste oder übernächste Mal? Immerhin war das Zuckerbrot doch in Reichweite?!

»Aber müde machen sollen uns selbst die Großmächtigsten nicht«, ermutigte sich Moses. »Es müssen mehrere und immer mehrere unter uns aufstehen, die sich ohne Geräusch hervortun, und Verdienste zeigen, ohne lauten Anspruch zu machen.«

Moses glaubte, seine »Nation« könne unter Aufbietung aller Kräfte und Fähigkeiten, anspruchslos, ohne mißliebig aufzufallen, eines Tages heraufsteigen aus den Schächten der Verfemtheit. Die Schaukelpolitik des Königs nährte und nutzte diesen stillen, absoluten, fast übermenschlichen Einsatz. Nutzte diese Hingabe, die noch über hundertfünfzig Jahre das Verhalten deutscher Juden – und ihr Schicksal – bestimmt hat.

Den König hat Moses nie persönlich kennengelernt, es gibt keinen Anhaltspunkt dafür, daß er je bei diesem janusgesichtigen, vielzüngigen Monarchen empfangen worden wäre. Schloß Sanssoucis sah er höchstens von weitem erstrahlen, wenn er sich überhaupt je bis nach Potsdam wagte.

Bis – ja bis eines Tages der kursächsische Staatsminister Freiherr von Fritsch, zu Besuch beim König, seine Neugier auf den Außenseiterphilosophen bekundete. Also wurde Moses auf »gegen morgen Mittag« in den Gästeflügel der königlichen Residenz bestellt. »Morgen Mittag« war der 30. September 1771, er fiel leider auf einen jüdischen Feiertag, den Schemini Azeret, an dem Juden nicht reisen durften.

Moses hielt die jüdischen Gesetze an sich immer genauestens ein, aber ein königlicher Befehl war ein königlicher Befehl. Was tun? Er fragte den Oberlandrabbiner, der noch am selben Tag eine Versammlung der Gesetzesverständigen einberief. Die preußisch-jüdischen Schriftgelehrten sprachen, der König sei ein von Gott eingesetzter Herrscher, dem man Genüge tun müsse. Also könne eine Dispensation vom Gesetz für diesen Ausnahmefall erteilt werden. Nur ersuchten sie Moses, er möge um des Volkes willen, das ja die Umstände nicht kenne, zuerst zu Fuß aus dem Berliner Stadttor gehen, dann erst in den Wagen steigen, vor Potsdam wieder aussteigen und sich zu Fuß in die Stadt sowie zum Schloß begeben.

Moses brach also in aller Herrgottsfrühe auf und kam dank der komplizierten Fortbewegung gegen Mittag vors Schloßtor. Auf einer Zeichnung kann man seine Ankunft sehen. Die bescheidene Kutsche, die ihm wohl nachgefahren ist, erkennt man im Hintergrund, er steht zwischen zwei Reihen hoher Bäume auf der Allee, die zum Schloß führt. Er sieht besonders winzig, schief und verwachsen aus, denn außer den Bäumen stehen links und rechts von ihm zwei »lange Kerls« des Königs, junge Männer in Übergröße, wovon einer zusätzlich einen langen, spitzen Hut trägt, den ein geschultertes Gewehr mit aufgestelltem Bajonett noch überragt. Dem anderen, der den halbrunden Hut gelüftet hat und heruntergrinst, übergibt Moses gerade sein Einladungsschreiben und schaut krampfhaft-ängstlich und doch pfiffig zu ihm hoch.

Eine überlieferte Sage erzählt es etwas anders: Der »lange Kerl« am Eingangstor habe von sehr hoch oben herab auf den buckligen kleinen Mann geblickt und ihn gefragt, wer und was er sei. »Ich spiele aus der T-t-t-tasche«, habe Moses gesagt. Und tatsächlich Zugang zum Schloß erhalten. Als später jemand wissen wollte, wie er denn auf eine solche Antwort gekommen sei, habe er lächelnd ein gesellschaftspolitisches Lehrsätzchen geäußert: »Weil ich weiß, daß es für einen Jongleur einfacher ist, ins Schloß zu kommen als für einen j-j-j-j-üdischen Philosophen.«

Den Dauerspagat seines Lebens veranschaulicht eine andere Geschichte, die sich zehn Jahre nach dem *Phaedon*-Erfolg zutrug. Sie zeigt, wie Verhaßtheit und Ruhm an seiner Person aneinanderkrachten: Noch nie hatte er gewagt, eine Universität zu betreten, aber unterdessen war Immanuel Kant in Königsberg zum international berühmten Philosophieprofessor avanciert. Einmal, ein einziges Mal wollte Moses eine Vorlesung von ihm hören. Und machte sich nach Königsberg auf.

An der innerdeutschen Grenze mußte er seine eigene, schon hochgeschätzte Person in der Höhe eines Stück Viehs verzollen, daran konnte niemand etwas ändern, es schmerzte jedesmal. Noch Schlimmeres erwartete ihn, als er den Hörsaal der Universität betrat, in dem Kant seine Vorlesung halten sollte. Der Raum war vollbesetzt mit Studenten und anderen Hörern. Einer davon hat die Szene beschrieben. Danach trat ein kleiner, verwachsener Jude mit Spitzbart und starkem Höcker auf dem Rücken, ohne sich umzusehen, mit ängstlich leisen Schritten in den Raum und blieb zunächst im Türrahmen stehen. Sofort brach Spott- und Hohngeschrei los, das über Schnalzen und Pfeifen in ohrenbetäubendes rhythmisches Stampfen überging. Aber zur allgemeinen Verblüffung blieb der Fremde wie festgewachsen auf seinem Platz stehen, mit eisiger Ruhe, und setzte sich schließlich sogar auf einen freistehenden Stuhl.

Die Ungeheuerlichkeit ließ einen Moment alle Geräusche ersterben. Dann stellte ihn jemand grob zur Rede. Er antwortete höflich, er sei hergereist, um Kants Bekanntschaft zu machen. Wieder kreischendes Gelächter, das sofort erstickte, als Kant erschien, den kleinen Mann betrachtete, ein paar Worte mit ihm wechselte, ihm dann herzlich die Hand drückte und ihn in die Arme schloß. Wie ein Lauffeuer ging es durch die Menge: »Moses Mendelssohn! Es ist der jüdische Philosoph aus Berlin!« Und nach der Vorlesung bildeten die Schüler ehrerbietig eine Gasse, »als die beiden Weltweisen Hand in Hand den Saal verließen«.

Was die zwei in ruhiger Selbstverständlichkeit demonstrierten, war nicht mehr und nicht weniger als das vieldiskutierte Toleranzgebot der Aufklärung. Mit gesellschaftlicher Realität hatte es noch nichts zu tun. Es war zu früh, unendlich viel zu früh für ein Leben, in dem es nicht auf die Abstammung ankommt, sondern auf die Substanz.

Die nervliche Anspannung mußte eines Tages zum Zerreißen führen. Eine so vielfach verzerrte Lebenswirklichkeit zerrüttet die Seele. Der Erfolg nahm mit der Zeit genauso groteske Züge an wie die Unterdrückung. Moses war zur Berliner Kuriosität mutiert. Ein Berlinbesuch schloß für gebildete, aufgeklärte Reisende den Gang zu Mendelssohn mit ein. Zuerst gafften sie den kleinen Juden beim Rechnen im Seidenhandels-Kontor an, dann erlebten sie in seinem gastfreundlichen Haus die vielbeklatschte Metamorphose zum abendländischen Philosophen, disputierten, argumentierten – und ließen sich halb widerwillig, halb bereitwillig beeindrucken von seiner geistigen Präsenz. Schließlich schritten sie im Vollgefühl ihrer epochalen Toleranz von dannen.

Ein besonders beflissener Besucher versetzte schließlich Mendelssohns Standfestigkeit inmitten des irrwitzigen Rummels die Schlagseite. Es war ein Schweizer. Weniger sensibel als die Pioniere der »Patriotischen Gesellschaft«, dafür mit der naiven Selbstherrlichkeit gesegnet, die hie und da in diesem glücklichen Land vorkommt, das immer von den internationalen Spannungen verschont blieb und fast immer von ihnen profitierte.

Johann Caspar Lavater, Pfarrer aus Zürich. Er hatte sich als Schriftsteller einen Namen gemacht, mit religiösen Traktaten, Epen, Bühnenspielen und ganz besonders mit seinen *Fragmenten zur Beförderung der Menschenkenntnis und -Liebe*. Darin präsentierte er die These, man könne aus dem Gesichtsschnitt des Menschen den Charakter erkennen, wenn man nur in den Gesichtern zu lesen verstünde wie in offenen Büchern. Er stand mit vielen Schöngeistern in Verbindung und mischte sich in die Erörterung verschiedenartigster Belange.

Vom obligaten Besuch bei Moses Mendelssohn war er pflichtschuldigst beeindruckt. Um nicht zu sagen begeistert. Aber als er dann daheim im Pfarrhüsli darüber nachgrübelte, wurde ihm klar, daß etwas an der Sache nicht stimmen konnte. Im Gegenteil, hier drohte Gefahr. Denn Mendelssohn war schließlich Jude, so eifrig er sich auch als europäischer Weltweiser gab. Eins mußte aber außer Zweifel stehen: Nur Christen besaßen den Schlüssel zu aufgeklärter Einsicht. Alles andere stellte die Weltordnung auf den Kopf. Mendelssohns Versuch einer übergreifenden philosophischen Perspektive war also nichts anderes als ein getarnter Anschlag auf die Vorherrschaft des Christentums. Wenn Moses christliches Gedankengut in seine Schriften einflocht, dann mochte er am Ende auch jüdische Irrlehren in die Aufklärung schmuggeln! Das fehlte noch! Was tun? Die Berühmtheit des kleinen Juden war mit normalen Mitteln nicht mehr aufzuhalten. Und so forderte Lavater, schlau, wie er war, Moses Mendelssohn unter einem disputationstechnischen Vorwand in einer Briefpublikation zum Übertritt ins Christentum auf.

Damit untergrub er, was Mendelssohn so mühsam errichtet hatte. Denn er machte nicht nur ihm, sondern vor allem der Öffentlichkeit klar, daß ein Jude besser nicht in die höheren Sphären der Geistigkeit vordringen sollte. Und die Aussicht auf Gleichberechtigung als konvertierter Christ? Sie war leerer Wahn, das wußte Lavater genau. Im nächsten Jahrhundert wird Heinrich Heine, wie andere auch, diesen Schritt tun und erleben, daß ihn die Christen niemals als Christen, die Juden nicht mehr als Juden anerkennen. Für Moses stand eine solche Lösung außerhalb jeder Diskussion. Er war Jude und fühlte sich als Jude, das hatte er nie verleugnet. Er hatte es als Philosoph mit übergeordneten Erkenntnissen nur nicht zu Markte getragen, weil er unnötige Grenzen überwinden wollte, absurde Grenzen, mit denen Menschen verschiedener Abstammung voneinander getrennt werden sollen.

Vielleicht ahnte Lavater in seiner älplerischen Tapsigkeit nur ungefähr, welchen Tiefschlag er Moses versetzte. Er wußte nichts von der Not des Ausgegrenzten, den man, mit der Vortäuschung, ihn erheben zu wollen, in den Abgrund zurückstößt. Deshalb erschrak er ehrlich über Mendelssohns Reaktion, die so viel tieferen Schmerz als den augenblicklichen erkennen ließ. Moses schrieb: »Dieser Schritt von Ihrer Seite hat mich außerordentlich befremdet. Da Sie sich der vertraulichen Unterredung noch erinnern, die ich das Vergnügen gehabt, mit Ihnen auf meiner Stube zu halten; so können Sie unmöglich vergessen haben, wie oft ich das Gespräch von Religionssachen abzulenken gesucht habe, wie sehr Sie in mich dringen mußten, bevor ich es wagte, in einer Angelegenheit, die dem Herzen so wichtig ist, meine Gesinnung zu äußern. Wenn ich nicht irre, so sind Versicherungen vorhergegangen, daß von den Worten, die bey der Gelegenheit vorfallen würden, niemals öffentlich Gebrauch gemacht werden sollte.« Fassungslos fragte er Lavater: »Was hat Sie also bewegen können, mich wider meine Neigung auf einen öffentlichen Kampfplatz zu führen, den ich so sehr gewünscht nie betreten zu dürfen?« Nun stand Moses überrumpelt auf dem Kampfplatz. »Ich begreife nicht, was mich an eine dem Ansehen nach so überstrenge, so allgemein verachtete Religion fesseln könnte, wenn ich nicht im Herzen von ihrer Wahrheit überzeugt wäre.«

Wenn es nur das gewesen wäre. Aber Lavater hatte aus Moses unter vier Augen vorsichtige Kritik an der momentanen Verfassung des Judentums herausgelockt. Kritik, die aus dem Mund eines Juden, dessen Religion sowieso permanent am Pranger stand, wie Verrat wirkte. Lavater hatte diese Vorbehalte sofort veröffentlicht und in seinen Bekehrungsversuch umgemünzt. Moses, in die Enge getrieben, mußte sich gleichfalls vor der Öffentlichkeit verteidigen: »Ich werde es nicht leugnen, daß ich bei meiner Religion menschliche Zusätze und Mißbräuche wahrgenommen, die leider! ihren Glanz nur zu sehr verdunkeln. Wir erkennen ihn alle, diesen vergiftenden Hauch der Heuchelei und des Aberglaubens. Allein von dem Wesentlichen meiner Religion bin ich so fest, so unwiderleglich versichert, als Sie nur immer von der Ihrigen sein können.

Die verächtliche Meinung, die man von einem Juden hat, wünschte ich durch Tugend, nicht durch Streitschriften widerlegen zu können, und in öffentlichen Schriften nur von denen Wahrheiten zu sprechen, die allen Religionen gleich wichtig sein müssen. Ich habe das Glück, so manchen vortrefflichen Mann, der nicht meines Glaubens ist, zum Freunde zu haben. Niemals hat mir mein Herz heimlich zugerufen: Schade für die schöne Seele.«

Beschwörend fuhr er fort: »Ich bin ein Mitglied eines unterdrückten Volkes. Ist es doch nach den Gesetzen Ihrer Vaterstadt Ihrem beschnittenen Freunde nicht einmal vergönnt, Sie in Zürich zu besuchen. Ich möchte nicht gerne in Versuchung kommen, aus den Schranken zu treten, die ich mir mit so gutem Vorbedachte selbst gesetzt habe.«

Lavater gab sich nicht zufrieden. Zu genüßlich schwamm er in der wellenschlagenden Resonanz auf seinen Vorstoß. Und nach den Gesetzen der christlichen Religion, die im Gegensatz zur jüdischen die Bekehrung aller »Heiden« verlangt, fühlte er sich in allerhöchstem Sinn gerechtfertigt. So antwortete er, natürlich wieder öffentlich: »Nötigen will ich Sie freilich nicht, redlicher Wahrheitsfreund. Aber sagen muß ich, was ich schon zu verstehen gegeben habe; ich halte die wesentlichen Argumentationen in Ansehung der Tatbeweise für das Christentum für unwiderleglich. Lassen Sie es mich zur Ehre der Wahrheit heraussagen; ich finde in Ihrem Schreiben Gesinnungen, die mir aufs Neue – verzeihen Sie mir meine Schwachheit – den Wunsch abnötigten: Wollte Gott, daß Sie ein Christ wären! –«

Moses sah ein, daß er in diesem Scheingefecht nur noch verlieren konnte. »Was ich aufrichtig wünsche, ist dieses«, schrieb er bittend an Lavater, »daß Sie das, was Sie für Wahrheit halten, überhaupt verteidigen, ohne gewisse Menschen, noch weniger einen gewissen Menschen, dabei aufzufordern.«

Die gelehrte Leserschaft verfolgte lüstern die öffentliche Kontroverse. Viele nahmen Partei, von den vielen die meisten für Lavaters Standpunkt, der die Kirche wieder einmal ins Dorf rückte. Lessing hörte davon und war so empört wie beunruhigt. »Was macht unser Moses?« fragte er bei anderen nach. »Ich bedaure ihn, daß er von einem Menschen so kompromittiert wird, von dem er sich seine Freundschaft nicht hätte sollen erschleichen lassen. Lavater ist ein Schwärmer, als nur einer des Tollhauses wert gewesen.« Aber er kämpfte gerade in Hamburg ums eigene Überleben und griff nicht ein.

Lavater war schließlich zum Waffenstillstand bereit und schrieb: »Vergeben Sie mir – was? Daß ich Sie liebe, – hochschätze – Ihr Glück in der gegenwärtigen und zukünftigen Welt innigst wünsche; vergeben Sie mir, Ihnen dies zu bezeugen, Johann Caspar Lavater.«

Das war vor dem Waffenstillstand der ultimative Dolchstoß. Denn man kann ja einen Menschen mit nichts böser verletzen als mit der Bitte um Verzeihung dafür, daß man sein Bestes gewollt habe, und das

Beste, die »zeitliche und ewige Seligkeit«, konnte nun einmal nur im Christentum liegen. Amen.

Moses war am Ende. Er reichte die Hand zur Versöhnung, allerdings ohne seinen Standpunkt preiszugeben: »Sie sind ein christlicher Prediger, ich ein jüdischer Buchhalter. Was tut dieses? Wenn wir dem Schafe und dem Seidenwurm wiedergeben, was sie uns geschenkt haben, so sind wir beide Menschen. Wir wollen einander aufrichtig alle Unruhe vergeben, die wir uns wechselseitig verursacht haben.«

Lavater ging als Punktsieger von diesem merkwürdigen Schlachtfeld, auf dem er einen kleinen Waffengang im Kampf religiöser Vorurteile gegen aufklärerische Toleranz ausgetragen hatte. Als Sieger deshalb, weil Moses eine Wunde davontrug, die nicht mehr heilen konnte. Um so weniger, als er durch extreme Anstrengung dem Ideal schon ganz nah gekommen war: nämlich mit seiner Geistigkeit die Gettomauern zu überwinden, dem Schicksal des ewigen Juden zu entkommen, einfach ein Mensch zu sein, nichts als ein Mensch, wie er es schon in seiner allerersten Arbeit mit Lessing postuliert hatte, als Beispiel und Vorbild für die Gleichheit aller Menschen.

Mendelssohns schwankende Konstruktion einer neuen, allgemeinen Humanität schien in sich zusammengebrochen. Zu genau derselben Zeit wie Lessings Theater- und Verlagsexperimente. Wie diese zusammengebrochen an ihrer Verfrühtheit. Er, Moses Mendelssohn, würde immer, immer die Ausnahme bleiben, die man bewundert, von der man sich zugleich wünscht, es gäbe sie nicht, weshalb man sie auf die eine oder andere Weise zur Strecke bringt. Wenn auch nur mit Lavaters dummdreistem Satz: »Wollte Gott, daß Sie ein Christ wären.«

Gotthold Ephraim Lessing, gestrandet, die Wrackteile seiner Reformpläne vor Augen, den Schuldenwürgegriff am Hals, war das ganze deutsche Land so leid wie nie im Leben. Wieder dieses Fernweh, dieser felsenfeste Vorsatz zur Flucht. In einen freiheitlicheren Staat, eine schönere Stadt, wo das Leben nicht auf den Menschen lastet wie Blei.

Wo man atmen kann, ohne fast zu ersticken, wo man nicht an Leib und Seele friert, wo nicht jeder Schritt so teuer ist, daß eine kleine Barschaft sofort zerrinnt. Wo die Landschaft lieblicher, die Farben intensiver, die Sonne heller, die Menschen lustiger, die Sinne genußfreudiger sind, wo die Geist-Seele die altbekannten Fesseln endlich, endlich abstreifen kann.

»Und wohin?« fragte Lessing. Und gab auch gleich die Antwort, die vielen Deutschen vor und nach ihm die plausibelste schien: »Geraden Weges nach Rom. Sie lachen; aber Sie können gewiß glauben, daß es geschieht.«

Er rechnete aus, rechnete vor, daß man in Rom für 300 Taler im Jahr leben könne, während in Deutschland 800 Taler nicht ausreichten, und 300 konnte er gerade noch zusammenkratzen. »Wenn das alle ist, wäre es auch hier alle, und ich bin gewiß versichert, daß es sich lustiger und erbaulicher in Rom muß hungern und betteln lassen als in Deutschland.« Hungern und betteln, das Schicksal derer, die der Zeit voraus-eilen. Dann lieber in Rom, wo wenigstens die Sonne aufs Pflaster scheint, auf die Palmen, Pinien und Oleanderbüsche, auf die Kirchen und Tempel und Paläste.

»Ob ich hier oder da bin, daran ist so Wenigen so wenig gelegen – und mir am allerwenigsten!« schrieb er ausgerechnet an Moses, der ihn so leidvoll vermißte, schrieb ihm das im ersten Lebenszeichen seit dem Wegzug nach Hamburg. »Das Halbdutzend Freunde, das ich ungern verlasse, hoffe ich auch in der Ferne zu behalten und zu nutzen.« Moses der Zwangsseßhafte hatte seine Lektion in dieser Freundschaft gelernt, er rebellierte nicht mehr gegen die Absetzbewegungen seines teuren »Schwindlichts«, er war nur ermattet und traurig. »Ich umarme Sie, mein lieber Freund, wünsche Ihnen eine glückliche Reise und bitte, mich nicht ganz zu vergessen, wo Sie auch sein mögen. Ich bin Ihr wahrer Freund Moses.«

Überarbeitung, Kummer, Enttäuschungen – Mendelssohns Gesundheit hielt nicht mehr stand. Nach der Lavater-Attacke wurde er nervenkrank. Es begann so, daß er nach einer unruhigen Nacht plötzlich die Glieder nicht mehr richtig bewegen, nicht laut sprechen, kaum die Augen öffnen konnte. Das ging vorüber, endete aber mit Schwäche, Kopfschmerzen und Benommenheit.

Die Anfälle kamen wieder, immer wieder. Liefen wie Uhrwerke mit gegeneinanderlaufenden Zeigern ab. Er behielt jedesmal sein Bewußtsein und sogar die Fähigkeit, Denkvorgänge systematisch zu verfolgen. Trotzdem konnte er keine willkürlichen Bewegungen mehr vollziehen, kein Glied am Körper mehr regen, keinen Laut von sich geben und die Augen nicht öffnen. Jede Bemühung war nicht nur sinnlos, sie verstärkte das Gefühl, als ob etwas Glühendes vom Gehirn aus abwärts in den Rücken strömen wollte, sich im Hals aber anstaute und nicht mehr frei fließen könnte. Oder als ob jemand mit rotglühenden Ruten seinen Nacken geißelte. Am besten war es, wenn er sich vollkommen ruhig verhielt und abwartete, bis, wie er es ausdrückte, irgendein Ereignis von außen her seine Lebensgeister sozusagen wieder befreite, so daß sich die unterbrochene Verbindung des Kopfs zum Leib wieder schloß.

Da die Anfälle von allein nicht verschwanden, sondern in immer kürzeren Abständen auftraten, verbot der Arzt jede geistige Anstrengung, jedes Schreiben, Lesen, »Diskutieren über gelehrte Dinge«. Also die Arbeit, die den Lebenssinn ausmachte. Dieser Arzt diagnostizierte, die Nervenkrankheit rühre nicht von der Buchhalterei, sondern von der Überforderung im Zusammenhang mit der philosophischen Tätigkeit. Nach zwei Monaten konnte und mußte Moses sogar wieder täglich in die Fabrik gehen, weil das, was er dort tat, nichts mit seinem Inneren zu tun hatte.

Aber seinen eigentlichen Beruf durfte er nicht ausüben. Wie in jedem Lebenszustand dachte er zuerst an Lessing und warnte ihn vor übermäßiger geistiger Anspannung: »Ich fühle mich seit einiger Zeit so übel, daß mir das Lesen und Schreiben völlig untersagt worden ist. Noch diesen ganzen Sommer soll ich so musenlos hinbringen, und – wie jener König – der Menschheit beraubt werden, um unter den wilden Tieren meine Vernunft wiederzusuchen. Leben Sie wohl, mein

Freund! Und mäßigen Sie Ihren Eifer zu lesen und zu denken, damit Sie desto länger aushalten.«

Nicht einen Sommer dauerte das grausame Arbeitsverbot, sondern sechs Sommer, sechs Jahre, sechs mal dreihundertfünfundsechzig Tage. Es war fast wie eine langjährige Zuchthausstrafe. In dieser Ewigkeit betrat Moses vor Verzweiflung sein Arbeitszimmer nicht. Als er doch einmal hineingeriet, sah er den Schreibtisch verstaubt, mit Haushaltsrechnungen oder Quittungen oder belanglosen Briefen überladen. In den Regalen standen Einmachgläser voll süßbunter Konfitüren und Kompotte, von Fromet aus Platznot eingelagert. So wird mein Zimmer nach meinem Tod aussehen, dachte er.

Nach den sechs Stillstandsjahren legte sich die Nervenschwäche, ganz vorbei ging sie nie mehr.

Als Moses wieder auftauchte, stand er an der scharfen Biegung vor einer neuen Wegstrecke. Er hatte buchstäblich am eigenen Leib erlitten, daß es nicht möglich war, mit einem Riesensatz die tausend und abertausend mühseligen Schritte zur jüdischen Emanzipation in diesem besonders toleranzfeindlichen Land, in dieser deutschen Gesellschaft zu überspringen. Er war als deutscher Philosoph zwar scheinbar anerkannt, dann aber auf seine Stellung als »Jude« zurückgestoßen worden.

Im Grund hatte er eine ähnliche Rolle wie die des »Reisenden« in Lessings Jugendstück *Die Juden* gespielt. Die Figur des perfekt angepaßten, weltläufigen Intellektuellen, der eine Weile in der argwöhnischen Umwelt akzeptiert wird. Bis zum dramaturgischen Augenblick der Katharsis. Bis nämlich die totale Verschmelzung mit dem »Deutschen« scheinbar zum Greifen nah ist. In Lessings Stück die Verheiratung mit dem adligen Töchterlein, in Mendelssohns Leben der scheinheilige Bekehrungsversuch des Pfarrers Lavater. Die Zuspitzung nötigt ihn, sich zu offenbaren, sich zu seinem Judentum zu bekennen. Daraufhin wird er wieder auf seine Außenseiterposition zurückgestaucht.

Diese Rolle, geschrieben von seinem besten Freund, entstanden in einer Dachkammer des Hauses, das er nun als Ehemann und Familienvater bewohnte, diese Rolle hatte Moses von Anfang bis Ende durchgespielt. Ausgespielt. Die Zeit glücklicherer Lebensaspekte für diese Rolle war noch längst nicht reif, das hatte schon der blutjunge Lessing gewußt, als er sie, ohne Moses zu kennen, ersann. Und so war es, unverändert, nach zwanzig Jahren aufklärerischer Schwerarbeit.

Mendelssohns Zukunftsrolle konnte in seiner Zeit, an seinem Scheideweg nur die eines jüdisch-deutschen Weltweisen sein, der sein Judentum als mitbewegende Kraft in die geistige Arbeit einbrachte, der auf seinem spezifischen Standort als Jude mitwirkte am Fortschrittswerk der Aufklärung.

Vor allem aber wird er von nun an mit seiner unvergleichlichen Kraft die Reform und Gleichstellung der jüdischen »Nation« in Deutschland vorantreiben, seine Glaubensgeschwister beschützen und nachziehen, ihnen zum Einstieg in die deutsche Kultur verhelfen. Erst dieses Werk, verbunden mit dem philosophischen, wird ihn zu einem »Moses« machen im Anspruchssinn des biblischen Namens.

Weiter wird zu berichten sein, wie Lessing dieser neuen Rolle des Moses mit einer dramatischen Figur ein Denkmal setzte.

Moses Mendelssohn erzählt die Geschichte von der Einfachheit des Gesetzes

Ein Heide sprach: Rabbi, lehret mich das ganze Gesetz, indem ich auf *einem* Fuße stehe!

Samai, an den er diese Zumutung vorher ergehen ließ, hatte ihn mit Verachtung abgewiesen; allein der berühmte Hillel sprach:

Sohn! Liebe deinen Nächsten wie dich selbst. Dieses ist der Text des Gesetzes, alles übrige ist Kommentar. Nun gehe hin und lerne!

ACHTES KAPITEL

Die Gotthold-Liebe

LESSING BETRIEB SEINE AUSWANDERUNG NACH ROM. Unterdessen war Winckelmann in Italien ermordet worden. Und Lessings Italienplan stürzte ab. Diesmal noch vor Antritt der Fahrt. Wieder kappte ihm nicht Unfreiheit wie dem Freund Moses, sondern der Zwingengriff einer Schicksalswendung die Flügel. Kaum hatte er nämlich seine Fluchtpläne geäußert, nutzten Freunde ihre Beziehungen, um ihn doch noch mit einer festen Anstellung an Deutschland zu binden. Und tatsächlich, Herzog Karl I. von Braunschweig, ein Schwager Friedrichs des Großen, bot ihm die Bibliothekarsstelle an der abgelegenen, aber weltberühmten Bibliotheca Augusta in Wolfenbüttel an.

Wolfenbüttel, eine Kleinststadt in der Nähe von Braunschweig. Steht auf besonders feuchtem Grund, Büttel heißt Sumpf, doch in sanfter norddeutscher Landschaft. Ein paar tausend Einwohner damals, überwiegend Handwerker, Kramladenbesitzer und Ackerbauern, hie und da ein Geistlicher oder Bürokrat.

Kleine Häuserformationen wie in Kamenz, nur viel ansprechender und sorgfältig mit Fachwerk durchsetzt. Im Stadtkern die hoch herausragenden, verlassenen Überreste ehemaliger Hofherrlichkeit. Die welfischen Fürsten hatten nämlich schon Anfang der siebzehnhundertfünfziger Jahre das provinzielle Wolfenbüttel als Residenzstadt aufgegeben und waren nach Braunschweig gezogen. Da stand nun im Städtchen ganz verwaist das große, von Holzadern besonders kunstvoll durchzogene Schloß mit seinem steinfigurenbestandenen, feudalen Zugangsbereich und seinen vielen, über drei Stockwerke verteilten Räumen. In einem Nebenhaus des Schlosses hatte Friedrich der Große seine trostlose Hochzeitsnacht verlebt.

Ein paar Meter entfernt die reichhaltige Herzog-August-Bibliothek, der Anziehungspunkt, immer von Gelehrten aus aller Herren Ländern genutzt. Leibniz hatte früher hier als Direktor gewirkt.

Lessing mußte die Entscheidung treffen: Hungere ich lustig und erbaulich in Rom, oder rette ich mich am Ende doch in den honorigen, schrecklich entlegenen deutschen Unterstand?

»Wodurch ich freilich für die Zukunft so ziemlich aus aller Verlegenheit gerissen bin. Aber für das Gegenwärtige ist darum meine Verlegenheit nicht geringer, und es wird mir noch viele Mühe und Sorge kosten, ehe ich mich ganz auf das Trockene setze. Ich stecke hier in Schulden bis über die Ohren, und sehe schlechterdings nicht ab, wie ich mit Ehren wegkommen soll.«

Ehre. Der kalte Fixstern. Und die Wolfenbütteler lockten mit der Versicherung, er müsse seine Italienreise nicht aufgeben, nur verschieben, bis er seinen Arbeitsplatz so gut kennengelernt habe, daß er den Rom-Aufenthalt dafür nützlich machen könne.

Er war älter, müder geworden. Hatte mit einem Riesenfiasko die Illusion begraben müssen, eine kulturelle Reform, wie er sie in Hamburg gleich auf zwei Feldern versucht hatte, mit einem Geniestreich herbeizuzwingen. Trotz wunderschöner italienischer Luftschlösser fühlte er sich plötzlich reif fürs Unterkommen. Unterkriechen. Er sehnte sich nach der Ruhe, die er früher verachtet hatte. Ruhe. Das Sperlingsleben auf dem Dach sei nur gut, wenn man ihm kein Ende abzusehen brauche. Wenn es aber nicht immer dauern könne, dauere es jeden Tag zu lang. Schließlich also, nach reiflicher Überlegung, war der Sperling bereit, vom Dach herunterzuflattern, auf der staubigen Straße bürgerlicher Sicherheit mehr zu humpeln als zu hüpfen oder gar zu fliegen.

Der Hauptgrund ist noch nicht genannt. Lessing hatte in Hamburg die Frau kennengelernt, die er lieben konnte. In einer Kaufmannsfamilie. Auch Moses hatte vor Jahren sein blauäugiges Mädchen in einer Hamburger Kaufmannsfamilie gefunden. Die Lebenspartnerinnen der beiden Mannspersonen waren zwei vernunftbegabte, praktische, einfühlsame, dem Geistig-Musischen zugeneigte Hamburger Frauenzimmer.

In ihren Einzelzügen sind die beiden Liebesgeschichten so verschieden wie das meiste Verwandte in den beiden Leben. Moses, der gesellschaftlich Eingeschränkte, war begabt für persönliches Glück. Er heiratete zur Zeit und rundete seine Existenz mit einer großen Familie. Lessings wesentliche Liebesbeziehung ist so herbstfarbig, so winterschwer, so beladen mit mehr Verzicht als Glück, so paradox auch, wie sie nur ein alternder Mensch erleben kann. Und nur einer wie er.

Rückblende in Lessings Hamburger Ära: Die Kaufmannsfamilie, mit der er in der geschäftigen Stadt bekannt wurde, war die des Tapetenfabrikanten und Seidenhändlers Engelbert König. Seidenhändler wie Moses Mendelssohn, der ihn sogar gekannt und ihm Lessing empfohlen haben könnte. Lessing ging oft zu Besuch in Königs behagliches Haus, es stand ihm jederzeit offen als herzerwärmende Zuflucht, zuerst vor den Kämpfen, dann vor den Rückschlägen seiner Theater- und Verlagsaktivität.

Engelbert König war ein erfolgreicher norddeutscher Großkaufmann. Den Glanzpunkt seiner Gastlichkeit bildete die anziehende, lebhafte, gütige, intelligente Ehefrau Eva. Sie war nicht ausgesprochen schön. Ihr Porträt zeigt ein langgezogenes Gesicht mit hoher Stirn, großen, klugen Augen, deren Oval von länglichen Lidern und Brauen nachgezeichnet wird, einer langen Nase, einem verschmitzten Mund, der sicher gern ironische Aperçus von sich gab, einem länglich spitzen Kinn und einem langen Hals. Die weißgepuderten Haare zu einem schmalen Hochfrisurturm aufgekämmt. Auch ihr Körper war langgliedrig und schmal, die Hände an den langen Armen langfingrig. Die ganze Erscheinung eine harmonische längliche Körperkonstruktion.

Sie war die elegante Zentrumssäule der wohlgeratenen, gutgelaunten Familie.

Hie und da spielte Lessing, zum Taufpaten des jüngsten Sohns Fritz gekürt, mit den vier temperamentvollen Kindern, besonders gern mit Amalie, genannt Malchen, dem ältesten Töchterlein. Immer wieder zog es ihn zu leichtfüßig-beschwingten Unterhaltungen mit der Hausherrin, einem vernünftigen, kunstbegeisterten Frauenzimmer ganz nach seinem Sinn.

Die Idylle zerbrach nach kurzer Zeit, wie die meisten, bei denen Lessing Rast suchte. Es war im Winter 1769. Er stand auf dem Tiefpunkt seines Hamburger Debakels und hegte schon seine Rom-Fluchtpläne, da brach Engelbert König, wie schon oft, nach Italien auf, nicht um den Süden zu genießen, sondern um Rohseide einzukaufen. Lessing muß zu diesem Zeitpunkt schon als engster Hausfreund der Familie geschätzt worden sein, denn König sagte zu ihm, dem gescheiterten Theatermann und Verleger, dem schuldenbeladenen Literaten: »Wenn mir etwas menschliches begegnen sollte, so nehmen Sie sich meiner Frau und der Kinder an.«

Expeditionen in den Süden waren damals riskant, Todesgedanken gehörten immer zur Reisedisposition. Diese Fahrt verlief zunächst nach Plan. Aber am 9. Dezember erkrankte Engelbert König in Venedig an »Nervenfieber« und starb noch vor Weihnachten ganz allein in der winterfeuchten Lagunenstadt.

Sein vorsorglich ins Eventuelle gesprochener Auftrag an Lessing füllte sich unversehens mit härtester Wirklichkeit. Der Ehrenmann Lessing nahm ihn an, nahm ihn auf sich. Wie beim Seidenhändlergehilfen Moses fühlte er sich nun auch bei der Seidenhändlerwitwe Eva – und ihren Kindern – zum Samariter aufgerufen. Seltsam, die beiden engsten Schützlinge, die ihm das Leben anvertraute, hatten – eigentlich unfreiwillig – mit dem Seidenhandel zu tun.

Feine, kluge Menschen, verstrickt in Geschäfte mit riesigen Massen zarter, bunter, schimmernder Stoffe. Tapfer, schwer geprüft, hilfsbedürftig beide, kamen sie auf einer Art Seidenstraße daher und gaben sich in Lessings Schutz. Und er, für den der mitleidigste Mensch der beste war, liebte nie mehr, als wenn er selbst Mitleid empfand.

Die Zuneigung zu Eva wandelte sich mit Engelberts Tod und ihrer Schutzbedürftigkeit in ein echtes Liebesgefühl, bei dem das Mitleiden die treibende Rolle spielte. »Durch die Widerwärtigkeiten, welche Ihnen zustoßen, kann meine Liebe unmöglich erkalten. Eher, fühle ich, daß sie das könnte, wenn Sie sehr glücklich wären.« Die vertrackte Liebeserklärung war reine Wahrheit. Mit über vierzig Jahren konnte er so, und nur so, zum erstenmal sein »fühlbar Herz« in der Liebe zu einer Frau verankern, mit dem Gewicht des Mitleids als Senkblei.

»Freilich würde ich unendlich vergnügter sein, wenn meine Einsamkeit durch den Umgang der einzigen Person belebet würde, nach deren beständigem Umgange ich jemals geseufzet habe.« Einsamkeit. Das Lessingsche Paradox: Kaum war die Frau der Frauen aufgetaucht, vergrub er sich in Einsamkeit wie nie zuvor. Er nahm die Bibliothekarsstelle in Wolfenbüttel an, um eines Tages das gemeinsame Leben in bürgerlicher Sicherheit finanzieren zu können – und lebte dort mutterseelenallein. Ohne Eva, ohne Geselligkeit mit anregenden Gesprächspartnern, die er so sehr brauchte. Hie und da kamen interessante Reisende in die Bibliothek zu Besuch. Aber »Besuche sind kein Umgang; und ich fühle, daß ich notwendig Umgang mit Leuten haben muß, die mir nicht gleichgültig sind, wenn noch ein Funken Gutes an mir bleiben soll. Ohne Umgang schlafe ich ein, und erwache bloß dann und wann, um eine Sottise zu begehen.«

Den einsamen Kampf gegen die provinzielle Schlafmützigkeit führte er ewige sechs Jahre. So lang dauerte es, bis er mit Eva zusammenleben zu können glaubte. Kein enger Gettozirkel wie bei Moses, kein ängstlich-tyrannisches Elternzaudern, keine Moralvorschriften schoben sich ihm als Hürden vors Ziel, keine Niederlassungsrechte waren zu erkämpfen. Nein, die miserable finanzielle Situation und die eigenen Hemmungen, die hochhängenden Vorstellungen von Anstand und Ehre verbauten das Glück. Denn in den Augen der Welt konnte er mit Eva nicht anders als verheiratet zusammenleben. Und ihr Gatte konnte er doch erst sein, wenn alle Schulden bezahlt, alle Verhältnisse geordnet waren. Und wenn er ihr mit seinem Geld einen standesgemäßen Lebenszuschnitt bieten konnte. Von ihrem Vermögen zu zehren – undenkbar für eine ehrenhafte Mannsperson. So verbarrikadierte er sich in Wolfenbüttel als einsamer Kämpfer für eine zweisame Zukunft. Die einzige Ausflucht war eine kleine Zusatzwohnung in Braunschweig, am Ägidienmarkt, im Haus des Weinhändlers Angott. In Braunschweig gab es befreundete, einigermaßen offene Menschen, mit denen er für einzelne Tage so etwas wie ein Stadtleben führen konnte.

»Mir ist itzt nicht selten das ganze Leben so ekel – so ekel!« klagte er. »Ich verträume meine Tage mehr, als ich sie verlebe. Eine anhaltende Arbeit, die mich abmattet, ohne mich zu vergnügen; ein Aufenthalt, der mir durch den gänzlichen Mangel alles Umganges – (denn den Umgang, welchen ich haben könnte, den mag ich nicht haben) – unerträglich wird; eine Aussicht in das ewige, liebe Einerlei – das alles sind Dinge, die einen so nachteiligen Einfluß auf meine Seele, und von der auf meinen Körper haben, daß ich nicht weiß, ob ich krank oder gesund bin. Wer mich sieht, der macht mir ein Kompliment wegen meines gesunden Aussehens; und ich möchte dieses Kompliment lieber immer mit einer Ohrfeige belohnen.«

Nun hatte ihn die Fron des ungeliebten Brotberufs, die er bei Moses mit Schrecken beobachtet und für sich selbst abgelehnt hatte, doch noch eingeholt. Schlimmer sogar. Denn diese Stellung mit allem, was er dafür in Kauf nahm, brachte zunächst – und nicht nur zunächst – einen Junggesellenlohn ein.

Der Herzog hielt Lessing kurz. Mit Vergnügen hielt er den zwar berühmten, aber als oppositionell berüchtigten Freigeist so kurz. Nicht daß Hochdero Gnaden kein Geld gehabt hätten. Der Reichtum kam nicht zuletzt vom Verkauf junger Burschen aus seinem Land als Soldaten in alle Welt. Er gab das Geld mit vollen Händen aus, zum Beispiel für seine Mätressen und für die Nachahmung französisch-aristokratischer Kultur am braunschweigischen Hof. »Balletts, italienische Musik, französische Dramen ...!« Seinem Hofvergnügungsmeister, dem italienischen Abenteurer Nicolini, zahlte er 30 000 Taler jährlich, Lessing, der berühmte Bibliothekar in Wolfenbüttel, bekam ein Fünfzigstel davon, nämlich 600 Taler im Jahr, 200 weniger als am Hamburger »Nationaltheater«. Eine Zeitlang wurde dieses Gehalt sogar gepfändet, weil Gläubiger frühere Schulden eintrieben. Und sechs Jahre, sechs Jahre mußte er die Fürstlichkeit von Braunschweig beknien, seinen Lohn so aufzubessern, daß er an ein Familienleben denken konnte – und wollte. Diese Fürstenwillkür war ein sechsfach vergrößertes Spiegelbild der Königslaunen, die der Jude Mendelssohn in seiner Brautzeit ertragen hatte. In diesen sechs Jahren war Lessing oft genug dem Wahnsinn nah. Sechs Jahre trat das Leben auf der Stelle, sechs Jahre quälte er sich mit der Verwaltung kostbarer Folianten, längst archivierter und vergessener Manuskripte, aus denen er hie und da Kostproben herausgab. Atmete tagaus, tagein den Staub uralter Prachtbände, an der Seite eines intriganten Kollegen, der ihn beargwöhnte und beneidete.

»Meine Liebe! Ich möchte rasend werden! Was werden Sie von mir denken? Was müssen Sie von mir denken? Ich schrieb Ihnen vor länger als acht Wochen, daß allhier etwas für mich im Werke sei, was mein künftiges Schicksal auf einmal bestimmen werde, und hoffentlich so bestimmen werde, wie ich es wünsche. Wie ich es aber wünsche, weiß niemand besser als Sie ... Möchte ich nun nicht rasend werden! Ohne die geringste Veranlassung von meiner Seite, läßt man mich ausdrücklich kommen, tut wer weiß wie schön mit mir, schmiert mir das Maul voll, und hernach tut man gar nicht, als ob jemals von etwas die Rede gewesen wäre. Lieber betteln gegangen, als so mit sich handeln lassen!«

Drei Jahre nach seinem Amtsantritt hatte man ihm nämlich eine kümmerliche Aufbesserung seines Soldes um 200 Taler versprochen, wenn er bereit sei, sich »dauernd in braunschweigischen Diensten zu fixieren«. Er akzeptierte Eva zuliebe ein solches »fixiertes Glück«, was zur Folge hatte, daß die Fürsten die Aufbesserung weitere drei Jahre aufschoben! Sie wichen aus, stellten sich taub, verstummten, machten Lessing, dem großen Lessing, die Wolfenbütteler Wartezeit zur Hölle.

Und doch blieb er, erdauerte verbissen seine Besserstellung, seine Familiengründung, für die er die staubtrockene Arbeit auf sich nahm. Sechs Jahre insgesamt.

Genau, ganz genau, unheimlich genau dieselben sechs Jahre, in denen Moses Mendelssohn durch seine Nervenkrankheit in einer ebenso schmerzlichen Stagnation versank! Wieder die merkwürdige Gleichzeitigkeit, Gleichartigkeit einschneidender Ereignisse und Lebensphasen.

Es war zwischen 1770 und 1776. Die bürgerlichen Freiheiten, die Welthandelsbeziehungen und nicht zuletzt die Dampfkraft führen in England zur »Industriellen Revolution«, die nach und nach einen großen Teil der Erde erfassen und tiefgehend umgestalten wird. James Cook reist um den Globus, als Folge seiner Entdeckungen wird die Weltkarte neu gezeichnet. Mit den Forschungen Antoine Lavoisiers beginnt die moderne Chemie. J. Priestley entdeckt Ammoniak und Sauerstoff, Schwefelsäure und Salzsäure.

In Rußland werden noch Leibeigene nach reiner Willkür verkauft, die Adelsmacht sonnt sich auf dem Höhepunkt; auch in Frankreich ist die Revolution in weiter Ferne. Aber der nordamerikanische Unabhängigkeitskrieg beginnt 1775. Er führt ein Jahr später zur Annahme der Unabhängigkeitserklärung der USA durch den Kongreß und zur Erklärung der Menschenrechte. In Deutschland bereiten sich neue Epochen kaum spürbar vor. Der Neffe und spätere Nachfolger Friedrichs des Großen ist geboren, Goethe wird erwachsen und schreibt seine ersten Dichtungen, Beethoven kommt zur Welt, Hölderlin. Und Hegel, der Philosoph des dialektischen Idealismus, der Marx und Engels beeinflussen wird.

Sechs Jahre. Sechs Jahre Isolation. Moses krank, in seinem Höhenflug gebremst, Lessing festgehakt in Wolfenbüttel, nach dem Scheitern aller idealistischen Pläne scheinbar nur bestrebt, »seine Verhältnisse zu ordnen« für ein bescheidenes privates Glück. Manchmal schien es ihm, als ob er sich selbst schon begraben hätte. »Am besten würde ich tun, wenn ich an alle meine Bekannte Circulare ergehen ließe, mich für tot zu achten.«

Aber es wäre grundfalsch zu glauben, er habe seine Kritik an der fürstlichen Selbstherrlichkeit vergessen und lediglich buckelnd auf die eigene Besserstellung gewartet. Lessings innere Gegensätze rieben sich wieder funkensprühend aneinander und warfen ein traurig-grandioses Feuerwerk in die Nacht. Er vollendete in der ersten Wolfenbütteler Zeit sein Drama *Emilia Galotti*. Die bitterste Abrechnung mit fürstlicher Willkür, die sich denken läßt. Wieder aktivierte er in finsterer Zeit sein größtes, sein Theatergenie, aber diesmal setzte er sich nicht wie bei *Minna von Barnhelm* mit einem Stück aus der deutschen Gegenwart dem Reißwolf der Zensur aus.

Emilia Galotti spielt zwar auch in der eigenen Zeit, aber weit weg – in Italien, dem vielbeschworenen Sehnsuchtsland. In einem Italien allerdings, das Deutschland in etwas bunterer Verkleidung verteufelt-verzweifelt ähnlich sieht. Das Stück beschreibt eine Potentatenwillkür, wie man sie sich heruntergekommener, widerwärtiger nicht vorstellen kann. Ein Fürstensohn schreckt vor den abscheulichsten Machenschaften nicht zurück, um Emilia, einer bürgerlichen Tochter, Gewalt anzutun. Das armselig-kriminelle Bei-Spiel steht für alle Gemeinheit fürstlicher Tyrannei. Das Bürgertum ist ausgeliefert. Kein Protest, keine Gegenwehr kann die Herrschergewalt verhindern. Emilias unglücklicher Vater sieht keinen anderen Ausweg als den Mord an seinem Kind, um es der Vergewaltigung zu entziehen. Nur in der Selbstverstümmelung, in der Selbstauslöschung, im Selbstopfer, in der Zerstörung der eigenen Zukunft kann Protest sich überhaupt noch artikulieren.

Die Fürsten fühlen sich nicht im mindesten davon betroffen. Es ist die unterste Stufe bürgerlicher Ohnmacht. In seiner Hoffnungslosigkeit der schreiendste Aufruf zu gesellschaftlicher Veränderung, den Lessing je formuliert hat. Die Uraufführung am Hoftheater Braunschweig sah er sich wegen angeblicher Zahnschmerzen nicht an. Zu paradox war es, daß sein antiaristokratisches Stück für die unberührbaren Hofbonzen zelebriert wurde.

Es erregte viel zwiespältiges Aufsehen, wie auch die Erstaufführung in Berlin bei Döbbelin. Den deutschen Fürstlichkeiten, selbst dem König, soll sie nichts als ein paar schlechtgelaunte Kommentare abgerungen haben. Groß, unabschätzbar groß war die Wirkung des Stücks auf die erstarkenden Bürger kommender Generationen, für deren Selbstbehauptung es ja geschrieben war.

Auch Eva König, die ihren schwierigen, schwer geprüften Lessing aufrichtig liebte, auch sie ein Mensch von Ehre und Grundsätzen, auch sie ordnete die Verhältnisse, denen sie als geschäftlich unerfahrene Witwe eines Seidenhändlers nur mit Mühe gewachsen war. Zum Beispiel mußte sie die österreichischen Filialen des Hamburger Stammhauses verkaufen und reiste dafür nach Wien. Für volle drei Jahre. Während welcher sie Lessing, der sich selten aus dem weltweit entfernten Wolfenbüttel losreißen konnte, kaum sah.

Bei aller verhaltenen Sehnsucht in ihren Briefen, bei allen Klagen über die zähflüssigen Verkaufsgespräche – es scheint, daß sie die Atempause zwischen zwei Bindungen in mehr als einem Herzenswinkel auch genoß und nicht unbedingt verkürzen mochte. Die vier Kinder hatte sie unter Obhut in Hamburg gelassen, sie lebte das leichtere Wiener Leben, sie tummelte sich auf dem glanzvolleren Wiener Parkett, sie ging mit Genuß ins Theater und berichtete dem Geliebten über die Qualität der Aufführungen. Ein kluges, scharfes Urteil hatte sie. Als sie der Wiener Premiere von *Emilia Galotti* beiwohnte, verlor sie bei aller Bewunderung für den Autor nicht den kritischen Blick auf die Interpretation. Den Prinzen und den Maler fand sie »so abgeschmackt, daß man sie möchte mit Nasenstübern vom Theater schikken. Stephanie wird täglich affektierter und unerträglicher, besonders in seinem stummen Spiele. Was tut er zuletzt in Ihrem Stücke? Er reißt sein ohnedem großes Maul bis an die Ohren auf, streckt seine Zunge lang mächtig aus dem Halse, und leckt das Blut von dem Dolche, womit Emilia erstochen ist. Was mag er damit wollen? Ekel erregen? Wenn das ist, so hat er seinen Endzweck erreicht.«

Sie kolportierte auch den Ausspruch des österreichischen Kaisers Joseph, der die Aufführung zweimal besuchte. Es gibt keinen schlagenderen Beweis für die ignorante Unantastbarkeit der Mächtigen. »Das muß ich gestehen«, habe er gesagt, »daß ich in meinem Leben in keiner Tragödie so viel gelacht habe.«

Evas Tage steckten voll schwieriger Geschäfte, aber auch voller Geselligkeit und Zerstreuung, sie speiste und parlierte und feierte. Trotzdem wollte sie ihres komplizierten, verdüsterten, in brotberuflicher Öde schmachtenden Verlobten sicher sein, sie litt und klagte, wenn er sich monatelang – wie das so seine Gewohnheit war – in Schweigen hüllte. Dann stammelte er für seine »liebste Madam« die zerknirschtesten Entschuldigungen heraus: »Wenn ich die ganzen langen vier Monate, in denen ich nicht an Sie geschrieben, einen einzigen vergnügten oder nur ruhigen Tag gehabt hätte, so könnte mir selbst mein Stillschweigen nicht anders als sehr schurkisch vorkommen. Das wäre der wahre Ausdruck dafür! Und nun, wollen Sie mich noch für schuldig halten? Was kann ich denn besser tun, als daß ich meine Raserei nur in der Stille abwarte, und keinem Menschen damit beschwerlich falle? Aber Ihnen sollte ich es doch sagen. Sie? Gerade Ihnen am wenigsten. Nun leben Sie recht wohl, meine Liebe; und lassen Sie mich es bald wieder wissen, daß doch wenigstens noch eine Seele auf der Welt lebt, der ich nicht gleichgültig bin.«

Eine spröde Verlobung. Wehklagend, mit tausend unwiderlegbaren Gründen schoben Mann und Frau, reife Menschen, die einander nicht mehr erziehen konnten wie etwa Moses und Fromet, die einander nur noch finden und annehmen und lieben konnten, die Vereinigung vor sich her. Als ob sie unbegrenzte Zeit vor sich gehabt hätten. Einmal schwebte bei Lessing sogar eine andere Frau ins Spiel, eine Professorenwitwe, die für ihn schwärmte – und verschwand wieder daraus. Aber dann nahte unweigerlich der Moment, da Eva ihre Fabriken in Wien verkaufte, mit viel Ärger, nicht so günstig wie erhofft. Und ihre Rückreise nach Hamburg ins Auge faßte. Lessing antwortete voll kompliziertester Sehnsucht: »Ich werde nicht eher ruhig werden, bis ich Sie gesund an Ort und Stelle weiß. Alles Übrige, hoffe ich, soll sich zu unsrer beider Vergnügen wohl geben, es sei nun da oder dort. Behalten Sie mir nur Ihre Liebe, als woran ich nicht sowohl zweifle, als warum ich vielmehr nicht aufhören kann, Sie zu bitten, weil diese Liebe mein einziges Glück in der Welt machen kann.«

Hunderte so verspannter Liebeserklärungen sandte er ihr, die Erfüllung wurde von beiden immer und immer in die Zukunft verlegt. Schließlich reiste Lessing nach Wien, wo er als Dramatiker so frenetisch wie noch nie gefeiert wurde, und wollte seine Braut nach Deutschland mitnehmen – da fiel ihm nun endlich, und, wie er fand, höchst unwillkommen, die vom Herzog versprochene Italienreise zu. Als Begleiter seiner Hoheit des Prinzen.

»... Lassen Sie sich tausendmal von mir in Gedanken umarmen, und erhalten Sie mir Ihr Herz, dessen ganzen Wert ich kenne, und in dessen Besitz allein ich noch auf den Rest meines Lebens glücklich zu werden hoffe«, bat er Eva – und verschwand für acht Monate. Mürrisch reiste er im Reich der blühenden Zitronenbäume hin und her, beäugte trüben Blicks die herrlichsten Schätze, absolvierte todlangweilige höfische Repräsentationspflichten. Der Prinz mußte sich in Italien auf einer Art Warteschleife herumtreiben, bis ihn seine Familie nach Hause zurückrief. Er durchstromerte mit Lessing zusammen das südliche Wunderland in unentschlossenem Zickzackkurs. Zuerst fuhren sie nach Mailand, von da nach Venedig, wo Lessing das Grab von Engelbert

König besuchte, dann über Bologna und Florenz nach Rom. Dann wieder nordwärts, Pisa, Livorno. Korsika, dann über Genua nach Turin, dann über Bologna und Loretto nach Rom, nach Neapel und wieder nach Rom. Lessing scheint kaum Interesse für die einst so ersehnten Landschaften und Kunstschätze aufgebracht zu haben. Nicht einmal der Anblick der Laokoon-Gruppe, die er doch zum erstenmal im Original sah, machte ihm tieferen Eindruck. Nur zurück, nur zurück nach Deutschland.

Da war er wieder. Und irgendwann hat jedes Provisorium sein Ende. Nach sechs Jahren Verlobung waren alle Reisen getan, alle Verhältnisse geordnet, alle Schulden bezahlt, Lessing endlich in eine familienfreundlichere Gehaltsstufe befördert, ganze 800 Taler wie früher in Hamburg, und den Titel »Hofrat« legte Höchstdero Gnaden gratis dazu – es gab im ganzen Weltall keinen Grund mehr, die Ehe aufzuschieben.

Eva arrangierte eine diskrete Haustrauung bei Freunden. Und der Hagestolz Lessing stolperte endlich über die gefürchtete Schwelle. Er verlasse sich darauf, schrieb er seiner Erwählten zuvor, daß er, wie versprochen, keine ihm fremde Gesellschaft vorfinde, denn er müsse ihr bekennen, daß er sich nicht einmal einen neuen Rock machen lasse. Nur keine sichtbaren Zeichen der Veränderung! Am besten, meinte er, wäre es, wenn er an besagtem Abend erst um sechs Uhr erscheine, und gleich am nächsten Tag »ließen wir uns in aller Geschwindigkeit trauen, sollte es auch im Hause des Predigers sein, ohne alle die Gäste abzuwarten. Aber dieses müßte so lang unter uns bleiben, damit es das völlige Ansehn eines Impromptu hätte.« Geschwind geschwind.

Die Zeremonie spulte sich in kleinstem Rahmen ab. Am 8. Oktober 1776. Ein Vierteljahr nach der Unabhängigkeitserklärung und der Deklaration der Menschenrechte in Amerika. Und wenn die Hochzeit auf Befehl des Bräutigams auch noch so beiläufig und improvisiert verlief, es war doch ein Eheschluß, da gab es nichts mehr zu rütteln.

Wer nun aber glauben mochte, eine so geschlossene Ehe hätte nach so langem Zaudern nicht gedeihen können, der täuschte sich. Lessing war bald achtundvierzig, Eva vierzig Jahre alt. Sie zog mit den vier Kindern in Wolfenbüttel ein, Lessing bekam nach sechs Jahren Verlobung nicht nur eine Frau, sondern gleich eine stattliche Familie. Der gegenseitigen Anpassungsprobleme gab es viele, aber auch diese Zweisamkeit entwickelte sich glücklich, soweit der Gatte das Glück seinen Bindungsschwierigkeiten abringen konnte. »Wenn ich versichere, daß ich sie immer für die einzige Frau in der Welt gehalten, mit welcher ich mich zu leben getraute, so wirst Du wohl glauben, daß sie alles hat, was ich an einer Frau suche. Wenn ich also nicht glücklich mit ihr bin, so würde ich gewiß mit jeder andern noch unglücklicher gewesen sein.«

Das geordnete Ehe- und Familienleben behagte ihm zusehends. Es verschaffte ihm eine Bereicherung, die seine Arbeit nicht hinderte. Sein Schreibzimmer war peinlich sauber und aufgeräumt, »eine niederschlagende Nachricht für alle diejenigen, welche glauben, daß ein großer Gelehrter nur im schmutzigen Chaos gedeihen könnte«. Sein Tagewerk verlief nach uhrgenauer Einteilung. Er stand jeden Morgen um punkt sechs auf, und wenn er dann eine geraume Zeit am Schreibtisch verbracht hatte, weckte er die Kinder, bevor er sich zur Bibliothek begeben mußte. Eva, ein kluges, reifes, glückbegabtes Frauenzimmer, vollbrachte das Kunststück, in die zusammengestoppelte Familie Ordnung und Harmonie zu bringen. Sie blühte selbst nach so langer Zeit der Prüfungen auf, war eine liebevolle Ehefrau und wie Fromet eine hochbegabte Gastgeberin, die von Besuchern enthusiastisch gepriesen wurde. Auch diese Gemeinschaft strahlte Wärme und Geborgenheit aus, auch sie hatte alle Voraussetzungen, sich zu einem Zentrum des freizügigen Austauschs aufklärerisch gesinnter Menschen zu entwikkeln. Und: Eva wurde bald nach der Hochzeit schwanger, was der ehelichen Gemeinsamkeit eine ganz eigene beglückende Perspektive gab.

Jahre später sinnierte Moses einmal, daß – am Ende – die häusliche Glückseligkeit doch die wahre Bestimmung des Menschen und die bewährte Glückseligkeit des Weisen sei. »Auch Lessing ist dies nach langem Widerstreben inne geworden, aber leider zu spät und zu einem sehr kurzen Genusse.«

Lessings »Glückseligkeit« dauerte ein gutes Jahr. Als der Glücksstern akkurat auf dem Höchstgrad stand – die Familie zog in ein größeres, bequemeres Haus um, ein gutkonstruiertes, U-förmiges Gebäude mit hohem, zweigestuftem Dach, großen Fenstern und einem baumbestandenen Innenhofgarten, das ehemalige fürstliche Dienerhaus, direkt zwischen Schloß und Bibliothek, man hatte sich innerlich zusammengefunden, Eva stand unmittelbar vor der Entbindung, es ging ihr gut –, im schattenlosesten Augenblick dieser Liebesgeschichte besuchte Moses Mendelssohn, selbst gerade erst leidlich genesen, mit Fromet zusammen den Freund in Wolfenbüttel.

Seit Lessings Hochzeit plante er die Reise, »denn in der Tat ist mir keins so dringend, als die Begierde, Sie zu sehen und mich mit Ihnen zu unterhalten«. Nicht nur freute er sich über Lessings geglückten Lebensumschwung, er erhoffte sich davon auch neuen Auftrieb für seine eigene Freundschaft mit ihm – und deren programmatische Wirksamkeit. Denn seit Lessings Weggang aus Berlin hatte sich der Kontakt über die weiten Distanzen gelockert. Und was der ausdauernden Entwicklung einer Partnerschaft nach Mendelssohns solidem Geschmack zeitlebens im Weg gestanden hatte, war Lessings Persönlichkeitsstruktur, deren einzelne Charakterblöcke immer wieder in heftigen Schüben aneinanderstießen. »Sie scheinen mir itzt in einer ruhigen zufriedenen Lage zu sein, die mit meiner Denkungsart unendlich besser harmoniert, als jene geistreiche, aber auch etwas bittere Laune, die ich an Ihnen vor einigen Jahren bemerkt zu haben glaubte. Ich war nicht stark genug, das Aufbrausen dieser Laune niederzuschlagen, aber ich habe herzlich gewünscht, daß es Zeit und Umstände, und Ihre eigene Vernunft tun möchten. Mich dünkt, mein Wunsch sey nunmehr erfüllt.«

Er mußte nach Lessings Heirat über ein Jahr warten, bis er sich die Reise gestatten konnte. Sorgsam und umsichtig bereitete er alles vor. Nichts wollte er dem Zufall überlassen. Selbstverständlich mußte er in jedem neuen Umkreis, sogar bei seines Lessings Frau, gewärtigen, als Jude unwillkommen zu sein. Deshalb schickte er schon im voraus an Eva eine Blumenschachtel, »... um mir bey Madam eine Empfehlung auszusparen, die sonst ein unbekanntes bärtiges Gesicht weniger freundlich aufgenommen haben würde«.

Der 21. Dezember 1777 war der Tag dieses Besuchs. Die Kutsche hielt klirrend in der Winterkälte vor Lessings Haus, die Freunde umarmten sich in herzlichster Wiedersehensfreude, betrachteten einander, bezogen die Frauen in die frohe Begrüßung mit ein. Fromet war so aufgeregt, daß sie im Gästebuch der Wolfenbütteler Bibliothek ihren Namen zittrig auf und ab, grad und krumm hinkritzelte, das d in Mendelssohn vergaß und in Form einer angeschnittenen Kartoffel erhöht zwischen n und e hineinflickte.

Aber die Aufregung legte sich schnell, alle vier nahmen einander gegenseitig in Vertrauen und Liebe auf, die Grenzen der Befremdlichkeit fielen, es müssen wunderbare Stunden gewesen sein. Gespräche, Gespräche, zum erstenmal nicht nur zwischen zwei Freunden, sondern zwischen zwei Familien, zwischen vier Menschen, die sich ohne Umstände zugetan waren. Ein höchst privates kleines Gipfeltreffen irdischen Glücks. Und der gedankliche Austausch, dieses Geben und Zurückgeben, schwang zwischen den beiden Freunden hin und her wie eh und je. Unterschiede in der geistigen Entwicklung gingen auf im Hauptstrom der Herzensfreundschaft. Selbst die kontroverse Diskussion über die Freimaurerei, der sich Lessing zu Mendelssohns Leidwesen neuerdings zugewendet hatte, und über Spinoza, den die beiden wieder einmal völlig verschieden beurteilten, änderte nichts am grundsätzlichen Einvernehmen.

Es gab so viel nachzubereiten, so viel zu besprechen. Beide standen am Ende einer langen Stagnation nach beruflichen Enttäuschungen. Beide hatten gleichzeitig die Hoffnung auf schnell realisierbare Reformen begraben müssen. Beide hatten sich aber auch von den Rückschlägen erholt, ihre geistige Stärke bewahrt. Beide waren im Aufbruch zu neuen Unternehmungen, beide wieder zuversichtlich, beide in einem ruhigen Zustand der Selbstbescheidung, nicht der Resignation. Seit der gemeinsamen Jugendzeit und dem Wiedersehen in Berlin der erste Moment, in dem sich die beiden Lebenslinien ohne Brüche berührten. Moses fühlte sich der Erfüllung seiner Wünsche ganz nah, in seiner wichtigsten Freundschaft deuteten sich neue Gestaltungsmöglichkeiten an.

Die Mendelssohns verabschiedeten sich nach dem Besuch schrecklich ungern, aber beruhigt von den Lessings – und reisten ab.

Vier Tage später: die Katastrophe. Es war am ersten Weihnachtstag. Lessings Sohn Traugott kam zur Welt – und starb noch vor dem nächsten Morgen. Eva rang mit dem Kindbettfieber nach der schweren, späten Geburt. Lessing schrieb nach dem Tod des Kindes einen Brief, einen erschütternden Brief, wie es keinen anderen in deutscher Sprache gibt.

»Meine Freude war nur kurz: Und ich verlor ihn so ungern, diesen Sohn! Denn er hatte so viel Verstand! so viel Verstand! – Glauben Sie nicht, daß die wenigen Stunden meiner Vaterschaft mich schon zu so einem Affen von Vater gemacht haben! Ich weiß, was ich sage. – War es nicht Verstand, daß man ihn mit eisern Zangen auf die Welt ziehen mußte? – War es nicht Verstand, daß er die erste Gelegenheit ergriff, sich wieder davon zu machen? – Freilich zerrt mir der kleine Ruschelkopf auch die Mutter mit fort! – Denn noch ist wenig Hoffnung, daß ich sie behalten werde. – Ich wollte es auch einmal so gut haben, wie andere Menschen. Aber es ist mir schlecht bekommen.«

Eva Lessing kam nicht mehr zu sich, sie starb zwei Wochen nach der Geburt ihres Sohnes.

»Meine Frau ist tot: und diese Erfahrung habe ich nun auch gemacht. Ich freue mich, daß mir viel dergleichen Erfahrungen nicht mehr übrig sein können zu machen; und bin ganz leicht.«

Nach einem Jahr hatte er die einzige Frau verloren, mit der ein Zusammenleben für ihn denkbar war. Tage nach heiterster Gemeinsamkeit stand er wieder allein, ging im Winterfrost zweimal hinter einem

Sarg, einem kleinen Sarg und einem großen Sarg, zum Kirchhof. Ging zurück ins Haus, wo Evas verstörte Kinder seiner Obhut bedurften. »Wenn ich noch mit der einen Hälfte meiner übrigen Tage das Glück erkaufen könnte, die andre Hälfte in Gesellschaft dieser Frau zu verleben; wie gern wollte ich es thuen. Aber das geht nicht: und ich muß nur wieder anfangen, meinen Weg allein so fort zu duseln.«

ZWISCHENGEDANKE

Lessing spricht über Reich und Arm

Die Natur teilt die Eigenschaften des Herzens aus, ohne den Edlen und Reichen vorzuziehen, und es scheint sogar, als ob die natürlichen Empfindungen bei gemeinen Leuten stärker als bei andern wären.

Gütige Natur, wie beneidenswert schadlos hältst du sie wegen der nichtigen Scheingüter, womit du die Kinder des Glücks abspeisest.

Ein fühlbar Herz – wie unschätzbar ist es! Es macht unser Glück auch dann, wenn es unser Unglück zu machen scheint.

NEUNTES KAPITEL

Nathan der Weltweise

»Ich muss ein einziges Jahr, das ich mit einer vernünftigen Frau gelebt habe, teuer bezahlen. Wie oft wünsche ich, mit eins in meinen alten isolierten Zustand zurückzutreten, nichts zu sein, nichts zu wollen, nichts zu tun, als was der gegenwärtige Augenblick mit sich bringt.«

Erinnerung an geglückte Liebe machte das Weiterleben zur Tortur für Lessing, dem die Liebe so schwer und so spät geglückt war. Nach dem Verlust war das Alleinsein anders als vor dem Gewinn. Keine Gewohnheit mehr. Sondern eine Wunde, die bei jedem Herzschlag neu aufriß und blutete. Unheilbar. Er blieb verletzt auf Lebenszeit.

Seine Selbstbeschreibung als Mühle schildert den Zustand definitiver Vereinsamung. Das metaphorische Gebäude seines Bewußtseins, die Mühle also, setzte er ins unbewohnte Land, weit außerhalb einer Dorfgemeinschaft. Auf einen Sandhügel – auf das bröckligste, unsicherste Fundament für die kompakte Form des Mühlenbaus. Aber da steht die Mühle, graubraun auf graubraunem Sand. Sie komme zu niemandem, schrieb er, helfe niemandem und lasse sich von niemandem helfen.

Sie verlange von der ganzen weiten Atmosphäre nicht einen Fingerbreit mehr, als ihre Flügel zu ihrem Umlauf benötigten. Winde, zweiunddreißig Winde seien ihre Freunde, Winde, die sie brauche, um die Mühlenflügel in Bewegung zu halten. Nur auf dem Sandboden stehen und mit den Flügeln schlagen. Mit Flügeln, die nicht fliegen können. Diesen Umlauf an Ort und Stelle bat er, ihm noch freizulassen. »Mükken können dazwischen hin schwärmen; aber mutwillige Buben müssen nicht alle Augenblicke darunter durchjagen wollen.« Eine Hand, die nicht stärker sei als der Wind, der ihn umtreibe, dürfe ihn nicht hemmen wollen. »Wen meine Flügel mit in die Luft schleudern, der hat es sich selbst anzuschreiben: auch kann ich ihn nicht sanfter niedersetzen, als er fällt.« Er könne keine Rücksicht mehr nehmen, wenn die harten Flügel eine hemmende Hand erfaßten und verletzten. Denn die Flügel müßten in Bewegung bleiben, kreisend, umschlagend. Stillstand wäre Erstarrung oder Tod.

Wenn aber eine Windmühle ihre Flügel bewegt, dann nie aus leerer Betriebsamkeit. Dann erschließt sie das Korn für die Grundnahrung des Menschen. Das spricht unausgesprochen aus Lessings Selbstbild, es ist die Aufgabe jeder, auch der abgelegensten Mühle. Große Schriftsteller erschließen mit Worten das Grund-Sätzliche für die Existenz des Menschen. Das hatte Lessing immer als Hauptmotivation seiner Arbeit erkannt. Nun, wo sein Leben so endgültig beschädigt war, konzentrierte er sich ganz darauf, alles andere wäre ihm sinnlos erschienen.

»Ich muß, ich muß entbrennen – oder meine Gelassenheit, meine Kälte selbst machen mich des Vorwurfs wert.« Entbrennen, um Leben in sich zu spüren. Entbrennen aber hieß für ihn: kämpfen. Die unzugängliche, nur auf sich selbst gestellte Mühle klotzte sich mit hart zuschlagenden Flügeln in die Kampfarena zurück. Das heißt, sie zog die Kampfarena auf ihren Sandhügel und die mutwilligen Buben und die hemmenden Hände. Ihr Flügel-Kampf konnte nur der gleiche sein wie eh und je: der Kampf um Wahrheit, Freiheit, Toleranz. Die Grundsatzspeise des Menschen. Die ihm immer wieder verweigert oder vorenthalten wird.

Die Menschen. Das Volk. Auf seiner abgelegenen, erhöhten Mühlenposition sah Lessing die Menschheit ganzheitlicher als früher. Wie aus einer Vogelschau. Machte sich ans Werk, um für dieses Ganze noch etwas zu bewegen. Seine Kampfgeister waren die zweiunddreißig Antriebswinde, die nie ermüden durften, auch nicht im lähmendsten Schmerz.

»Durchlauchtigster Herzog«, wird er in einer Widmung an den Bruder des regierenden braunschweigischen Fürsten schreiben. »Auch ich war an der Quelle der Wahrheit und schöpfte. Wie tief ich geschöpft, kann nur der beurteilen, von dem ich die Erlaubnis erwarte, noch tiefer zu schöpfen. Das Volk lechzet schon lange und vergehet vor Durst. – Euer Durchlaucht untertänigster Knecht.«

Zur Untertänigkeit, wenn es auch eine aufbegehrende Untertänigkeit war, zwang ihn die Zensur. Und wie tief man nach der Wahrheit schöpfen mußte, konnte wahrlich der am besten beurteilen, der die Wahrheit am tiefsten in den Boden trat. Der Regent. Jeder Regent. Das Volk lechzte nicht nur und verging vor Durst, es war geschwächt und antriebslos. Überhaupt hatte sich für das Volk in den dreißig Jahren von Lessings aktiver Existenz nichts geändert. Im Gegenteil. Die Durststrecke schien ins Unendliche zu führen. Nach wie vor war das Heilige Römische Reich Deutscher Nation gespalten in eine Unzahl selbständiger Herrschaftsgebiete. Die Willkür der einzelnen Kleinfürsten splitterte das Volk in kleine, sich beargwöhnende Gruppen, die hilflos viel Knechtung ernteten und wenig Gnade. Die Ideale der Aufklärung schienen zu versanden in den ewig gleichen gescheiten Diskussionen weniger Intellektueller, die alterten und ausstarben. Fortschrittlichkeit kam aus der Mode. Engherzigkeit, Unmündigkeit, Intoleranz hatten wieder leichteres Spiel.

Die Mühle Lessing sah die Wirkungslosigkeit ihres lebenslangen Flügelschlagens, das Verschimmeln des Korns. Und wehrte sich doch erbittert gegen den Stillstand. Stillstand bedeutet Kapitulation. Die Mühlenflügel hatten wenig Spielraum für ihr Kreisen. Denn Lessing war selbst Lohnknecht der Fürstlichkeit und mußte es – als verwitwetes Familienoberhaupt – auch bleiben. Niemandes Herr noch Knecht zu sein, der immer erstrebte Idealzustand, war endgültig außer Reichweite.

So attackierte er diesmal das Bollwerk der Unterdrückung nicht direkt an der Fürstenwillkür, sondern an einem verdeckteren, aber um so substantielleren Übel, das er, der Pfarrerssohn, seit frühster Jugend untersuchte: die rückständige Macht der institutionalisierten Religion.

Das einflußreiche Kirchenchristentum war bis in die feinsten Fasern verfilzt mit den höchst irdischen Herrschern, die sich als direkt von Gottes Gnaden verstanden. Die Kirche wurde von den Fürsten im Griff gehalten, aber gehätschelt und gemästet. Dafür stützte sie die weltliche Macht, indem sie das gläubige Volk auf ihre willkürliche Auslegung der biblischen Offenbarungstexte einschwor. Die Priester segneten Reichtum oder Hunger, Frieden oder Waffengewalt, je nachdem, was fällig oder den Fürsten gerade gefällig war. Jedes Religionsverständnis, das von ihrer eigenmächtigen Heilsverkündung abwich, verdammten sie als Ketzerei.

Mit den harten Mühlenflügelschlägen der öffentlichen Polemik schlug Lessing los. Er forderte fast unverbrämt den Sturmwind der religiösen und damit gesellschaftlichen Veränderung: »O ihr Toren!« schrieb er an die Adresse reaktionärer Kirchendogmatiker, »die ihr den Sturmwind gern aus der Natur verbannen möchtet, weil er dort ein Schiff in die Sandbank vergräbt, und hier ein anderes am felsigten Ufer zerschmettert! O ihr Heuchler! denn wir kennen euch. Nicht um diese unglücklichen Schiffe ist euch zu tun, ihr hättet sie denn versichert. Euch ist lediglich um euer eigenes Gärtchen zu tun, um eure eigene kleine Bequemlichkeit, kleine Ergötzung. Der böse Sturmwind! Da hat er euch ein Lusthäuschen abgedeckt, da eure ganze kostbare Orangerie in sieben irdenen Töpfen umgeworfen. Was geht es euch an, wieviel Gutes der Sturmwind sonst in der Natur befördert? Warum bläset er nicht an eurem Zaune vorbei? Oder nimmt die Backen wenigstens weniger voll, sobald er an euren Grenzsteinen anlangt?«

Den Religionsstreit hatte er selbst entfacht, indem er – angeblich als Fund aus dem großen Bauch der Bibliotheksbestände – die *Fragmente eines Ungenannten* veröffentlichte. Nämlich das »ketzerische« Manuskript eines verstorbenen Theologen namens Samuel Reimarus, der ehrlich mit seinen Zweifeln an der Unantastbarkeit biblischer Wahrheiten und kirchlicher Interpretationen gerungen hatte. In seiner Schrift ging er so weit, der Bibel übernatürliche Offenbarungen abzusprechen. Sie strotze von Unstimmigkeiten, sogar von Irrtümern bis hin zum Betrug.

Lessing hatte sich zwar öffentlich jedes eigenen Kommentars enthalten, aber er, der beargwöhnte Freigeist, galt trotzdem als Miturheber und wurde wütend angegriffen. Am schärfsten vom lutherischen Hauptpastor Goeze in Hamburg. Lessing kannte Goeze persönlich. In seiner Nationaltheater-Zeit hatte er sich manchmal disputierend mit ihm zusammen- und vor allem auseinandergesetzt. Goeze war ein stämmiger Mensch mit massigem, rundem Schädel und fleischigen Gesichtszügen. Er trug eine dicke, weißlockige Barockperücke. Sein Doppelkinn ruhte auf einem steifen, radförmigen, doppelt gefältelten weißen Kragen über dem schwarzen Priestermantel. Als Prototyp des stur lutherischen Theologen mag er Lessing wie eine verdickte Neuerscheinung des eigenen Vaters vorgekommen sein.

Daß die Bibel »auch nur ein Buch« sei, hatte im Mittelalter schon der revolutionäre Gottesmann Thomas Münzer behauptet, damit Luther zur Weißglut und sich selbst zum Märtyrertod gebracht. Und was etwa Lessings Toleranzkämpfe für jüdische Menschen betraf – damit war er Goeze vollends suspekt. Denn der Hauptpastor behauptete, selbst wenn Juden zum Christentum überträten, behielten sie doch stets ein halsstarriges und boshaftes Herz. Womit er sie als geborene Unmenschen abtat. Und sich getrost auf Luthers noch viel drastischere Äußerungen berufen konnte, wie zum Beispiel, wer einen Juden gesehen habe, habe den Teufel gesehen.

In treu lutherischer Tradition war sich Goeze wohl bewußt, daß jeder Angriff auf die Kirche zugleich ein Angriff auf ihren Komplizenzwilling war, die weltliche, vom Adel gesteuerte Obrigkeit. Ein Angriff, den er auf jeden Fall im Keim ersticken mußte. Die anonym herausgegebene Ketzerschrift entzündete Goezes Jähzorn, befeuerte ihn zu einer funkensprühenden Philippika gegen Rebellion und Ketzerei als Gefahr für die bestehende Ordnung und gegen Lessing als den Anstifter einer solchen Gefahr. Lessing antwortete mit seiner herrlichen Sturmwind-Polemik und schürte die Glut mit der Wortkraft seiner zweiunddreißig Winde. Goeze erwiderte mit Schaum vor dem Mund: »Wird nicht mit der Ehrerbietung gegen die heilige Schrift und Religion, auch zugleich die Bereitwilligkeit, ihren Oberherrn den schuldigen Gehorsam zu leisten, in den Herzen ausgelöschet werden, wenn es jedem Witzlinge und Narren frei stehet, mit der christlichen Religion und mit der Bibel das tollkühnste Gespötte zu treiben?«

Lessing fragte scharfsinnig zurück: »Wie? weil ich der christlichen Religion mehr zutraue als Sie, soll ich ein Feind der christlichen Religion sein? Weil ich das Gift, das im Finstern schleichet, dem Gesundheitsrate anzeige, soll ich die Pest ins Land gebracht haben?«

»Die Pest« war für Goeze ein Religionsverständnis, in dem Glaube, Vernunft, Gedankenfreiheit und Toleranz sich zusammentun, um als gefährlich vereinte Freigeister die Menschen aus der Unmündigkeit zu reißen. Allein der Gedanke daran machte den Pastor rasend. Die Polemik tobte hin und her, viele ergriffen wieder einmal Partei, davon viele gegen Lessing und eine kritische Hinterfragung der Heilslehre, aber einzelne ließen sich vielleicht doch von der »Pest« infizieren. Ernste Gefahr für die »Ordnung« war im Verzug, Rebellion im Bereich des Möglichen. Goeze warf schließlich in seiner Berserkerwut jede Bemäntelung seiner Kumpanei mit den Mächtigen ab und schlug Großalarm: »Ich hoffe zugleich, daß die Schreiber, welche so unersetzlichen Schaden tun und die verderblichsten Grundsätze unter dem großen Haufen verbreiten, durch ihre – nun beinahe auf das höchste gestiegene Verwegenheit selbst die großen Herren und andere Obrigkeiten auffordern werden, ihnen Zaum und Gebiß anzulegen.«

Die großen Herren und anderen Obrigkeiten legten unverzüglich »Zaum und Gebiß« an. Der Herzog von Braunschweig verhängte Totalzensur über Lessings religiös-polemische Schriften und verbot ihm für die Zukunft jegliche Tätigkeit in dieser Richtung. Der »untertänigste Knecht« erhob Einspruch gegen das Schreibverbot – vergebens.

Man machte ihn mundtot. Da stand die Mühle, mit blockierten Flügeln.

»Ich überlasse es der Zeit, was meine aufrichtige Meinung wirken soll und kann. Vielleicht soll sie so viel nicht wirken, als sie wirken könnte. Vielleicht soll, nach Gesetzen einer höheren Haushaltung, das Feuer noch lange so fortdampfen, mit Rauch noch lange gesunde Augen beißen, ehe wir seines Lichtes und seiner Wärme zugleich genießen können.«

Ein Leuchtfeuer brennt vielleicht über Jahrzehnte oder Jahrhunderte, bevor sich Menschen nach ihm ausrichten. Eine Quelle sammelt ihr Wasser jahrtausendelang zwischen Felsblöcken, bevor sich Menschen daran erfrischen können.

»Ist das, so verzeihe du, ewige Quelle der Wahrheit, die allein weiß, wann und wo sie sich ergießen soll, einem unnütz geschäftigen Knechte! Er wollte Schlamm dir aus dem Wege räumen. Hat er Goldkörner unwissend mit weggeworfen, so sind deine Goldkörner unverloren.«

Ließ er sich von der Zensur den Mund verbieten? Nur kurze Zeit. Zeit des Innehaltens, des Kraftschöpfens, des prüfenden Rückblicks auf das Bisherige. Der Erinnerung vielleicht an jugendliche Diskussionen mit Moses, in denen sie gegen die Zensur angewettert hatten. Wie hatte es Moses formuliert? »Zensurgesetze setzten voraus, daß nicht erlaubt ist, alles öffentlich zu sagen, was man im Herzen für wahr hält; daß also manches wahr ist, was aus Rücksichten verschwiegen werden müsse.« Zensur sei somit nichts anderes als die Duldung der Unwahrheit und des Vorurteils.

Moses. – Jeder meßbare Kontakt zu Moses war abgebrochen. Verstummt. Seit dem Besuch der Mendelssohns in Wolfenbüttel, auf der Schaumkrone des Glücks, unmittelbar vor der Lebenskatastrophe, die Lessings Zukunft zerstört hatte. Jahrelang schickte er keine Botschaft mehr nach Berlin, in diese trotz aller Bedrängnis so glückliche, offene, kinderreiche Mendelssohn-Familie. Erzählte dem Freund nichts;

nichts von seiner Trauer, seiner Verbitterung, nichts von seinen Religionsstreitigkeiten, die sich ja – noch – innerhalb der christlichen Kampfparteien abspielten. Zu verschieden waren jetzt ihre Befindlichkeiten. Zu abgekehrt die Mühle Lessing auf dem Sandhügel.

Moses achtete Lessings Schweigen. Fand sich damit ab, daß sich ein neuer Aufschwung ihrer Freundschaft im äußerlich wahrnehmbaren Leben, wie er ihn ersehnt hatte, wohl nicht mehr entwickeln konnte. Das »laut Denken« mit dem Freund war Vergangenheit.

Und das »leise Denken«? Seltsamerweise – und folgerichtig – muß es so gewesen sein, daß sich die Kommunikation ins Innere der beiden Köpfe und Herzen zurückzog. Und dort sogar noch intensiver weiterlebte. Die Substanz dieser Freundschaft war ein so fester Bestandteil ihrer Denkvorgänge, daß sie im jetzigen Reifezustand die äußeren Anstöße nicht mehr brauchte. Die beiden müssen ein Zwiegespräch ohne Rede oder Brief geführt haben, nur in Gedanken, nur mit den Vibrationen, die ihre Gedanken aussandten. Auf einer tieferen – und höheren – Bewußtseinsebene. Anders ist es nicht zu erklären, daß sie, jeder für sich, Ziele verfolgten, die einander entsprachen, und daß sich das, was sie schrieben, aufeinander bezog. Was zu beweisen ist.

Sie überschritten die Fünfzig-Jahre-Altersgrenze. In ihrer Zeit hieß das: Sie hatten höchstwahrscheinlich nur noch kurze Lebensspannen vor sich. Um so dringender wurde das Bedürfnis, noch einmal alle Kräfte zusammenzufassen für eine Synthese dessen, was ihnen als Aufklärern zu sagen und zu tun übrigblieb.

Die Zeit entfernt sich von der Aufklärung, Voltaire ist bereits gestorben, auch Rousseau und viele andere. Eine neue Generation formuliert sich. Goethes *Leiden des jungen Werthers* und damit eine gefühlsselige, junge, stürmende, drängende literarische Richtung hat ihren Siegeszug begonnen. Die naturverbundene »Werthertracht« – nämlich ungepudertes Haar, runder Filzhut, blauer Frack, gelbe Weste und Hose, braune Stulpenstiefel für die Mannsbilder und fließende Gewänder für die Frauenzimmer – löst die stilisierte Rokokogewandung ab.

Gleichzeitig entwickeln sich die Naturwissenschaften und verändern das Weltbild. Die Technik beschleunigt ihre Fortschritte. Die erste Eisenbrücke wird gebaut, Sümpfe werden trockengelegt. Die Taucherglocke wird erfunden. Fernrohre werden optimiert und Dampfschiffe konstruiert. Chemische Formeln werden entdeckt, Maschinen ausgetüftelt. Bald wird man die ersten Fallschirme erproben.

Moses folgte seiner Erkenntnis, daß er die Bleigewichte seiner Herkunft nicht wegphilosophieren konnte. Er holte von nun an die Grund-Schritte nach, vor denen er die nächsten und übernächsten schon getan hatte. Nach dem Kampf für seine eigene geistige Entwicklung, den er bis zur krankhaften Erschöpfung geführt hatte, intensivierte er jetzt den Einsatz für die Emanzipation seiner jüdischen Geschwister in Deutschland.

Luther hatte vor einem Vierteljahrtausend für die deutschen Christen die Bibel übersetzt. Moses tat das gleiche als Jude für die Juden: Er übertrug die Schrift »zum Gebrauch der jüdischdeutschen Nation« in die Sprache des Landes, wo er und die anderen nach vielen Vertreibungen nun einmal Bleiberecht verlangten.

In seinem Fall hieß das: die fünf Bücher Mose und die Psalmen. Er kümmerte sich nicht mehr um Sprachverbote. Mit dieser selbstlosen Arbeit ohne philosophische Selbstverwirklichung legte er erst das Fundament zur Teilhabe der deutschen Juden an der deutschen Kultur.

Aber er blieb nicht über den Schreibtisch gebeugt, er mischte sich ins praktische Leben und kämpfte für eine Lockerung der Fesseln im Alltag der jüdischen Existenz. Er nutzte den Einfluß, den ihm der Ruhm als Philosoph erschloß, um für die Rechtlosen das Schlimmste zu verhüten. Was war das Schlimmste? Die Ausweisung, denn die wackligen Aufenthaltsrechte garantierten höchstens ein Vegetieren auf Abruf. Das Drohbild Ausweisung lastete als Alpdruck lebenslang auf allen. Ein noch so lächerliches oder von den Behörden nur unterstelltes Vergehen scheuchte ganze Familien aus den Gettos ins Bodenlose.

Aus Dresden zum Beispiel sollten plötzlich Hunderte verjagt werden, weil sie die überhöhten Steuern, die man Juden grundsätzlich aufdrückte, nicht immer pünktlich bezahlen konnten. Moses Mendelssohn setzte sich in einer Bittschrift an die Behörden mit unbürokratischer Verve für die fast schon Verlorenen ein: »Unter denselben befinden sich so manche, die ich persönlich kenne, von deren Rechtschaffenheit ich überführt bin, die zwar von Vermögen abgekommen und vielleicht nicht imstande sind, die ihnen auferlegten Lasten zu tragen; die aber sicherlich nicht durch Verschulden, nicht durch Verschwendung und Faulheit, sondern durch Unglücksfälle soweit heruntergekommen sind. Gütiger, allwohltätiger Vater! Wo sollen diese Elenden mit ihren schuldlosen Weibern und Kindern hin? Wo Schutz und Schirm finden? Wenn das Land, in welchem sie um ihr Vermögen gekommen sind, sie ausschleudert? Das Vertreiben ist für einen Juden die härteste Strafe, mehr als bloße Landesverweisung, gleichsam Vertilgung von dem Erdboden Gottes, auf welchem das Vorurteil ihn von jeder Grenze mit gewaffneter Hand zurückweist.«

Sein flammendes Gesuch hatte Erfolg, der Erlaß zur Vertreibung der Dresdener Juden verschwand im Aktenkeller der Obrigkeit, niemand anders als Moses hätte das erwirken können.

Er wurde immer öfter angefleht – und anerkannt von den Bedrängten, die seine geistige Entwicklung früher vielleicht mit Argwohn beäugt hatten. Er half oder linderte, wo er konnte, aber auch darin erschöpfte er sich nie. Immer wieder zog es ihn zurück ans Pult; mit seinen Schriften zur jüdischen Religion öffnete er behutsam die Schleusen für ein aufgeklärtes, fortschrittliches deutsches Judentum. Als Entsprechung zu Lessings stürmischer Attacke auf das christliche Kirchenmonopol, das in verhängnisvoller Kumpanei mit der Fürstlichkeit den Bürgerrechten jede Möglichkeit zur Entfaltung versperrte. Moses wußte: Auch seine Religion, deren Hüter sich nach innen abkapselten, nach außen der Obrigkeit andienten, bedurfte der Erneuerung, auch für sein Volk gab es ohne religiöse Reform keinen Weg aus der – doppelten – Sklaverei.

Lessing hielt hinter den Gitterstäben der Zensur zäh an seiner Vorstellung fortschrittlicher Glaubensbegriffe fest, mit der Mühlenflügelkraft, die ihm geblieben war. Beide Freunde entkrusteten gleichzeitig die religiösen Bezugssysteme der menschlichen Gesellschaft für ihr visionäres aufklärerisches Programm. Diese Arbeit schloß sie auf neue Weise zusammen, ohne daß ein einziges Wort zwischen ihnen fiel.

Der Gesichtskreis wird sich dehnen, über die Reform einzelner Religionen oder Gesinnungen hinaus: Lessing wird mit dem Werk, das jetzt in ihm entsteht, das Prinzip Lessing-Mendelssohn zu einer zeitlosen künstlerischen Form verdichten. Die Grenzen Europas überschreitend, wird sein schöpferischer Geist im Spätherbst der Aufklärung das Wesentliche der Botschaft für die Weltöffentlichkeit sichtbar machen, mit dem fernen, aber einzig erstrebenswerten Ziel der vernünftigen, gemeinsamen Menschen-Existenz.

Wie ging er vor? Zurück zur Schrecksekunde, wo die Mühle Lessing, festgekeilt von der Zensur, mit stillgelegten Flügeln auf ihrem Sandhügel stand. »Auf dem Sande« war Moses geboren worden und nie auf festen Boden gekommen. Auf Sand gebaut war jede Existenz, die sich konsequent der Aufklärung verschrieb. Gefesselt, gedemütigt muß Lessing sich nicht mehr als Mitleidender, sondern als Leidender dem Schicksal aller Ausgegrenzten nahe gefühlt haben. In diesem Moment, wo die Freundschaft zu Moses äußerlich verstummt war, hat sie innerlich am lautesten gedacht.

Was noch zu sagen übrigblieb, staute sich in Notwehr gegen die kirchlich-obrigkeitliche Willkür. Nur mit einem freigegebenen Gott konnte der Mensch freier werden und seine Rechte gegen die Machtgewalt der Fürsten von »Gottes Gnaden« behaupten. »Ich habe gegen die christliche Religion nichts«, argumentierte Lessing mit wiedergefundener Energie, »ich bin vielmehr ihr Freund und werde ihr zeitlebens hold und zugetan bleiben. Sie entspricht der Absicht einer positiven Religion so gut, wie irgendeine andere.«

Wie irgendeine andere?! Der Satz warf die Prinzipien des organisierten Christentums, das sich als alleinseligmachend verstand, auf den Müllhaufen der Irrlehren. Niemals würden Kirche und Obrigkeit solche Ketzereien dulden, deshalb hatte man ihm ja »Zaum und Gebiß« angelegt. Was tun?

Die Zensur zwang Lessing zur Suche nach einer unverfänglicheren Ausdrucksform und setzte damit sogar zwei durchschlagende Gegenkräfte in Bewegung.

Zum einen, daß die Mühle von jetzt an ihre Flügel nicht mehr nach Polemik, sondern nach größeren Zusammenhängen ausrichtete, nicht mehr Gesinnungskörner für oder gegen besserwisserische deutsche Zeitgenossen erschloß, sondern das Lebenswichtige für alle Menschen und für jede Zeit.

Zum anderen, daß Lessing wieder einmal in einem Engpaß seines Schriftstellerdaseins, in der Zwangsjacke des Schreibverbots, auf seine Hauptbegabung zurückgriff: das »Verfertigen« eines Theaterstücks.

Das Theater! Seine süßeste, launischste Muse, die ihn so oft gelockt, so oft geküßt, so oft zurückgestoßen hatte wie er sie. Noch einmal schenkte er ihr seine Liebesgabe. Sein Dramatikergenie. Er hatte keine andere Wahl. Die Zensur ließ sich mit verschlüsselten Dichtungen oder Dramen besser überlisten als mit offener Polemik. »Ich muß versuchen, ob man mich auf meiner alten Kanzel, auf dem Theater wenigstens, noch ungestört will predigen lassen.« Bühne und Kanzel, sein Beruf und seines Vaters Beruf, Herkunft und Bestimmung, weltliche und religiöse Tribüne, zwei Wirkungsfelder schoben sich ineinander.

Das Thema seines neuen Stücks war der Spaten, mit dem er die Wurzeln der Übel für die offene Bühne freigrub. Sobald Religion Machtpolitik wird, folgt wie das Amen in der Kirche die Unterdrükkung und Ausrottung Andersartiger, Andersdenkender. Folgen die großen und kleinen Kriege, weil dann das Jenseits angeblich jede diesseitige Selbstherrlichkeit begünstigt. Und im »Frieden« – neben, vor und nach dem Krieg – grassiert die Verachtung aller Erscheinungen, die abweichen vom Hauptstrom des Anerkannten, Mehrheitlichen in einem Land.

Der Judenhaß war das schreiendste Beispiel, ihn hatte er ein Leben lang studiert, analysiert – und zu bekämpfen versucht. An ihm ließ sich jede Art von Intoleranz darstellen. Aber dabei durfte es nicht bleiben. Es wurde ihm zu klein. Der Bogen mußte sich weiter spannen, über Christen- und Judentum hinaus. Nicht Deutschland, England oder Griechenland oder Italien kamen mehr als Schauplätze in Frage, sondern nur ein Ursprungsort, ein Spannungsfeld der monotheistischen Religionen – und ihres Mißbrauchs.

Auf der Suche nach dem universalen und doch klar umrissenen Stoff besann er sich auf einen schon früher gefaßten Plan. Vor vielen Jahren habe er die Idee zu einem Schauspiel entworfen, dessen Inhalt eine Analogie mit seinen jetzigen Streitigkeiten aufweise, die er sich nicht hätte träumen lassen, erklärte er seinem Bruder. »Wenn Du und Moses es für gut findet, so will ich das Ding auf Subskription drucken lassen.« Zwar wolle er nicht, daß der Inhalt zu früh bekannt werde – sicher fürchtete er die sprungbereiten Wachhunde der Zensur –, »aber doch, wenn Ihr, Du oder Moses, ihn wissen wollt, so schlagt das Decamerone von Boccacio auf: Giornata I, Nov III, Melchisedech Giudeo. Ich glaube, eine sehr interessante Episode dazu erfunden zu haben, daß sich alles sehr gut soll lesen lassen, und ich gewiß den Theologen einen ärgeren Possen damit spielen will ...« als mit jeder Augenblickspolemik.

»Wenn Du und Moses es für gut findet.« – »Wenn Du oder Moses ihn wissen wollt.« Lessings Bruder lebte in Berlin und kam oft mit den Mendelssohns zusammen. Über ihn sandte er dem Freund eine Botschaft, über ihn hielt er die Verbindung. So war es wohl am förderlichsten für den komplizierten Schaffensprozeß, der nun begann. Vielleicht hätte die äußere Kommunikation die innere gehindert. Vielleicht hätten die Unzulänglichkeiten eines persönlichen Briefwechsels oder Gesprächs das Moses-Bild gestört, das in Lessings Herzen lebte, dachte, sprach. Sich unabhängig vom realen Moses weiterentwickelte. Sich mit neuen Zügen vor Lessings innerem Auge regte.

In seiner schöpferischen Phantasie beharrlich wuchs, zu einer selbständigen, vielschichtigen Figur, einer Bühnenfigur.

Ein Kunst-Werk entstand. Lessing schuf im Sommer 1778 mit konzentrierter Energie das Stück, das er *Nathan der Weise* nannte. Er schrieb es in Evas Sterbezimmer, wo er seit ihrem Tod immer arbeitete. Wenn er sich nicht mit ihren Kindern oder mit Freunden beschäftigte oder über die kleine Wiese seitlich des Hauses hinter dem Gartensaal zum Bibliotheksdienst ging.

Im Mittelpunkt von Lessings letztem Theaterstück steht wieder ein ungewöhnlicher jüdischer Mensch, wie in der Anfängerkomödie *Die Juden*. Damals hatte Lessing von Moses noch nichts gewußt und in jugendlicher Radikalität die Phantasiefigur des Juden auf die Bühne gezwungen, den fast nichts anderes als das Vorurteil der Gesellschaft von der Umwelt unterscheidet.

Bald dreißig Jahre war das her. Sein Freund Moses, den er so gut kannte wie kaum einen anderen Menschen, hatte sich zunächst der Figur eines solchen Juden angenähert, sich dann aber, nach Erfolgen und Niederlagen, zu einer universaleren jüdischen Persönlichkeit entwickelt. Wissend, daß man Vorurteile nicht aus der Welt schafft, wenn man Unterschiede und geschichtliche Belastungen beiseite setzt. Sondern nur, wenn jeder Mensch die Herkunft und Gesinnung des anderen anerkennt. Wenn jeder und jede die eigenen Eigenschaften ins große Ganze einbringt, gute Traditionen bewahrt, Fehlentwicklungen erkennt und korrigiert. Lessing hatte den Reifeprozeß mitvollzogen und weitergedacht. Nun wurde es offenbar Zeit für die szenische Gestaltung dieser größer gefaßten jüdischen Figur. Und für die Ausdehnung ins Weltweise, Weltweite.

Die Botschaft war so dringend, daß ihn der Arbeitsprozeß mit Ungeduld erfüllte. »Ich muß nur machen, daß ich mit dem *Nathan* fertig werde. Um geschwind fertig zu werden, mache ich ihn in Versen. Freilich nicht in gereimten, das wäre zu ungereimt.«

Mit der dramatischen Handlung legte er zuerst die Schaufel, dann das Seziermesser genau an den Keim akuter Mißstände. Sechshundert Jahre ging er diesmal hinter seine Gegenwart zurück. In die Zeit der Kreuzzüge, die er wie andere Aufklärer als religiös verbrämte Eroberungskriege verurteilte, als Ursache späterer Intoleranz, als Beginn der ersten systematischen Judenverfolgungen in Europa und des Wahns vom »weißen Herrenmenschen«.

Das Stück spielt in Jerusalem, wo von jeher verschiedene religiöse und ethnische Gruppen um die Alleinherrschaft oder um den größten Einfluß ringen. Jerusalem, das goldene Jerusalem, heilige Stadt dreier großer Weltreligionen. Jerusalem als Bühnenschauplatz – und Brandherd, auf dem Lessing die vielfältigen Verflechtungen von Religion und Politik, von Macht und Ohnmacht, von Liebe und Haß zum Glühen brachte.

Das Stück spielt im Jahr 1190. Atempause im politischen Kräftemessen. Waffenstillstand zwischen Richard Löwenherz und dem siegreichen Sultan Saladin. Jerusalem ist in moslemischer Hand, der christliche Vorstoß gebrochen. Die Christen halten das nahe Akka besetzt und demonstrieren weiterhin, trotz miserabelster Aussichten, ihren Herrschaftsanspruch auf Jerusalem, auf das »gelobte Land«.

Die noch in Jerusalem verbliebenen Juden sind vollkommen machtlos. Seit tausend Jahren. Sie fristen ihr Leben als Manövriermasse zwischen den Kampfparteien und heften im besten Fall mit Todesangst und Phantasie ihren verdeckten Einfluß in die Ritzen des Machtgebälks.

Im Lauf des Stücks stoßen Menschen aus den drei Weltreligionsgruppen auf dem heißen Boden der Stadt aufeinander und unternehmen freiwillig oder gezwungen ihre Spielzüge.

Im mohammedanischen Lager ist Sultan Saladin die dominierende Figur. Saladin, arabisch »Heil des Glaubens«. Der geborene islamische Herrscher. Als erster seines Stamms der Ejubiden hat er in Ägypten die Sultansmacht an sich gerissen. Er ist der unbesiegbare Eroberer von Syrien, Mesopotamien und – drei Jahre vor der Zeit des Spiels – von Jerusalem. Wie immer in der historischen Wirklichkeit sein Charakter gewesen sein mag: Lessing zeichnet ihn als souveränen Machtmenschen mit Verstand, also mit Verständigungsbereitschaft. Bedenkenlos schlägt er zu, wo er es für angebracht hält, Kriegführen ist ein fester Bestandteil seines Herrschaftsprogramms. Trotzdem mißbraucht er die Macht nicht bis zum Äußersten. Er ist Argumenten zugänglich, er verliert nie einen Kern gelassener Menschlichkeit. Religiöse Intoleranz ist ihm wesensfremd. Er hält Glauben und Machtkampf exakt auseinander. Christen sind politische Kontrahenten im Ringen um die Herrschaft über das Kerngebiet der großen Mittelmeerkulturen. Judenverachtung? Eine Selbstverständlichkeit, aber er übt sie aus Gewohnheit, nicht aus Überzeugung, auch sie ist ein Spielelement, das er einsetzt oder zurückzieht, wie es gerade am günstigsten erscheint.

Ganz anders die Christen. Sie sind fanatisch bis zur Unehrlichkeit. Sie trennen nie zwischen den ganz gewöhnlichen Machtinteressen und den frommen Glaubenssprüchen. Und zwar deshalb nicht, weil sie durchdrungen sind oder durchdrungen zu sein vorgeben – wovon? Von der Überzeugung, ihre allein richtige, alleinseligmachende Religion gebe ihnen das Recht nicht nur zur Eroberung des Stammlandes ihres Glaubens, sondern auch zur Unterjochung und Bekehrung der »Gottlosen«, also all derer, die nicht dasselbe glauben wie sie.

Die Eroberung des Herkunftslandes Christi wäre nicht nur machtpolitisch ein entscheidender Gewinn, sie könnte auch für immer das Dilemma der europäischen Christen beenden: daß sie nämlich in ihrem Glauben auf ein unvertrautes, fernes Gebiet bezogen sind. Und auf einen Erlöser aus einer anderen Religion, deren Grundzüge sie übernommen haben, die sie für diese Abhängigkeit hassen und verachten. Die Kreuzzüge waren der erste und bisher letzte Versuch der Christen, sich den verfluchten siamesischen Zwilling einzuverleiben, wenn er schon nicht abzuschütteln oder abzuschlagen ist.

Sie sind brutal, hochfahrend und verbissen, Lessings Christen. Bis auf einen, den Machtlosesten, einen einfachen Klosterbruder, der in christlicher Demut wagt, nach dem eigenen Gewissen zu handeln. Er verkörpert in seiner Bescheidenheit Lessings christliches Ideal.

KLOSTERBRUDER:

Und ist denn nicht das ganze Christentum
Aufs Judentum gebaut? Es hat mich oft
Geärgert, hat mir Tränen gnug gekostet,
Wenn Christen gar so sehr vergessen konnten,
Daß unser Herr ja selbst ein Jude war.

Schließlich Nathan der Jude. Die Moses-Mendelssohn-Figur, die Lessing aus der Fülle seiner jahrzehntelangen Freundschaftserfahrung liebevoll herauskristallisierte, mit eigenen Wesenszügen verband – und ins Allgemeingültige erhob. Da das Vor-Bild so bekannt ist, läßt sich die künstlerische Metamorphose an Nathan bis in feinste Blutbahnen mitvollziehen. Er ist Kaufmann und Weiser wie Moses, Freidenker wie beide Freunde zusammen. Er gehört zu keiner Gruppe, steht für sich allein. Geduldet und momentan geschont, weil er reich ist. Gelegentlich sogar verehrt für seine Vernunft und Güte. Trotzdem ist seine Existenz auf Sand gebaut, Wüstensand, lose und unsicher. Als Jude ist Nathan ständig von Moslems wie Christen gleich – und doppelt – bedroht. Er kann jederzeit enteignet, verjagt oder abgeschlachtet werden. Seiner ganzen großen Familie ist es vor Jahren schon geschehen, er hat als einziger überlebt.

NATHAN:

Ihr wißt wohl aber nicht, daß
In Gath die Christen alle Juden
Mit Weib und Kind ermordet hatten; wißt
Wohl nicht, das unter diesen meine Frau
Mit sieben hoffnungsvollen Söhnen sich
Befinden, die in meines Bruders Hause,
Zu dem ich sie geflüchtet, insgesamt
Verbrennen müssen.

KLOSTERBRUDER:

Allgerechter!

NATHAN:

Als
Ihr kamt, hatt ich drei Tag' und Nächt' in Asch'
Und Staub vor Gott gelegen, und geweint. –
Geweint? Beiher mit Gott wohl auch gerechtet,
Gezürnt, getobt, mich und die Welt verwünscht;
Der Christenheit den unversöhnlichsten Haß zugeschworen –

KLOSTERBRUDER:

Ach! Ich glaubs Euch wohl!

NATHAN:

Doch nun kam die Vernunft allmählig wieder.
Sie sprach mit sanfter Stimm': ›Und doch ist Gott!‹
Indem stiegt ihr
Vom Pferd', und überreichtet mir das Kind. Was Ihr
Mir damals sagtet; was ich Euch: hab' ich
Vergessen. So viel weiß ich nur; ich nahm
das Kind, trug's auf mein Lager, küßt' es, warf
Mich auf die Knie und schluchzte: Gott! auf Sieben
Doch nun schon Eines wieder!

Lessings Scharfblick erfaßt in der kurzen Geschichte das ganze fatale Ineinander-Verschlungensein von »Christlichem« und »Jüdischem«. Christen haben Nathans Familie vernichtet. Ein Christ hat ihn aus der Todesverzweiflung geholt, indem er ihm ein fremdes Kind in die Arme legte. Ein kleines Mädchen, von dem er nur wußte, daß seine angeblich christlichen Eltern während des Kriegs gestorben waren. Nathan hat es aufgenommen, aufgezogen – und als eigene Tochter ausgegeben, als jüdisches Mädchen also. Ein neues Dilemma. Und der Klosterbruder bewahrt das Geheimnis.

Nathan nennt das Mädchen Recha. Eine von Moses Mendelssohns Töchtern hieß Recha. Und Lessing kannte die Stiefvaterschaft von ihrer kompliziertesten Seite. Er hing mit großer Zuneigung an Evas verwaister Tochter Amalie, er sorgte so liebevoll für sie, daß er sich gegen gehässigen Klatsch aus der Umgebung wehren mußte.

Nathan lebt mit einer Lüge, um Vater zu sein. Auch die Hauptfigur in Lessings Anfängerkomödie *Die Juden* lebt mit einer Tarnungslüge, der Verschleierung seines Judentums. Nathan verheimlicht die Tatsache, daß Recha nicht seine echte Tochter ist. Beide greifen zu gewagten Täuschungsmanövern, aus verschiedenem Grund, aber aus derselben Urangst vor Verfolgung und Verlust.

Zu Beginn des Stücks kehrt Nathan, die Kamele mit Kostbarkeiten befrachtet, von einer Handelsreise zurück. Gleich wird er mit der Hiobsmeldung konfrontiert, daß sein Haus wieder gebrannt hat. Diesmal aus harmloser Ursache, was die Gefährlichkeit nicht mindert. Recha wurde aus dem Feuer gerettet, und zwar ausgerechnet von einem kirchlich tätigen Christen, dem sogenannten Tempelherrn, der von den siegreichen Muslimen zum Tod verurteilt und unerwartet von Sultan Saladin höchstselbst begnadigt worden ist.

Das Brandzeichen ist Startsignal für einen spannungsgeladenen Kampfreigen der verschiedenen Parteien auf dem Kraterrand des Vulkans Jerusalem. Um Macht oder Geld oder Liebe oder Duldung, aufeinander zu, voneinander weg, miteinander, gegeneinander, mächtig-ohnmächtig, verstrickt in Angriff und Verteidigung, Wahrheit und Verdrehung.

Sultan Saladin sitzt infolge der kostspieligen Kriege vor leeren Geldschatullen ... wie Friedrich der Große, der gegen Ende des Siebenjährigen Kriegs in der Bedrängnis zwei seiner Schutzjuden zu finanziellen Manipulationen nötigte. Saladins schlaue Schwester Sittah macht kürzeren Prozeß. Sie bringt ihren Bruder auf die Idee, er möge doch den reichen Juden, diesen Nathan, enteignen und mit der Beute die peinlichsten Löcher stopfen. Saladin hat Beißhemmungen, zumal Sittah im selben Atemzug ganz unbefangen ausplaudert, wie großmütig und edel Nathan seinen Reichtum anwende, wie frei von Vorurteilen sein Geist, wie offen sein Herz für jede Tugend und Schönheit sei. Erschrocken mahnt er die Schwester, sie wolle einem so außerordentlichen Menschen seinen Besitz doch wohl nicht mit Gewalt entreißen.

DA SAGT SITTAH:

Ja, was heißt
Bei dir Gewalt? Mit Feur' und Schwert? Nein, nein,
Was braucht es mit den Schwachen für Gewalt,
Als ihre Schwäche?

Sie meint, die Schwäche der Schwachen lade die Starken direkt zur Gewaltanwendung ein. Das könnte heißen: Die Schwäche sei in sich auch ihr eigenes Gegenteil, sei letztlich selbst die Gewalt, die sich gegen sie richtet. Ein Grundzug jeder diktatorischen Gesinnung. Der Schwache, die Schwache, das Schwache, ein schwaches Gemeinwesen, ein schwacher Staat, also alle, also alles außer einer Clique augenblicklich Starker ist selbst schuld, wenn es vernichtet wird.

Saladin und Sittah erörtern nur einen winzigen Teilbereich der Gewalt gegen Schwache, nämlich die alltägliche Judenverfolgung, das Giftgemisch aus Vorurteil, Lüge, Verachtung und heimlicher Bewunderung. Aber sie sprechen ohne Aufgeregtheit, ohne den blindwütigen Haß, der den christlichen Widerwillen gegen Juden so gefährlich macht. Die Geschwister kommen zu einem pfiffigen Ergebnis. Sie werden Nathan nicht brutal berauben. Sie werden ihm in echt orientalischer Tradition eine Fangfrage stellen, die er nur falsch beantworten kann, und sich dann mit gutem Gewissen auf sein Geld stürzen, denn er wird ja doppelt, nämlich als Schwacher und als unfähiger Fragenbeantworter, schuld am eigenen Untergang sein. Chancen hat er keine. Was braucht es mit dem Schwachen für Gewalt – als seine Schwäche?

Nathan wird in den Palast zitiert, der Sultan stellt ihm umstandslos die Frage. Die Menschheits-Grundfrage. Hier ist sie auf die Religionen und die aus ihnen entstandenen gesellschaftlichen Gesetze bezogen, sie läßt sich leicht auf andere Gesinnungsunterschiede ausweiten. So stellt der Moslem Saladin die Frage an den Juden Nathan:

SALADIN:
Da du nun
So weise bist: so sage mir doch einmal –
Was für ein Glaube, was für ein Gesetz
Hat dir am meisten eingeleuchtet?

NATHAN:
Sultan, ich bin ein Jud'.

SALADIN:
Und ich ein Muselmann.
Der Christ ist zwischen uns. – Von diesen drei
Religionen kann doch eine nur
Die Wahre sein.
Wohlan! So teile deine Einsicht mir
Dann mit. Laß mich die Gründe hören, denen
Ich selber nachzugrübeln nicht die Zeit
Gehabt.
Nun so rede!
Es hört uns keine Seele.

NATHAN:
Möcht auch doch
Die ganze Welt uns hören.

SALADIN:
So gewiß
Ist Nathan seiner Sache? Ha! das nenn'
Ich einen Weisen! Nie die Wahrheit zu
Verhehlen! für sie alles auf das Spiel
Zu setzen! Leib und Leben! Gut und Blut!

Nicht nur um Nathans Gut geht es, sondern selbstverständlich auch um sein Blut. Denn wenn Saladin Nathans Gut an sich risse, ließe er Nathans Blut sicherheitshalber vergießen. Nathans Leben steht auf dem Spiel, dem Spiel mit der »einzig richtigen« Wahrheit. Das Spiel ist verloren, bevor es begonnen hat. Welche Antwort er auch gibt, sie ist falsch, sie stempelt ihn zum Lügner oder zum Beleidiger des Sultans.

Aber: Auch Nathan ist Orientale. Wie die legendäre Geschichtenerzählerin Scheherezade. Der Herrscher ihres Landes zwang sie in sein Bett und wollte sie am nächsten Morgen hinrichten lassen. Jedes Mädchen ließ er nach der ersten »Liebes«-Nacht hinrichten, seit seine Frau ihm einmal untreu gewesen war, wofür sie hatte sterben müssen. In ihrer Henkersnacht erzählte ihm die erfinderische Scheherezade nach dem »Liebesspiel« zur Unterhaltung eine Geschichte – und brach an der spannendsten Stelle ab. Der Mann wollte unbedingt das Ende hören, aber sie vertröstete ihn auf die nächste Nacht und konnte die Hinrichtung so bis zum übernächsten Tag hinausschieben. In der zweiten Nacht offenbarte sie den Schluß der Geschichte, begann eine neue, verstummte wieder am aufregendsten Punkt, und so Nacht für Nacht, jahraus, jahrein. Nach tausend Nächten und einer Nacht voll Phantasie und Todesangst war sie am Ende ihrer Kraft. Am Ende ihrer Geduld mit dem hirnverbrannten Blinden, der von einem Tag zum andern Tag nur dachte: »Gut, dann töte ich sie übermorgen.« Sie zeigte ihm die drei gemeinsamen Kinder, die sie aus Angst um aller Leben bisher vor ihm verborgen hatte. Das eine trippelte schon, das zweite kroch, das dritte lag an ihrer Brust. Sie bat ihn, sein Werk nun zu tun. Da erst fiel es ihm wie Schuppen von den Augen, er sank vor Scheherezade auf die Knie und machte sie zu seiner Gemahlin. Nicht nur ihre Gewitztheit und Güte hatten ihn verändert. Auch der Ideenreichtum ihrer tausend Geschichten. Schon in der ersten ist die Rede von einem todgeweihten Menschen, der den Kopf aus der Schlinge zieht, indem er mit einer guten Geschichte seinen Mörder beeindruckt und beschämt.

Den gleichen Schleierzipfel einer Überlebenschance ergreift Nathan. Er erzählt, »aus uralter Zeit«, die Geschichte von dem Mann, »der einen Ring von unschätzbarem Wert aus lieber Hand besaß«. Der Reif umfaßte einen Opal, der in tausend Farben spielte und dem eine sagenhafte Traumkraft innewohnte: Er machte seinen Träger vor Gott und vor den Menschen angenehm. Der glückliche Besitzer kannte keine Feinde, zog nie Gottes Zorn auf sich, verhielt sich automatisch immer so, daß er Beifall und Zuneigung heraufbeschwor – und legte, was Wunder, den Ring niemals ab.

Als dieser Glücksmensch älter wurde, machte er sich Gedanken über die Bestimmung des Rings nach seinem Tod. Und verfügte, das Kleinod müsse auf alle Zeit in seinem Haus verbleiben. Er hatte drei Söhne und überlegte, welchem er den Ring vermachen solle. Da Liebens-Würdigkeit in seinem Familienreich die oberste Tugend war, vergab er ihn nicht etwa an den ältesten, sondern an den geliebtesten Sohn und schrieb noch ins Testament, dieser Sohn müsse ihn dem geliebtesten seiner Söhne hinterlassen, dieser wieder dem geliebtesten, ohne Rücksicht auf das Geburtsjahr. Und der Besitzer solle immer das Oberhaupt des Hauses sein. Frauenzimmer waren von so bedeutender Erbfolge ausgeschlossen.

Was der Urvater erlassen hatte, vollzog sich über Generationen. Und da der Ring die Liebe und Begeisterung im Haus verewigte, entstand nie Streit um das Erbe, nur Einigkeit und Freude und Vergnügen.

Bis sich auch in diesem Fall erwies, daß eben doch nichts Irdisches ewig dauert. Irgendwann kam der Ring auf einen Erben, der drei Söhne hatte, aber beim besten Willen keinen dem anderen vorziehen konnte. Er liebte alle drei genau gleich. Diese Liebe ohne Abstufung wurde zum Problem. Zumal er jedem Sohn in einem Augenblick besonderer Vertrautheit, in dem er plötzlich dachte, dieser und kein anderer sei der würdigste Erbe, den Ring versprach.

Als er sein Lebensende nahen fühlte, kam er in Gewissensnöte. Welchem Sohn er auch immer die Kostbarkeit hinterließ, er kränkte zwei andere, die sich ebenso vertrauensvoll auf sein Wort verließen. Das konnte ein Mensch, der nur in Harmonie gelebt hatte, nicht verantworten. Lieber griff er zu einer List, um wenigstens in der Todessekunde keine Enttäuschung heraufzubeschwören. Er bestellte bei einem Goldschmiedekünstler nach dem Muster seines Rings zwei originalgetreue Kopien, eine knifflige Aufgabe, die dem Juwelier anscheinend perfekt gelang. Denn als er mit den Ringen erschien, konnte selbst der alte Mann, der das Original ein Leben lang getragen hatte, nicht mehr unterscheiden, welcher der echte und welche zwei die Nachbildungen waren. Im Moment des Sterbens rief er seine Söhne, jeden für sich allein, gab jedem den Segen – und seinen Ring – und starb. Starb leicht, starb leichtfertig, denn was nach seinem Tod unweigerlich geschehen mußte, kümmerte ihn nicht mehr.

NATHAN:

Kaum war der Vater tot, so kömmt ein jeder
Mit seinem Ring, und jeder will der Fürst
Des Hauses sein. Man untersucht, man zankt,
Man klagt. Umsonst; der rechte Ring war nicht
Erweislich; – Fast so unerweislich, als
Uns itzt – der rechte Glaube.

An dieser Stelle seiner Geschichte wird die Situation für Nathan bedrohlich, der Sultan glaubt sich hinters Licht geführt.

SALADIN:

Spiele nicht mit mir! – Ich dächte,
Daß die Religionen, die ich dir
genannt, doch wohl zu unterscheiden wären.

NATHAN:

Doch nur von Seiten ihrer Gründe nicht.
Denn gründen alle sich nicht auf Geschichte?
Kann ich von dir verlangen, daß du deine
Vorfahren Lügen strafst, um meinen nicht
Zu widersprechen? Oder umgekehrt.
Das Nämliche gilt von den Christen. Nicht?

Saladin wird nachdenklich, und Nathan führt mutig die Geschichte weiter. Die drei Söhne seien vor Gericht gezogen, jeder mit seiner Wahrheit, nämlich, er habe den Ring unmittelbar vom sterbenden Vater erhalten. Der Sultan treibt ungeduldig, er wolle nun hören, was Nathan den Richter sagen lasse; Nathan fährt ruhig fort und läßt jedes Wort auf der Zunge zergehen; er hat den Sultan in seinem Bann, der Schwache den Starken, mit der Macht des Wortes.

NATHAN:

Der Richter sprach: Ich höre ja, der rechte Ring
Besitzt die Wunderkraft, beliebt zu machen;
Vor Gott und Menschen angenehm. Das muß
Entscheiden! Denn die falschen Ringe werden
Doch das nicht können! – Nun: wen lieben zwei
Von euch am meisten? – Macht, sagt an! Ihr schweigt?
Jeder liebt sich selber nur
Am meisten? – O so seid ihr alle drei
Betrogene Betrüger! Eure Ringe
Sind alle drei nicht echt. Der echte Ring
Vermutlich ging verloren. Den Verlust
Zu bergen, zu ersetzen, ließ der Vater
Die drei für einen machen.

SALADIN:

Herrlich! Herrlich!

NATHAN:

Und also fuhr der Richter fort: Hat von
Euch jeder seinen Ring von seinem Vater,
So glaube jeder sicher seinen Ring den echten.
Es eifre jeder seiner unbestochnen,
Von Vorurteilen freien Liebe nach!
Es strebe von euch jeder um die Wette,
Die Kraft des Steins in seinem Ring an Tag
Zu legen! Komme dieser Kraft mit Sanftmut,

Mit herzlicher Verträglichkeit, mit Wohltun,
Mit innigster Ergebenheit in Gott
Zu Hülf'! Und wenn sich dann der Steine Kräfte,
Bei euren Kindes-Kindeskindern äußern:
So lad' ich über tausend tausend Jahre,
Sie wiederum vor diesen Stuhl. Da wird
Ein weisrer Mann auf diesem Stuhle sitzen,
Als ich; und sprechen. –

SALADIN:
Gott! Gott!

NATHAN:
Saladin, wenn du dich fühlest, dieser weisere
Versprochne Mann zu sein: ...

SALADIN:
Nathan, lieber Nathan!
Die tausend tausend Jahre deines Richters
Sind noch nicht um. – Sein Richterstuhl ist nicht
Der meine. – Geh! – Geh! – Aber sei mein Freund.

NATHAN:
Und weiter hätte Saladin mir nichts
Zu sagen?

SALADIN:
Nichts.

Um das Gleichnis von den Ringen hat Lessing den weiträumigen Bau des Stücks mit seinen feingeschwungenen Kuppeln errichtet. Es ist das Zentrum seines Anliegens. Er griff auf eine alte Geschichte zurück, die seit der Kreuzzug-Zeit in der Sagen-Schatztruhe vieler Völker lagert. Entdeckt hatte er sie in Boccaccios *Decamerone*, wie er es seinen Bruder und durch den Bruder auch Moses hatte wissen lassen.

Der Sinn aller alten Ringgeschichten vor Lessing ist gleich: Es gibt eine einzige, echte Wahrheit über Gott und die Welt. Es gibt die Möglichkeit des Besitzes der letzten Wahrheit, also des echten Rings. Aber die Menschheit ist schon alt, in viele Völker gespalten, und zieht eine breite Spur von Anschauungen hinter sich her. Wer kann wissen, welche die richtige ist? Wer kann das Original aus den Kopien herauslösen?

Lessing erzählt den Schluß der Geschichte entscheidend anders: Die drei Söhne fangen sofort an, sich zu befehden und zu verklagen, keiner ist besonders friedliebend, ebensowenig wie die Hüter der einzelnen Religionen. Daraus schließt der Richter, daß der echte Ring, der doch die Zauberkraft der reinen Liebe auf den Menschen überträgt, abhanden gekommen sei. Und daß alle drei nur Nachbildungen sein können. Absolute Wahrheit ist dem Menschen unerreichbar. Die einzelnen Verbildlichungen geben eine Ahnung von der vollkommenen Form. Im Streben nach Wahrheit, wenn es in vorurteilsloser Liebe geschieht, sind alle Gesinnungen gleichwertig. Keine ist, erkannt oder unerkannt, besser als die andere. Und jede hat die Möglichkeit, vielleicht in tausend tausend Jahren, in einer nicht abzuschätzenden Zukunft, die Kraft der verlorenen kosmischen Wahrheit wieder erstehen zu lassen.

Wie Goldfäden sind die brisanten Gedanken verwoben in das orientalisch gemusterte Geschichtenkleid. Lessings Nathan spricht eine wohlbegründete, definitive Absage an die Zwangsvorstellung, eine einzelne Religion – und das sich daraus ergebende Gesetz – sei allein und für immer maßgebend.

Lessing sagte selbst, daß Nathans »Gesinnung gegen alle positive Religion« auch seiner Überzeugung entspreche. In der Ringgeschichte verschmelzen Gotthold und Moses zu einer einzigen Figur. Denn aus Nathans Geschichte spricht mit genauso kompromißloser Klarheit Moses Mendelssohn. »Nichts preßt unser Herz so sehr zusammen«, sagte Moses zwar, »als eine ausschließende Religion. Wenn sie auch nicht zu blutigen Verfolgungen reizt, so erzeugt sie doch einen lieblosen Stolz auf unsern ausschließenden Wert vor Gott, der unseren tugendhaftesten Trieben eine schiefe Richtung gibt.« Doch bei all diesen Einsichten bleibt Nathan – wie Moses – seinem Judentum treu, weil für seine Person die jüdische Gesetzesreligion nach Tradition und Glauben die richtige ist.

Der Verzicht auf die unselige Manie, die jeweils eigenen Glaubenssätze für allgemeingültig zu erklären und alles andere bis auf den letzten Blutstropfen zu bekämpfen, ist für Nathan ebenso wie für Gotthold und Moses der einzige Schlüssel zu Toleranz und Frieden.

Lessing selbst zweifelte allerdings schon leise an der Notwendigkeit eines Bekenntnisses zu einem vorformulierten Glauben, was ihn von Moses grundsätzlich unterschied. »Wenn man sagen wird«, meinte Lessing, »dieses Stück lehre, daß es nicht erst von gestern her Leute gegeben, die sich über alle geoffenbarte Religion hinweggesetzt hätten, und doch gute Leute gewesen wären; wenn man hinzufügen wird, daß ganz sicher meine Absicht dahingegangen sei, dergleichen Leute in einem weniger abscheulichen Lichte vorzustellen, als in welchem der christliche Pöbel sie gemeiniglich erblickt: so werde ich nicht viel dagegen einzuwenden haben.« Damit löste er in Gedanken Gott von den aneinanderklirrenden Fesseln, die Gottes verschiedene Erfinder für ihn geschmiedet haben. Ein freier Gott kann nichts anderes sein als der transzendentale Spiegel des freien, mündigen Menschen. Im verantwortungsvollen Zusammenspiel der realen und transzendentalen Kräfte, in Gewaltlosigkeit und Gleichberechtigung, entstünde die einzige Welt, auf der zu leben lebenswert wäre.

Nathan hat mit seiner Ringgeschichte den Sultan zu Tränen gerührt, wie Scheherezade ihren Fürsten, er hat einen Menschen überzeugt, einen Machthaber sogar mit rivalisierender Religion. Das Geld muß er ihm nun geradezu aufdrängen. Saladin ziert sich, wenn auch nur schwach und kurz, bevor er es annimmt. Eine islamisch-jüdische Verständigung beginnt. Wie sie später in schweren Kriegen, in schrecklichen Gegnerschaften unterging – und doch immer möglich blieb. Zwei Orientalen haben sich in Lessings dramatischer Einfühlung durch die Kraft einer gut erzählten und guten Geschichte gefunden.

Um so mehr wird Nathan nun von der christlichen Seite zugesetzt, sie ist europäisch geprägt und in ihrer Sturheit unbeweglich. Trocken, grau, ohne jeden Sinn für orientalische Phantasie, obwohl oder gerade weil ihre eigene Religion in einer orientalischen wurzelt. Lessing kritisiert die Wirklichkeit der eigenen Religion besonders scharf, er hält ihren Unzulänglichkeiten besonders konsequent den Spiegel vor.

Recha entdeckt in einer Betrachtung über Nathans christliche Hausbesorgerin sadistische Züge im fanatisierten Christentum:

RECHA:
Ach! die arme Frau
Ist eine Christin; – muß aus Liebe quälen; –
Ist eine von den Schwärmerinnen, die
Den allgemeinen, einzig wahren Weg
Nach Gott zu wissen wähnen;
Und sich gedrungen fühlen, einen jeden,
Der dieses Wegs verfehlt, darauf zu lenken. –

Nathans vorgebliche Tochter ist der Köder für die Haie. Ihr Retter aus der Feuersbrunst, der christliche Tempelherr, also Kreuzfahrer, also Krieger, hat sich bei halbgenauem Hinsehen in sie verliebt. Eine Katastrophe, wenn er bedenkt, daß er sie als Jüdin betrachten muß. Gerade erst und zur eigenen Verblüffung vom Sultan begnadigt, hat er die alte Arroganz wiedergefunden. Die überschwengliche Dankbarkeit des Juden Nathan für die Rettung seiner Tochter ist ihm peinlich. Eigentlich empfindet er es als Zumutung, mit einem Juden überhaupt sprechen zu müssen. Ärgerlich fertigt er ihn mit einem abschließenden Urteil über ihn und seinesgleichen ab.

TEMPELHERR:
Wißt Ihr, Nathan, welches Volk
Zuerst das auserwählte Volk sich nannte?
Wie? wenn ich dieses Volk nun, zwar nicht haßte,

Doch wegen seines Stolzes zu verachten,
Mich nicht entbrechen könnte? Seines Stolzes;
Den es auf Christ und Muselmann vererbte,
Nur *sein* Gott sei der rechte Gott!

Wenn es also ein Fehler der Christen oder Moslems sein sollte, ihre Religion über alles zu stellen, dann sind die Juden daran schuld, weil die anderen es von ihnen übernommen haben! Nathan antwortet nicht direkt auf die Vorwürfe, was das »auserwählte Volk« betrifft – auch nicht auf die Beschuldigung, es habe die Idee vom einzig richtigen Gott wie ein Netz über die beiden anderen Religionen geworfen. Man wird sehen, wie Moses Mendelssohn in seinem nächsten Buch die Rolle des Nathan in dieser Hinsicht weiterschreiben wird.

LESSINGS NATHAN SAGT NUR:
Verachtet
Mein Volk, so sehr ihr wollt. Wir haben beide
Uns unser Volk nicht auserlesen. Sind
Wir unser Volk? Was heißt denn Volk?
Sind denn Christ und Jude eher Christ und Jude,
Als Mensch?

Da ist er wieder, der Satz, da ist sie wieder, die Lessing-Mendelssohn-Forderung. Am leichtesten zu stellen, am schwersten zu erfüllen. Im Menschen zuerst den Menschen sehen, nicht den Angehörigen einer Gruppierung. Moses hat den Satz schon in die erste Gemeinschaftsarbeit mit Lessing hineingeschrieben: »... daß Juden auch Menschen sind.« Er sagte ihn immer wieder, er richtete ihn Jahrzehnte später an Lavater: »Wenn wir dem Schafe und dem Seidenwurm wiedergeben, was sie uns geschenkt haben, so sind wir beide Menschen.« Für Lessing war es selbstverständlich, Menschen ohne Vor-Urteil zu begegnen, aber er kannte die Welt, sein Nathan sprach den Satz in Frageform und gab eine mehr als halb resignierte Antwort:

NATHAN:

Ah! Wenn ich einen mehr in Euch
Gefunden hätte, dem es genügt, ein Mensch zu heißen!

Einen mehr oder einen überhaupt?

Der Tempelherr verkündet bald danach, er gedenke Recha zu heiraten. Nathan zögert mit der Zustimmung, was den selbstbewußten Freier außer sich bringt. Für ihn ist es unfaßbar, daß ein Jude nicht vor Dankbarkeit erstirbt, wenn ein Christ die jüdische Tochter durch Heirat zu sich heraufheben, vom jüdischen Schicksal erlösen will.

Da flüstert Nathans christliche Haushälterin dem Tempelherrn zu, was sie niemandem zuflüstern dürfte, nämlich daß Recha vermutlich gar nicht die Tochter des Juden, sondern eine verhinderte Christin sei. Nun ist er nicht mehr aufzuschieben, Lessings dramaturgischer Moment der Wahrheit. Wie in der Anfängerkomödie *Die Juden* wird er fällig, sobald die Möglichkeit einer Heirat am Horizont erscheint.

Es ist heraus. Der Tempelherr hat jetzt den Hebel für die Heirat mit Recha gegen Nathans Willen, denn er kann ihn eines religiösen Vergehens überführen. Allerdings braucht er dazu ein Dekret von höchster Ebene. Also wendet er sich mit dem Gerücht an den Allerhöchsten, den christlichen Patriarchen von Jerusalem. Merkwürdigerweise schreckt er vor der Nennung von Nathans Namen noch zurück. Vorerst will er nur theoretisch mit dem hohen Geistlichen ergebenst die Begleiterscheinungen eines solchen Falls diskutieren. Vielleicht weil er die Brachialnatur des Patriarchen doch ein wenig fürchtet.

Lessing hievt den Kirchenfürsten als Modellfall des erzreaktionären christlichen Eiferers auf die Bühnenbretter; er kennt ihn, er hat ihn als Kind im eigenen Vater erlebt, dann in vielen anderen Inkarnationen bis hin zum Pastor Goeze.

Kaum wittert der jähzornige Oberhirt von weitem die Ungeheuerlichkeit, daß ein Jude ein christliches Kleinkind aufgenommen und als eigenes im jüdischen Glauben erzogen haben könnte, als er auch schon rot sieht wie der Stier beim Wehen der Capa. Weil ein solcher Übergriff eine entsetzliche, abscheuerregende Todsünde ist.

Wenn ein Jude einen erwachsenen Christen zur Apostasie verführen sollte, würden ihn die christlichen Gesetze sofort auf den Scheiterhaufen katapultieren, sagt er. Erst recht mit dem Feuertod sei ein Jude zu bestrafen, der ein Kind, ein unschuldiges, armes Christenkind, mit Gewalt dem Bund der Taufe entreiße.

PATRIARCH:

Denn ist nicht alles, was man Kindern tut, Gewalt?
Zu sagen: ausgenommen, was die Kirch an Kindern tut.

So viel Starrsinn geht dem Tempelherrn doch zu weit. Er wendet ein, das Kind wäre vielleicht im Elend umgekommen, wenn Nathan sich nicht seiner erbarmt hätte.

PATRIARCH:

Tut nichts, der Jude wird verbrannt. – Denn besser
Es wäre hier im Elend umgekommen,
Als daß zu seinem ewigen Verderben
Es so gerettet ward.

Zwei Einwände noch bringt der erschrockene Tempelherr vor. Nämlich, daß Gott doch selbst wisse, ob er ein Menschlein im Jenseits selig machen könne oder nicht, und daß der Jude das Mädchen eigentlich in keiner speziellen Religion erzogen habe: »Und sie von Gott nicht weniger, nicht mehr gelehrt, als der Vernunft genügt.«

Beide Male donnert der Patriarch: »Tut nichts, der Jude wird verbrannt.« Lessings geniale Kurzformel für unverbesserlichen Völkerhaß. Ganz gleichgültig, wie der Jude seine Handlungen rechtfertigen könnte, »tut nichts«, er »wird verbrannt«, weil der Haß gegen ihn in Wirklichkeit von seinen Handlungen unabhängig ist und nur einen Anlaß zum Losschlagen sucht.

Hier gibt es allerdings mehr als genug Anlaß zum Losschlagen! Daß der Tempelherr auch auf gröbstes Drängen den Namen des Kapitalverbrechers und seines beklagenswerten Opfers nicht preisgeben will, bringt die Wut des Patriarchen zum Überkochen. Er werde nun den Fall dem Sultan selbst vortragen, sagt er dem Tempelherrn. Gegen diesen verdammten Juden will er sich sogar mit dem mächtigsten Mohammedaner, seinem Todfeind, zu einer Interessengemeinschaft verbünden. Denn eine unabhängige Vernunftreligion, wie Nathan sie seiner falschen Tochter beigebracht haben soll, ist staatsgefährdend. Ganz gleich für welchen Staat.

PATRIARCH:

Ich geh sogleich zum Sultan. – Saladin,
Vermöge der Kapitulation,
Die er beschworen, muß uns, muß uns schützen;
Auch mach' ich ihm gar leicht begreiflich, wie
Gefährlich selber für den Staat es ist,
Nichts glauben!

Lessing forscht alle Krankheitserscheinungen des Völkerhasses mit der gleißendhellen Operationslampe des Aufklärers aus. Nichts läßt er ungesagt, er blendet in die schummrigsten Tropfsteinhöhlen fehlgeleiteter Instinkte. An der Person des Tempelherrn legt er die perverse Faszination bloß, die das sogenannte, das eingebildete, das vorgebliche »Jüdische« für den Judenhasser hat, bis in geheime erotische Regungen. Das zwiespältige Verkralltsein des Verfolgers in sein Opfer:

TEMPELHERR:

– Ach! Rechas wahrer Vater
Bleibt, trotz dem Christen, der sie zeugte – bleibt
In Ewigkeit der Jude. – Wenn ich mir
Sie lediglich als Christendirne denke,

Sie sonder alles das mir denke, was
Allein ihr so ein Jude geben konnte; –
Sprich, Herz, – was wär' an ihr, das dir gefiel?

So etwas sagt ein Christ von einer Jüdin, die gar keine Jüdin ist, so daß er »das Jüdische« an den Haaren in sie hineininterpretieren muß und dabei ausgerechnet den eben erst verfluchten falschen Vater als eigentlichen »Vater« zurückbiegt, der allein ihr das gegeben haben soll, was an ihr reizen kann! – Es erinnert an die Verrenkungen in der Komödie *Die Juden*, die grotesken Mutmaßungen ihrer Figuren über »das Jüdische« – es gehört zu Lessings akribischer Entlarvung des wahnhaften Haßverhältnisses von Christen zu Juden mit seinen Absurditäten, die immer bizarrer und unsinniger werden, je genauer man sie untersucht.

An Rechas reiner, starker Persönlichkeit prallen solche Irrläufer ab. Recha ist nicht nur ein empfindsames, vernünftiges Mädchen. Sie ist als einzige Figur des Stücks ein Wesen ganz und gar aus dem Geist der Aufklärung. Sie bewegt sich im Niemandsland der ungeklärten Herkunft und ist von Nathan lediglich in einer weitgefaßten, undogmatischen Vernunftreligion erzogen worden. Ohne starres Konfessionskorsett probt sie den aufrechten Gang auf dem neuen Weg zu einer wahrhaft freiheitlichen Gesinnung. Sie hat die größte Chance zu einem echten Neubeginn.

Es ist nicht das erste Mal, daß Lessing ein Frauenzimmer, eine weibliche junge Person, als den zukünftigen, den wirklich vernünftigen, vorurteilslosen Menschen darstellt. In der Jugendkomödie *Die Juden* war es die Tochter des Barons, das »junge Fräulein«, und zwar mit ihrer Frage »Ei, was tut das?« auf die allgemeine Entgeisterung nach dem Geständnis ihres Auserwählten, daß er Jude sei.

»Ei, was tut das?« Die Toleranzformel im Keim. Zwischen dem jungen Fräulein und Recha liegt Lessings ganzes Dramatikerleben. Aufklärerleben. Das junge Mädchen ist zur Weltfigur geworden, die nicht in einem deutschen Fürstentum, sondern im Brennpunkt Jerusalem aufgewachsen ist und ihren Geist ohne den Ballast einer einseitigen

Erziehung entwickelt hat. Deshalb verteidigt sie ihre innere Freiheit mit Leidenschaft, wo immer sie angegriffen wird. Das frische, unbeakkerte Feld ihrer Vernunft will sie sich auf keinen Fall von den Blumen oder vom Gestrüpp fester Dogmen überwuchern lassen. Sie hat kein Verständnis dafür, daß ein Mensch Gott als *seinen* Gott erklären kann, für dessen Verbreitung auf der Welt es zu kämpfen gelte.

RECHA:

Wem eignet Gott? Was ist das für ein Gott,
Der einem Menschen eignet? Der für sich
Muß kämpfen lassen?
Doch so viel tröstender
War mir die Lehre, daß Ergebenheit in Gott
Von unserem Wähnen über Gott
So ganz und gar nicht abhängt.

Aber ihre geistige Unabhängigkeit steht in Kontrast zu ihrer gesellschaftlichen Ohnmacht. Als unverheiratete Frau hat sie keine Rechte, keinen Halt, außer bei ihrem »Vater«. Deshalb fühlt sie den Boden unter sich einbrechen, als sie erfährt, daß sie nicht Nathans Tochter ist.

Um ihren falschen Vater Nathan hat sich wieder einmal die Schlinge zugezogen; Saladin wurde inzwischen von jener »Todsünde« verständigt, die ihn freilich mehr amüsiert als erzürnt. Mit leisem Spott sagt er zum Tempelherrn:

SALADIN:

Such du nun Nathan, wie er dich gesucht;
Und bring ihn her. Ich muß euch doch zusammen
Verständigen. – Wär' um das Mädchen dir
Im Ernst zu tun; sei ruhig. Sie ist dein!
Auch soll es Nathan schon empfinden, daß
Er ohne Schweinefleisch ein Christenkind
Erziehen dürfen! – Geh!

Aber für Nathan, der von Saladins Lässigkeit noch nichts weiß, sieht es so aus, daß er diesmal auf dem Scheiterhaufen – auf einem christlich-mohammedanischen Staatsscheiterhaufen sogar – verbrennen muß. Gerade noch rechtzeitig bekommt er vom Klosterbruder, seinem guten christlichen Geist, ein beweiskräftiges Büchlein zugesteckt, mit dessen Hilfe er wieder einmal den Kopf aus der Schlinge ziehen wird.

Am Schluß des Stücks stehen die Protagonisten der ineinander, gegeneinander verfangenen Gruppen im Palast. Also Nathan, Recha, Tempelherr und Sultan.

Die Spiele sind aus. Die Manöver aufgedeckt. Die Masken abgelegt. Sie müssen einander – und der Wahrheit – in die Augen sehen. Es ist nicht bloß die Wahrheit über die Figuren des Stücks. Es ist die Utopie von der Versöhnung der Weltreligionen als Basis eines vernünftigen Zusammenlebens.

Der Tempelherr ist Saladins Neffe; Sohn seines Bruders und einer Christin, die auch Rechas verschollene Eltern sind. Recha und der Tempelherr sind also Geschwister, beide christlich-moslemischer Herkunft. Rechas geistiger Vater ist Nathan, der Jude.

Das junge Mädchen, das Mischwesen, vereinigt ohne Voreingenommenheit alle drei Systeme in sich und überwindet die Gegensätze in sich selbst. Sie ist Lessings Symbolfigur der künftigen Weltfriedensordnung, geboren aus dem Vielvölkerschoß.

Was für eine selige Momentaufnahme! Moslems und Christen und der Jude zu einer Familie vereint. Die drei Weltanschauungen stehen für alle auf der Welt. Jerusalem für jeden Ort, auf dem verschiedene Richtungen miteinander auskommen müssen. Inzwischen breitet sich die überbevölkerte, von Kommunikationsnetzen durchzogene Welt als Ganzes immer deutlicher zu einem einzigen Jerusalem aus. Die Zivilisation im globalen Jerusalem ist verloren, wenn die Menschen noch lang nicht lernen, einander zu ertragen. Lessing hat in weit entfernte Vergangenheit gegriffen, für uns ist Lessings Zeit Vergangenheit. Trotzdem hat er das Problem der Zukunft vorausgedacht, das immer wieder nur auf eine einzige Art gelöst werden kann. Im vernünftigen

Miteinander, bei dem jeder Mensch sein Lebensrecht hat, in Respekt und Achtung vor allen anderen.

Lessing wußte, daß sich seine Vision beim augenblicklichen Zustand der Menschheit und noch auf Jahrhunderte hinaus nicht verwirklichen konnte, höchstens als kurze Atempause in einem furchtbaren, immer wieder neu explodierenden Kriegs-Weltgeschehen. Und daß er mit einer Botschaft kam, die so gut wie niemand hören wollte. Er glaubte, sein *Nathan* würde im Ganzen wenig Wirkung zeigen, wenn er überhaupt auf einer Bühne erscheine, was er für unwahrscheinlich hielt. Immerhin hoffte er, das Stück werde wenigstens mit Interesse gelesen. Und hätte sich damit begnügt, daß vielleicht »unter tausend Lesern nur einer daraus an der Allgemeinheit *seiner* Religion zweifeln lernt«.

Aber gerade das wollte nun wirklich kein Mensch lernen. *Nathan* schlüpfte zwar durch die Zensur, erschien Ostern 1779 zur Leipziger Buchmesse, wurde aber nicht nur zwiespältig, sondern mit Empörung aufgenommen. Hatte sich Lessings theologischer Befreiungskampf bisher auf die Ausdeutung des Christentums beschränkt, so stellte er jetzt die Vormachtstellung des Christentums ganz in Frage, denn er bezog nicht nur das verhaßte Judentum, sondern die Welt als Ganzes mit der Vielfalt ihrer Religionen und Anschauungen in seine Gleichberechtigungsforderungen mit ein.

Deshalb verrannten sich seine Gegner in die gehässigsten Anklagen, und da ihnen die Argumente fehlten, brachten sie das Gerücht auf, Lessing habe sich von reichen Juden mit Unsummen bestechen lassen, um ihre Niederträchtigkeiten schönzufärben. Die Buben schleuderten Hände voll Schmutz zwischen die Mühlenflügel.

Moses Mendelssohn beschrieb Jahre später die Klimaverschlechterung, die Lessing nach Erscheinen des *Nathan* ertragen mußte. Die Kabalen um seine Botschaft seien aus den Studierstuben und Buchläden, wo sie früher gegrummelt hätten, herausgeschossen – an die Öffentlichkeit und leider in die Privathäuser seiner Freunde oder Bekannten. Jeder habe es dem andern in die Ohren gequasselt: Lessing beschimpfe das Christentum. Obwohl er doch nur einzelnen Christen oder höchstens der Christenheit, nicht dem Christentum einige Vorwürfe gemacht habe.

»Im Grunde«, argumentierte Moses in der Rückschau auf Lessings letzte Lebensjahre weiter, »gereicht sein *Nathan*, wie wir uns gestehen müssen, der Christenheit zur wahren Ehre. Auf welcher hohen Stufe der Aufklärung und Bildung muß ein Volk stehen, in welchem sich ein Mann zu dieser Höhe der Gesinnungen, zu dieser feinen Kenntnis göttlicher und menschlicher Dinge ausbilden konnte!«

Aber genau das habe niemand wahrnehmen wollen. Im Gegenteil. Jeden Vorwurf des Eigendünkels oder der Einseitigkeit, den Lessing in seinem Stück gewissen Glaubensbrüdern durch seine Bühnenfiguren machen lasse, habe jeder für eine persönliche Beleidigung gehalten, mit der Lessing ausgerechnet ihn und nur ihn habe verletzen wollen. Der allseits beliebte Freund und Gesellschafter Lessing sei plötzlich überall auf frostige Blicke gestoßen, auf kalte Begrüßungen, hastige Abschiede. Von seinen Freunden verlassen. Schutzlos seinen Verfolgern ausgesetzt. »Ich wollte nur anführen, was Lessing für die Wahrheiten der Vernunftreligion getan und gelitten, und was für Verdienste er sich um alle Freunde und Bekenner derselben erworben.«

Inzwischen weiß man bereits, daß die Luft aus den Komponenten Stick- und Sauerstoff besteht. Es gibt schon eine tierärztliche Hochschule in Hannover, eine erste Kinderklinik in London, Eisenbrücken werden gebaut, Sümpfe trockengelegt. Lichtenberg führt die Bezeichnungen positive und negative Elektrizität ein.

Aber Wien hielt es für nötig, ein dreißig Jahre langes Aufführungsverbot über *Nathan* zu verhängen. Und Deutschland? Lessing konnte sich keinen einzigen Ort in Deutschland vorstellen, wo es »schon itzt« aufgeführt werden könnte. »Aber Heil und Glück dem, wo es zuerst aufgeführt wird.«

Heil und Glück? Er selbst erlebte die Uraufführung nicht mehr. Das Stück wurde vier Jahre nach seinem Entstehen von der unerschrockenen Döbbelin-Truppe in Berlin vorgestellt, mit dem Direktor in der Hauptrolle. In Berlin immerhin, der Hauptstadt der Aufklärung, wo Gotthold und Moses vor bald dreißig Jahren zusammengefunden und ihr Versöhnungswerk begonnen hatten, dessen Gipfelpunkt der *Nathan* war.

»Die merkwürdigste Erscheinung auf unserer Bühne in diesem Jahre ist bis jetzt *Nathan der Weise* gewesen«, stand in der Premierenkritik. Herr Döbbelin habe keine Kosten gespart, das Meisterwerk so würdig wie möglich aufzuführen. Neue Dekorationen und Kostüme seien angefertigt worden, man habe geglaubt, der Aufwand würde dem tapferen Prinzipal tausendfach vergolten. Der Premierenabend sei aussichtsreich verlaufen, feierliche Stille im Saal, man habe jede rührende Stelle beklatscht, allseits von Göttlichkeiten gemunkelt, welche dieses Lehrgedicht belebten, »man glaubte, unser Publikum werde das Haus stürmen – aber dies Publikum blieb bei der dritten Vorstellung ganz und gar zu Hause. Die Judenschaft, auf die man bei diesem Stücke sehr rechnen konnte, war, wie sie sich selbst verlauten ließ, zu bescheiden, eine Verteidigung anzuhören, die freilich nicht für die heutigen Juden geschrieben war, und so fanden sich nur sehr wenige, denen der *Nathan* behagen wollte.«

Die Charakterisierung des Stücks selbst ist noch süffisanter. Es habe freilich wenig Theatralisches – sei eher ein Miniaturgemälde, dessen Schönheiten in der Ferne ganz und gar verschwänden, »aber man hätte Ferngläser mitnehmen, und sich so gut als möglich behelfen sollen …«.

Die Aufführung war von allen, wirklich von allen, feige im Stich gelassen worden.

Lessing hat die kleingeistige, höhnische Bewertung vorausgesehen. »Wenn man endlich sagen wird, daß ein Stück von so eigner Tendenz nicht reich genug an Schönheit sei: – so werde ich schweigen, aber mich nicht schämen. Ich bin mir eines Ziels bewußt, unter dem man auch noch viel weiter mit allen Ehren bleiben kann.«

Moses Mendelssohn hat vier Jahre vor der Uraufführung, gleich als *Nathan der Weise* gedruckt erschien, das Buch als einer der ersten gelesen. Er muß vor Ergriffenheit sprachlos gewesen sein. Er schrieb Lessing vorerst nichts darüber. Der äußere Kontakt war unterbrochen. Um so heftiger traf ihn die Erkenntnis, was für eine Kostbarkeit er mit dem *Nathan* in den Händen hielt. Nun stand es unverrückbar fest: Lessing hatte ihm, hatte dem Sinn ihrer Freundschaft die Treue bewahrt. Lessing hatte ihrer Botschaft für alle Zeit und für alle Menschen einen gültigen Ausdruck verliehen.

Nathan der Weise stand fortan im Mendelssohn-Haus zuoberst auf der Liste der geliebten, verehrten Bücher. Unermüdlich las man im Familien- und Freundeskreis abends mit verteilten Rollen daraus vor, diskutierte jede Einzelheit und feierte seine Größe. Mendelssohns letztes Kind wurde geboren, es hieß natürlich Nathan. Kaum konnte Nathan zusammenhängend sprechen, nannte er sich auch schon »den Weisen«, aber seine Weisheit bestehe vorderhand darin, vermerkte der Vater, »daß er Zuckerbrot, Pfefferkuchen, und von der Köchin Hanna alle seine übrigen Bedürfnisse erwartet«.

Mit dem *Nathan* erhielt Moses noch einmal von seinem Freund Lessing einen geistigen Anstoß, der seine Triebfedern aufzog und in Schwingung versetzte. Er nahm die Herausforderung wieder an, er wuchs auf seine Weise in die Weltfigur Nathan hinein. Mendelssohns nächstes Buch hat Nathans Stadt, Nathans Thema im Titel: *Jerusalem oder über religiöse Macht und Judentum.* Es geriet zu einer philosophisch-politologischen Untersuchung über die Rollen von Religion und Weltlichkeit, vor allem über die Machtverteilung zwischen Kirche und Staat.

»Staat und Religion – bürgerliche und geistliche Verfassung, diese Stützen des gesellschaftlichen Lebens so gegeneinander zu stellen, daß sie sich die Waage halten, daß sie nicht vielmehr Lasten des gesellschaftlichen Lebens werden – dieses ist in der Politik eine der schwersten Aufgaben. Man siehet bald die Kirche das Markmal weit in das Gebiet des Staats hinübertragen, bald den Staat sich Eingriffe erlauben, die ebenso gewaltsam scheinen. Liegen sie gegeneinander zu Felde, so ist das menschliche Geschlecht ein Opfer ihrer Zwietracht; und vertragen sie sich, so ist es getan um das edelste Kleinod der menschlichen Glückseligkeit; denn sie vertragen sich selten anders, als um die Freiheit des Gewissens aus ihrem Reiche zu verbannen.«

Seiner Kritik an der Machtverfilzung folgte zwangsläufig die damals revolutionäre Forderung nach einer Abgrenzung der Einflußbereiche, letztlich nach der Trennung von Kirche und Staat.

Der Staat habe nur ein einziges Recht, nämlich durch Gesetze Handlungen zu erzwingen, die dem allgemeinen Wohl nützlich seien und freiwillig von den eigensüchtigen Einzelindividuen nicht getan würden, also soziale Handlungen.

Die Kirche hingegen habe nicht das Recht, bürgerliche Verhaltensweisen zu belohnen oder zu bestrafen. Die bürgerlichen Handlungen gehörten in den Bereich der Staatlichkeit. Vor allem sei eine gemeinnützige Handlung auch dann gemeinnützig, wenn sie durch Gesetze erzwungen werde. Eine religiöse Handlung aber sei nur so lange wirklich religiös, als sie aus freiem Willen geschehe.

Dem Staat gesteht er also das weltliche Machtmonopol zu, wenn auch nur im Rahmen der Sozialgesetze. Der Kirche spricht er klar jedes Recht zur Befehlsherrschaft ab. Zwangsrechte und Zwangspflichten seien der Kirche und ihren Mitgliedern verboten. »Alle Rechte der Kirche sind Vermahnen, Belehren, Stärken und Trösten, und die Pflichten der Bürger gegen die Kirche sind ein geneigtes Ohr und ein williges Herz.«

Der nächste Schritt verbietet beiden, Kirche und Staat, jeglichen Druck auf Überzeugung und Weltanschauung. »Gesinnungen sind frei, Gesinnungen leiden ihrer Natur nach keinen Zwang. Weder Kirche noch Staat sind berechtigt, mit Grundsätzen und Gesinnungen Vorzüge, Rechte und Ansprüche auf Personen und Dinge zu verbinden.«

Ein solcher Idealstaat würde nie mehr unter dem Deckmantel der

»richtigen« Gesinnung, eine solche Idealkirche nie mehr unter dem Deckmantel des »richtigen« Glaubens andere Staaten, Länder, Gesellschaftssysteme, Kirchen unterjochen oder vernichten.

Im Gegenteil, Staat und Kirche haben eine gemeinsame Pflicht, nämlich »die menschliche Glückseligkeit in diesem und jenem Leben« zu fördern.

Moses entwarf – wie Lessing – ganz bewußt eine Utopie. Er schätzte, es brauche noch Jahrhunderte zivilisatorischer Vorbereitung, bis die Menschen begriffen, daß Vorrechte um einer Religion willen unrecht und im Grunde unnütz seien und daß es eine Wohltat sei, alle bürgerlichen Unterschiede um der Gesinnung willen aufzuheben zugunsten der größtmöglichen Verantwortung jedes einzelnen für die Freiheit aller.

Dann der allerwichtigste Schritt: Lessing hatte – als kritisch-gläubiger Christ – die Entwicklung des Christentums zur »alleinseligmachenden« Staatskirche verurteilt. Aus der harten Verschalung späteren Mißbrauchs hatte er die Ursubstanz des christlichen Glaubens, seine Eignung zu Toleranz und Freiheitlichkeit, herausgeschält. Das Judentum und den Islam hatte er zwar in den geistigen Kosmos der Gleichberechtigung mit einbezogen, die offenen Fragen aber nicht aus der Tiefe der beiden Religionen selbst gestellt und gelöst.

Diese Arbeit tat Moses nun – als gläubiger Jude – für das Judentum. In seinem Buch *Jerusalem* gab er überhaupt erst Nathans Antworten auf die bohrenden Fragen des Tempelherrn und führte in diesem Sinn die Rolle und Lessings Werk weiter. Man könnte sagen, er vollendete die Rolle des Nathan und brachte sich selbst damit in Gefahr, denn seine Aussage wandte sich gegen die Religionsauffassung orthodoxer Juden, so wie Lessings Klarstellung gegen das orthodoxe Christentum.

»Ich glaube, das Judentum wisse von keiner geoffenbarten Religion, in welchem dieses von den Christen genommen wird. Die Israeliten haben göttliche Gesetzgebung. Gesetze, Gebote, Befehle, Lebensregeln, Unterricht vom Willen Gottes, wie sie sich zu verhalten haben, um zur zeitlichen und ewigen Glückseligkeit zu gelangen; dergleichen

Sätze und Vorschriften sind ihnen durch Mosen auf eine wunderbare und übernatürliche Weise geoffenbaret worden; aber keine Lehrmeinungen, keine Heilswahrheiten, keine allgemeinen Vernunftssätze. *Ich besorge, daß dieses auffallen, und manchem Leser neu und hart scheinen dürfte.* Man hat auf diesen Unterschied immer wenig acht gehabt; man hat übernatürliche Gesetzgebung für übernatürliche Religionsoffenbarung genommen.

Das Judentum rühmet sich keiner *ausschließenden* Offenbarung ewiger Wahrheiten, die zur Seligkeit unentbehrlich sind. *Nach den Begriffen des wahren Judentums sind alle Bewohner der Erde zur Glückseligkeit berufen ...«*

Da ist sie: Nathans genaue, begründete Antwort auf den Vorwurf des Tempelherrn. Als definitive Absage an den Anspruch, die Juden seien das auserwählte Volk Gottes im heilsreligiösen Sinn. Moses bestritt die Ausnahmestellung, die sich das Judentum, als speziell von Gott erkoren und mit der originalen Gotteslehre gesegnet, anmaßen könnte. So wie Lessing die Anmaßung, das Christentum sei alleinseligmachend, als Irrtum erklärte. Beide haben ihre Religionen von jeder Überheblichkeit befreit, auf eine Ebene mit jeder anderen Religion dieser Erde gestellt und damit das Fundament für eine friedliche Gleichberechtigung aller formuliert.

Moses Mendelssohn macht in seinem erstaunlichen *Jerusalem*-Buch sogar die monotheistische Überheblichkeit lächerlich: »Wenn denn das menschliche Geschlecht ohne Offenbarung verderbt und elend sein müßte; warum hat dann der bei weitem größere Teil desselben von jeher ohne wahre Offenbarung gelebet, oder warum müssen beide Indien warten, bis es den Europäern gefällt, ihnen einige Tröster zu senden, die ihnen Botschaft bringen sollen, ohne welche sie, dieser Meinung nach, weder tugendhaft noch glückselig leben können? Ihnen Botschaft zu bringen, die sie nach ihren Umständen, und der Lage ihrer Erkenntnis nach, weder recht verstehen noch gehörig brauchen können?«

Trotzdem gibt Moses – ganz wie Nathan – den jüdischen Glauben niemals preis, er entschlackt ihn nur, er bereitet ihn vor für die Teilnahme an einem zukünftigen Weltsystem der Gleichberechtigung. »Und itzt kann dem Hause Jakobs kein weiserer Rat erteilt werden, als eben dieser: Schicket euch in die Sitten und die Verfassung des Landes, in welches ihr versetzt seid; aber haltet auch standhaft bei der Religion eurer Väter. Traget beider Lasten, so gut ihr könnt!«

Nach diesem Bekenntnis zu einer politisch motivierten Integration sein Aufruf an die Bürger jedes Landes, wohin Juden im wahrsten Sinn des Wortes verschlagen worden sind: »Und ihr, liebe Brüder und Mitmenschen! Zeiget uns Wege und gebet uns Mittel an die Hand, wie wir bessere Menschen und bessere Miteinwohner werden können, und lasset uns, so viel es Zeit und Umstände erlauben, die Rechte der Menschheit mit genießen. Von dem Gesetze können wir mit gutem Gewissen nicht weichen, und was nützen euch Mitbürger ohne Gewissen?«

Die Träger der Macht, wer sie auch seien, beschwört er, wie Lessing in seiner unheimlichen Widmung an den Bruder des Herzogs, endlich aufzuhören mit der Repression gegen die Lebens- und Meinungsvielfalt: »Regenten der Erde! Bahnet einer glücklichen Nachkommenschaft wenigstens den Weg zu jener allgemeinen Menschenduldung, nach welcher die Vernunft noch immer vergebens seufzet. Wer gegen die bürgerlichen Gesetze rechtschaffen handelt, den lasset sprechen, wie er denkt, Gott anrufen nach seiner Weise, und sein ewiges Heil suchen, wo er es zu finden glaubt. Lasset niemanden in euren Staaten Gedankenrichter sein; niemanden ein Recht sich anmaßen, das der Allwissende sich allein vorbehalten hat.«

Der echte Ring ist unauffindbar, alle ehrlichen Annäherungen sind gleichwertig, schrieb Lessing. Auf eigener Denkbahn gelangte Moses folgerichtig zur entsprechenden Erkenntnis. Der Kreis war geschlossen.

Die Freundschaft von Gotthold und Moses verstand sich immer als öffentliches Aufbruchssignal. Die beiden kämpften ohne Unterbrechung für ihr gemeinsames Anliegen und schrieben das »Lessing-Mendelssohn-Prinzip« in allen Entwicklungsstufen fest. Zuletzt bedurfte es keines äußeren Kontakts mehr. Das Werk vollendete sich aus dem inneren Zusammenklang. Über allem leuchtete der Richtstern ihrer christlich-jüdischen, deutschen, aufklärerischen, welt-weisen Gemeinsamkeit: Vorhut einer Weltvölkerversöhnung zu sein.

Lessing konnte *Jerusalem oder über religiöse Macht und Judentum*, Mendelssohns Entsprechungsschrift zum *Nathan*, nicht mehr lesen. Als das Buch, von der Zensur sogar genehmigt, im Druck erschien, waren die Freunde auseinandergerissen. Durch den Tod.

ZWISCHENGESPRÄCH

Gotthold belehrt Moses über die Dreieinigkeit

MENDELSSOHN:

Der Jude hatte zu gleicher Zeit drei Dukaten zu bezahlen, und gab dem Christen nur Einen; zeigte ihm aber erst die Bildseite, dann die Schildseite, und endlich den Rand. Dieses sind so gut drei Dukaten, sprach er, als Ihre drei Principia drei Personen sind.

LESSING:

Der Jude gefällt mir auch itzt gleichwohl doch nicht, welcher in dem Geiste dieses Geheimnisses einen Dukaten für drei bezahlen wollte. Ich würde mir den Juden loben, der sich von einem armen Teufel von *Christen* so bezahlen ließe. – Ich bin dir, Freund, sagt der Christ, drei Dukaten schuldig; hier sind sie.

Sind das drei Dukaten? sagt der Jude; das ist ja nur Einer. Aber schon gut, gib nur her; du bist mir auch nur einen schuldig, Freund. –

Der Jude ist bezahlt, und der Christ hat bezahlt; was sollen sie noch um Ziffern zanken?

ZEHNTES KAPITEL

Diese Scene ist aus

DIE ERZIEHUNG DES MENSCHENGESCHLECHTS, HIESS LESSINGS literarisches Testament. Hundert pädagogische Paragraphen. Sein Auftrag an die Zukunftsgenerationen. Die Quersumme der Aufklärung. Einzelne Forderungen klingen wie ein strenges Crescendo analoger Sätze in Mendelssohns Buch *Jerusalem*, das etwa gleichzeitig entstand. »Das Totale der einzelnen Glückseligkeiten aller Glieder ist die Glückseligkeit des Staats. Jede andere Glückseligkeit des Staats, bei welcher auch noch so wenige einzelne Glieder leiden und leiden müssen, ist Bemäntelung der Tyrannei. Anders nicht! ...«

Wenn Lessing auch bis zuletzt an die Wirkung der aufklärerischen Lehre glaubte, wenn er auch sicher voraussetzte, die Menschheit sei veränderbar und könne im Lauf der Zeit ein Fortschreiten zu einem humanen Dasein vollziehen, so schmerzte doch die Einsicht, daß der gesellschaftliche Fortschritt während seines eigenen Lebens, das dem Ende zuging, außer Sichtweite blieb.

Der »Schwärmer«, mahnte er sich selbst, tue oft sehr richtige Blicke in die Zukunft; aber er könne die Zukunft nicht erwarten, er wünsche, daß sie sich beschleunige, und vor allem, daß sie durch ihn selbst beschleunigt werde. Wozu sich die Natur Jahrtausende Zeit nehme, das wolle er im kurzen Ablauf seines Daseins reifen sehen. Er habe ja nichts davon, wenn das, was er als das Bessere erkannt habe, zu seinen Lebzeiten keine Früchte trage.

»Geh deinen unmerklichen Schritt, ewige Vorsehung! Nur laß mich dieser Unmerklichkeit wegen an dir nicht verzweifeln.«

Hätte er mit Mendelssohn darüber gesprochen, sie wären im Punkt des Fortschritts verschiedener Meinung gewesen. Moses war der Ansicht, das menschliche Geschlecht könne in der Vervollkommnung unmöglich gerade voranschreiten, denn sonst hätten die Neuankömmlinge auf der Welt keine Gelegenheit, ihre eigenen Anlagen zu entwickeln, was immer wieder der wahre Zweck der Natur sei. »Unser Dasein hinieden gleicht einer Poststation. Wenn, die uns nachkommen, auch sollen überbracht werden, so müssen die Postpferde wieder an den Ort zurück, wo sie ausgegangen.« Der Postknecht mache immer wieder dieselbe, wenn auch zunehmend mit Neuerungen gesäumte Fahrt. Das sei die Voraussetzung, unter der die Reisenden auch immer weiter ihren Weg nehmen könnten. Was einen Fortschritt zur Humanität verzögert und immer wieder zurückschlägt.

Moses blieb bei seiner pragmatischeren Weltsicht. Er nannte Lessing einen Menschen, der sich immer selbst auf die Schultern steigen wolle. Lessing mochte sich nicht von den eigenen Schultern herunterziehen lassen und stieß sich blutig an den Barrieren, hinter denen der Fortschritt so trostlos weit zurückblieb.

Immer öfter verzweifelte er am unmerklichen Schritt der Vorsehung. Seit Traugotts und Evas Tod hatte ihn Lebensmüdigkeit befallen. »So sehr ich nach Hause geeilt: so ungern bin ich angekommen. Denn das erste, was ich fand, war ich selbst.«

Ein Jahr nach dem schrecklichen Verlust begann seine Gesundheit ihn im Stich zu lassen. Beschädigte ihn da, wo seine Stärke saß, in seiner phänomenalen geistigen Klarheit. Schwächezustände, vielleicht als Folgen eines leichten Schlaganfalls. Er fühlte dann eine Schwere in sich, die einer Lähmung gleichkam, eine Schlafsucht, die ihn oft sogar in Gesellschaft, beim Essen oder während eines lebhaften Gesprächs überfiel, so daß er mitten im Wort den Kopf auf die Tischplatte sinken ließ. Es kam vor, daß er einen Begriff, den er suchte, nicht mehr fand und ein unpassendes Wort sagte, daß er beim Schreiben falsche Buchstaben setzte, es gab Momente, in denen er keine zwei Zeilen orthographisch richtig zu Papier bringen konnte. Eine Zeitlang gingen die Anfälle jedesmal vorüber, das Denkvermögen regenerierte sich, seine letzten Schriften sind ein großartiger Sieg über körperlichen Verfall.

Ganz schüchtern schickte Moses Mendelssohn nach gut zwei Jahren des Schweigens, neun Monate nach dem Erscheinen des *Nathan* als Buch, ein aufmunterndes Lebenszeichen an Lessing. »... um Ihnen wenigstens einen schriftlichen Beweis von meinem Dasein zu geben, Ihnen, der Sie Ihren Freunden so viele, zum Teil so herrliche gedruckte Beweise von dem Ihrigen gegeben.«

Lessing antwortete. Noch einmal zehn Monate später. Fast auf den Tag genau drei Jahre nach Mendelssohns Besuch in Wolfenbüttel. Der zweitletzte Brief, den wir von ihm kennen, ging an seinen treusten Weggefährten und zeigt, daß sich der Kontakt wohl äußerlich, nie aber innerlich gelockert hatte: »An dem Briefchen, das mir Flies damals von Ihnen mitbrachte, kaue und nutsche ich noch. Das saftigste Wort ist hier das edelste. Und wahrlich, lieber Freund, ich brauche so ein Briefchen von Zeit zu Zeit sehr nötig, wenn ich nicht ganz mißmüthig werden soll.«

Das schrieb Lessing, dieser verläßlich-sprunghafte Freund, an Moses und gestand ihm, gestand ihm endlich einmal zu, daß er seine Freundschaftlichkeit dringend brauchte. Wie Nahrung. Zum Kauen und Nutschen. Und weiter: »Ich glaube nicht, daß Sie mich als einen Menschen kennen, der nach Lobe heißhungrig ist. Aber die Kälte, mit der die Welt gewissen Leuten zu bezeugen pflegt, daß sie ihr auch gar nichts recht machen, ist, wenn nicht tötend, doch erstarrend.«

Moses erschrak, als er den Brief bekam. Nie hatte sich Lessing, solange und in so vielen unterschiedlichen Lebenslagen er ihn kannte, über den Undank seiner Zeitgenossen beschwert. Nie geklagt, daß man ihm Gerechtigkeit verweigere, seine Verdienste nicht belohne. »Die Worte Ich und Mein war ich gewohnt, aus seinem Munde so selten wie möglich zu hören. Er war allezeit der tröstende, nie der trostsuchende Freund. Ich kann die widrige Empfindung nicht beschreiben, die ich hatte, als mir folgende Zeilen einen ganz anderen Mann zu erkennen gaben, einen gebeugten, abgehärmten, endlich unterliegenden Kämpfer; einen gleichsam müdegejagten, verschmachtenden Hirsch, der endlich hinsinkt, und sein edles Geweih mutlos in den Staub legt.«

Wenn Lessing ihm nach langem Schweigen so freimütig seine Verletzungen eingestand, ihm fast bittend zurief, er brauche die Trostesworte wie das tägliche Brot, dann mußte es schlecht um ihn stehen. Weiter stand in Lessings Brief: »Daß Ihnen nicht alles gefallen, was ich seit einiger Zeit geschrieben, das wundert mich gar nicht; Ihnen hätte nichts gefallen müssen; denn für Sie war nichts geschrieben. Höchstens hat Sie die Zurückerinnerung an unsere besseren Tage noch etwa bei der und jener Stelle täuschen können. Auch ich war damals ein gesundes schlankes Bäumchen; und bin itzt ein so fauler knorrichter Stamm!«

Als Regisseur des eigenen Lebensschauspiels kündigte Lessing dann dem beständigsten Begleiter, Freund, Schützling, Mitspieler, Mitarbeiter, Zuschauer das Ende an. Er zog den Vorhang mit sanfter, trauriger Geste zu: »Ach, lieber Freund! Diese Scene ist aus!« Rief dann, schon wie von weitem, über die abgespielte Bühne und den Zuschauerraum: »Gern möchte ich Sie freilich noch einmal sprechen.«

Nach dem offenen Schlußwort kein Gruß, keine Freundschaftsbeteuerung wie üblich, nur noch der Name: Lessing.

Es war das letzte, was zwischen ihnen »halblaut gedacht« wurde.

Später machte sich Moses die härtesten Vorwürfe, weil er stumm und dumm und angewurzelt in Berlin sitzengeblieben war nach dem Abschiedsnotruf. »Gern wollte ich mich von meinen Geschäften und von meiner Familie losreißen, zu dir hineilen, und dich noch einmal sprechen. Aber leider! machte ich es, wie wir es bei so manchem guten Beginnen zu machen pflegen. Ich verschob und verweilte, bis es zu spät war.« Er hatte das Verlöschen der Bühnenlichter nicht wahrnehmen wollen.

Knapp zwei Monate nachdem Lessing zuletzt an Moses geschrieben hatte, war es soweit. Lessings Sterben war der charakteristische Abschluß seines Lebens. In seinem Heranwachsen klangen die Hauptmotive seines Wirkens an, in seinem Weggehen klangen sie aus.

Es geschah in seiner Braunschweiger Wohnung, im Haus des Weinhändlers, gleich neben der schönen gotischen Ägidienkirche. Wenn er aber in den letzten Lebenstagen einen Geistlichen empfing, dann höchstens widerstrebend. Moses bemerkte später, Lessing würde vielleicht nach dem Priester geschickt haben, wenn er es mit einem scharfsinnigen Einfall hätte tun können.

Am Sterbeabend, dem 15. Februar 1781, lag Lessing im Bett. Im Nebenraum hielt sich Amalie auf, die ihm ihre Tränen verbergen wollte, und ein paar ängstlich versammelte Freunde.

Bei ihm saß als einziger Betreuer ein junger Jude, der ihm für seine Fürsorge dankbar war. Er hatte als Juwelier den alten, nach einem Schlaganfall nicht mehr zurechnungsfähigen Herzog von Braunschweig weiterhin mit Schmuck für Mätressen beliefert, nachdem der junge Herzog und neue Regent dem Vater solche Kostspieligkeiten untersagt hatte. Nach dem Tod des alten Herzogs war der Jude eingesperrt worden. Lessing hatte ihn durch beharrliche Fürsprache aus dem Gefängnis geholt, für ihn gebürgt, ihn sogar eine Zeitlang bei sich untergebracht. Der mitleidigste Mensch ist der beste Mensch. In der Sterbestunde saß also der junge Jude neben Lessings Bett und las ihm vor. Aus einer verbotenen Schrift der freigeistigen christlichen Opposition, die heimlich unter Umgehung der Zensur kursierte.

Einmal noch erhob sich Lessing, da er gehört hatte, im Wohnzimmer seien Freunde zu Besuch. Er trat über die Schwelle, die Freunde sahen mit Schrecken sein vom Tod gezeichnetes schönes Gesicht, die klare Stirn bedeckt vom Schweiß der Anstrengung. Heiter schien er. Stumm, liebevoll drückte er seiner Tochter die Hand. Dann verneigte er sich vor seinen Freunden und zog in der wunderbaren Achtung vor der Freundschaft, die sein Leben kennzeichnete, die Mütze vom Kopf. Die Füße versagten. Er wurde wieder ins Schlafzimmer gebracht, der Jude las ihm weiter vor, bis er ihn röcheln hörte, dann nahm er den Sterbenden in seine Arme. Lessing soll mit einem Lächeln entschlummert sein, um acht Uhr abends. Die Totenmaske zeigt ein ganz und gar entspanntes, altersloses, ebenmäßiges Antlitz.

Später berichtete der *Kirchenbote für Religionsfreunde*, das Volk sei sicher, der Teufel habe Lessing geholt, auch weil »Juden dabeigewesen« seien, als er den letzten Atemzug tat.

In jenem Abschiedsbrief an Moses hatte Lessing ihm den jungen Juden, der mit Auswanderungsgedanken spielte, noch ans Herz gelegt: »Daß ihm unsere Leute, auf Verhetzung der Ihrigen, sehr häßlich mitgespielt haben, das kann ich ihm bezeugen. Er will von Ihnen nichts, lieber Moses, als daß Sie ihm den kürzesten und sichersten Weg nach dem Europäischen Lande vorschlagen, wo es weder Christen noch Juden gibt. Sobald er glücklich da angelangt ist, bin ich der erste, der ihm folgt.«

»Wo es weder Christen noch Juden gibt.« Nur Menschen. Aus der Schlucht bitterster Resignation klingt noch ein letztes Mal der gemeinsame, einfache, schwierige Leitsatz. Ein solches Land gab es nicht, man starb, man stirbt über der Sehnsucht danach.

Lessing über seine Zukunft nach dem Tod

Eben die Bahn, auf welcher das Geschlecht zu seiner Vollkommenheit gelangt, muß jeder einzelne Mensch (der früher, der später) erst durchlaufen haben. – In einem und demselben Leben durchlaufen haben? Kann er in ebendemselben Leben ein sinnlicher Jude und ein geistiger Christ gewesen sein? Kann er in ebendemselben Leben beide überholet haben? Das wohl nun nicht! – Aber warum könnte jeder einzelne Mensch auch nicht mehr als einmal auf dieser Welt vorhanden gewesen sein?

Warum sollte ich nicht so oft wiederkommen, als ich neue Kenntnisse, neue Fertigkeiten zu erlangen geschickt bin? Bringe ich auf einmal so viel weg, daß es der Mühe wiederzukommen etwa nicht lohnet?

Darum nicht? – Oder weil ich es vergesse, daß ich schon dagewesen? Wohl mir, daß ich das vergesse. Die Erinnerung meiner vorigen Zustände würde mir nur einen schlechten Gebrauch der gegenwärtigen zu machen erlauben. Und was ich auf itzt vergessen muß, habe ich denn das auf ewig vergessen?

Oder weil so viel Zeit für mich verlorengehen würde? – Verloren? – Und was habe ich denn zu versäumen? Ist nicht die ganze Ewigkeit mein?

ELFTES KAPITEL

Moses im Überlebenskampf

Lessings Tod verletzte Moses schwer. Bei aller Entfernung, bei allem Schweigen, er hatte doch immer gewußt, Lessings Existenz erhellte die Welt, erhellte seine Welt. Die eigene Existenz dachte er nie ohne die brüderliche Komplementärexistenz Lessings. Ob er ihn sah oder nicht, ob sie sich schrieben oder nicht, es änderte nichts daran: Sie lebten im Sinn ihrer Freundschaft immer gemeinsam. Daß nun Lessings Leben beendet, seine Menschlichkeit ihm für immer entzogen war, mußte ihn so fundamental erschüttern, daß er sich am Anfang weigerte, die Trennung zu realisieren. Denn es hieß, geistige Einsamkeit auf der Erde akzeptieren.

Verzweifelt versuchte er, Lessing tiefer in sich hineinzuziehen Mit ihm zu verschmelzen als weiterlebende Einheit. Lessing sei ihm immer gegenwärtig, wie das Bild einer Geliebten, er schlafe mit ihm ein, träume mit ihm, wache mit ihm auf: »... und danke der Vorsehung für die Wohltat, daß ich diesen Mann so frühzeitig habe kennen lernen, und daß ich seinen freundschaftlichen Umgang so lange genossen habe. Ach! seine Unterhaltung war eine ergiebige Quelle, aus welcher man unaufhörlich neue Ideen des Guten und Schönen schöpfen konnte, die er wie gemeines Wasser von sich sprudelte, zu jedermanns Gebrauch. Die Milde, mit welcher er seine Einsichten mitteilte, setzte mich zuweilen in Gefahr, das Verdienst zu verkennen; und zuweilen schob er sie den meinigen so mit unter, daß ich sie nicht mehr unterscheiden konnte.«

So schwer es ihm in seiner Trauer fiel, sich selbst von Lessing abzugrenzen, sich als Individuum ohne die wohltuende Ergänzung durch den Freund anzunehmen, so schroff wurde ihm bewußt, daß er die einzige Gestalt auf der Erde verloren hatte, auf deren vorurteilslose Treue überhaupt Verlaß gewesen war.

Sooft er einem anderen – neuen oder alten – Bekannten aus dem nichtjüdischen Umkreis begegnete, immer, immer, immer wieder krampfte sich das Herz zusammen, weil er nie sicher sein konnte, ob diese Person ihm freundlich oder bereits ablehnend gegenüberstand. Wenn einer gar eine Beförderung erfahren hatte oder plötzlich reich geworden war, dann wußte er erst recht nicht, ob dieser Mensch überhaupt noch mit ihm verkehren wollte. Er konnte sich innerlich distanziert haben oder Distanz vortäuschen, um keine gesellschaftlichen Nachteile aus dem Verkehr mit einem Juden zu ziehen. »Und nun Lessings Tod! Der einzige Mann, an dem ich in mehr als dreißig Jahren keine Spur von dieser Gesinnung wahrgenommen, der allezeit ungeteilten Herzens, ganz sich selbst gleich, ganz mein Freund und Wohltäter blieb.« Die Gewißheit, einen solchen Menschen auf der Welt zu wissen, hatte ihm über alle Trennungen hinweg eine Sicherheit gewährt, die er nun vermißte wie weggebrochenes Erdreich.

Der Schmerz schlug manchmal um in Leidenseuphorie. Das Lessingbild verklärte sich. Lessing sei zur richtigen Zeit weggegangen. Er habe *Nathan der Weise* geschrieben und sei daraufhin gestorben. Denn er hätte nicht höher steigen können, ohne in eine Region zu kommen, die sich den sinnlichen Augen der Menschen entzogen hätte. Sich selbst und die anderen Freunde Lessings verglich er sogar mit Jüngern eines Propheten, die staunend an dem Ort stehen, wo er in die Höhe fuhr und verschwand.

Moses lebte in ständigem Dialog mit diesem Lessing in sich und um sich und über sich weiter. Er änderte nichts – er, dem Änderungen sowieso unlieb waren, er änderte nichts an dieser ununterbrochenen Zwiesprache, die er immer als Grundelement seiner Geistigkeit verstanden hatte. Er sei es gewohnt, sich bei jeder Arbeit, die er unter den

Händen habe, einen Freund zum kritischen Leser zu denken, den er überzeugen wolle. In philosophischen Dingen, also in den wichtigsten, sei und bleibe Lessing dieser Freund, nach dessen Aufmunterung und Beifall er ringe. »Denn ob ihn gleich der Eifer für die Freiheit der Untersuchung nur allzu früh aufgerieben hat; so wird er doch für mich nie tot sein, meinem Geist immer gegenwärtig bleiben, und ich werde bei jeder Zeile, die ich in philosophischen Sachen niederschreibe, mich immer fragen: würde Lessing dieses billigen?«

Fast scheint es, daß der Einklang mit dem toten Lessing noch vollkommener war als der mit dem lebenden, dessen ausgreifender Spekulierfreudigkeit er nicht immer hatte folgen mögen. Als der Schmerz etwas ruhiger wurde, das Lessingbild realistischer, nahm Moses sich vor, in einer eigenen Schrift öffentlich Zeugnis abzulegen über den sträflichst verkannten Geist der Aufklärung. Er war überzeugt, der größte Teil seiner Zeitgenossen mißverstehe Lessings Werk. Wahrscheinlich werde erst eine bessere Nachwelt fünfzig oder mehr Jahre später noch lange daran kauen und verdauen. Und über Lessings Menschlichkeit wollte er schreiben. Über den mißverstandenen Feuerkopf, den nur seine Freunde als einen der seltenen Menschen erkannt hätten, die besser sind, als sie scheinen wollen.

Aber: Je liebevoller er an Lessing dachte, je endgültiger Lessing ein Teil seines eigenen Wesens wurde, desto weniger ließ sich dieser Lessing nach außen kehren. Worte wären zu klein, zu banal gewesen. Wohl flocht er Erinnerungen an den Freund in sein letztes philosophisches Werk *Morgenstunden*, aber eine selbständige Studie über »Lessings Charakter« verschob er immer wieder. Andere drängten sich vor und veröffentlichten ihre Erinnerungen an Lessing. Er hielt sich unschlüssig zurück. So verpaßte er die Gelegenheit, ihm und vor allem ihrer Freundschaft ein freistehendes Denkmal zu setzen, das die spezifische Gestalt der Beziehung aus seiner Sicht festgemeißelt und gültig dokumentiert hätte.

Die verhängnisvollen Folgen seines Versäumnisses hatte er wohl nicht vorausbedacht. Es dauerte nämlich nur kurz, und die revolutionäre Freundschaft Lessings mit Mendelssohn, die erste beispielgebende deutsch-jüdische Freundschaft überhaupt, mußte nachträglich als öffentliche Zielscheibe herhalten. In vielen Augen war sie ein Schönheitsfehler in Lessings Vermächtnis, das langsam für den Nachruhm zurechtgebogen wurde. Wenn möglich als Biographie ohne jüdische Einsprengsel und ohne das Wirken für die deutsch-jüdische Verständigung. Den Juden Mendelssohn ließ man als Einzelphänomen wohl gelten, aber möglichst nicht als Vertrauten des maßgebenden deutschen Aufklärungsdichters.

Die ersten, leider sehr wirkungsvollen Übermalungen unternahm ein Mann aus der jungen Generation, die sich von der Aufklärung entfernte. Er hieß Friedrich Heinrich Jacobi, kam aus einer betuchten Düsseldorfer Familie, übte sich in Philosophie und Schriftstellerei und erlangte gewisse Bedeutung für die deutsche Geistesgeschichte. Weniger durch eigene Kraft als durch sein dichtes Netzwerk von Beziehungen zu bedeutenden Menschen. Seine glänzendste Eroberung war der zeitweilige Sturm-und-Drang-Gesinnungsgenosse Johann Wolfgang von Goethe, der ihn gern auf dem hübschen Familiensitz mit dem außerordentlich reizvollen Garten in Düsseldorf-Pempelfort besuchte.

Jacobi hatte den sterbenselenden Lessing gerade noch rechtzeitig aufgesucht und sich in sein Vertrauen geredet. Nach Lessings Tod gab er Erinnerungen an das angeblich so offenherzige Gespräch heraus. Nicht nur entblößte er rücksichtslos heikle Details aus Lessings Privatleben, die er von ihm persönlich erfahren haben wollte, zum Beispiel über die allgemein beargwöhnte Beziehung zur Stieftochter Amalie. Sondern er berichtete auch über literarisch-philosophische Erörterungen.

Und was bezeichnete Jacobi als seine bemerkenswerteste Entdekkung?

Lessings Geständnis, er habe für seine wesentlichsten Erkenntnisse in Moses Mendelssohn schon seit Jahren keinen Partner mehr gehabt. Habe Moses das, was ihn grundsätzlich bewegte, nicht mehr anvertrauen können oder wollen.

Moses traute seinen Augen nicht beim Lesen der Schrift, die ihm der beflissene Jacobi hatte zukommen lassen. »Es würde mich sehr demütigen, wenn Lessing mich, der ich dreißig Jahre mit ihm in vertraulicher Freundschaft gelebt, mit ihm unaufhörlich nach Wahrheit geforscht, und von diesen wichtigen Dingen mich beständig mündlich und schriftlich mit ihm unterhalten; mich, der ihn so liebte, so von ihm geliebt wurde, dieses Zutrauens nicht gewürdiget haben sollte.«

Aber da stand es, gedruckt, in der genüßlich herausposaunten Verlautbarung Jacobis, die gierig vom gelehrten Publikum verschlungen wurde: Lessing habe gesagt, er schätze Moses von seinen Freunden am höchsten, doch sei er im Gespräch mit ihm an entscheidende Grenzen gestoßen, vor denen er schließlich kapituliert habe. Er, der gewissenhafte Jacobi, habe nachgefragt, ob Lessing »sein eigenes Lehrgebäude« nie gegen Mendelssohn behauptet habe, und Lessing habe geantwortet: »Nie. Wir wurden nicht miteinander fertig, und ich ließ es dabei.«

In diesem Zusammenhang bekam sogar Lessings Wort, er habe von seinen Freunden Mendelssohn am höchsten geschätzt, einen schiefen, weil nur aufs Private bezogenen Klang. Was konnte das für ein neuerrichtetes »Lehrgebäude« gewesen sein, das Lessing vor Moses verschlossen hatte, weil der es nicht verstanden oder mitgetragen haben sollte?

Jacobi drückte es so aus: Lessing sei am Ende seines Lebens und im Versuch, die letzten Fesseln abzustreifen, die seinen unabhängigen, ins Transzendentale strebenden Geist behinderten, Anhänger eines anderen jüdischen Metaphysikers geworden, der zwar inzwischen schon über hundert Jahre tot sei, aber immer noch von der herrschenden Philosophie und Theologie beider Religionen verurteilt werde. Nicht nur verurteilt. Verdammt und verflucht wie der leibhaftige Teufel: Baruch Spinoza.

Ausgerechnet Spinoza soll die beiden beim Lautdenken auseinanderdividiert haben? War es nicht Spinoza, den Moses in seiner ersten, von Lessing veröffentlichten Arbeit als jüdischen Ahnen bezeichnet hatte, vor allem als Vordenker der deutschen Aufklärungsphilosophie? Der ein Opfer sei, das »mit Blumen gezieret« zu werden verdiene? Hatte nicht Lessing ihm beim Blumenstreuen geholfen, hatte nicht Lessing selbst Moses nach dem ersten Kennenlernen als einen Nachfolger Spinozas deklariert, dem nichts als dessen Irrtümer fehlten?

So war es. Und es war auch so, daß die beiden ein Leben lang über Spinoza diskutierten. Und es ergab sich, daß beider Meinungen über Spinoza sich im Lauf der Leben jeweils in ihr Gegenteil verkehrten. Hatte Moses in seiner ersten Schrift eine Ehrenrettung Spinozas versucht, so entfernte er sich nach und nach von ihm. Hatte Lessing in der Jugend skeptisch auf die »Irrtümer« Spinozas reagiert, so näherte er sich ihm später an.

Ihre Betrachtungslinien zu Spinoza überkreuzten sich also, und es war unausweichlich, daß ihre Wesensverschiedenheit, ihre Verschiedenheit der Voraussetzungen, sich am Phänomen Spinoza am deutlichsten offenbarte. An diesem Spinoza, dem Stein des Anstoßes, der Bruchspalte, dem geistigen Extrem, an dem sich die Geister schieden. In seinem Leben wie nach seinem Tod.

Baruch Spinoza, holländischer Jude portugiesischer Herkunft, geboren 1632 in Amsterdam. Brillenglasschleifer und Philosoph. Ein wohlgestalteter, sanfter Mensch mit schulterlangen schwarzen Haaren und übergroßen dunklen Augen. Schon als er 24 Jahre alt war, belegte ihn die jüdische Gemeinde von Amsterdam mit dem Bannfluch. Nur weil er es wagte, unabhängig zu denken, was als Verirrung gebrandmarkt wurde. Die restlichen 45 Jahre seines Lebens verbrachte er als Außenseiter; eine Lebensform, die er sich zu eigen machte, so gründlich, daß er vier Jahre vor seinem Tod, von einzelnen zunehmend anerkannt, sogar eine Professur in Heidelberg ablehnte. Er galt offiziell als Ketzer, als Gotteslästerer, als gefährlicher, dem Satan verwandter Verführer. Erst nach seinem Ableben gaben Freunde seine Werke heraus, ein Großteil seiner Schriften war schon vernichtet. Gehaßt und verwünscht wurde er noch weit mehr als hundert Jahre später. Warum?

Weil seine Denkvorgänge in ihrer Konsequenz zur Auflösung der Machtapparate hätten führen müssen. Ausgehend von der cartesianischen Philosophie, wandte er sich bald gegen ihre Zweifel an der Wechselwirkung zwischen Geist und Materie. Er hob Gott von seinem Herrscherthron außerhalb der Erscheinungen. Befreite ihn gleichzeitig von den Maschendrähten, in die das kleinteilige Denken der Menschen ihn immer schnürt. Er ging so weit wie kein Philosoph vor ihm und lang keiner nach ihm. Er hat Gott aufgeblättert, aufgelöst, in alle Erscheinungen des Universums hineinverlegt. Seine Allvision hob den Gegensatz zwischen Geist und Materie auf, indem er sie als vom selben Stoff, dem göttlichen Stoff, erkannte. Möglichkeit und Wirklichkeit seien für die Einheit des Seienden identisch, eine Trennung der Welten in eine irdische und eine spirituelle gebe es nicht. Die höchste Erkenntnis sah er darin, die Dinge im Licht der Ewigkeit zu spiegeln, also das Einzelne im Ganzen, wobei das eine wie das andere aus Gott heraus ewig und notwendig ist.

Die Liebe zu Gott und die Liebe Gottes. Beides ist letztlich dasselbe, beides muß frei schwingen, allein diese aktive und passive Gottesliebe gewährt erlösende Glückseligkeit. Spinozas physisch-metaphysische Gesamtschau erschloß zwar fast unbegrenzte Freiheit des Denkens und Glaubens. Doch gab es in der Weite dieser totalen Freiheit keinen Haltegriff, keine Nestwärme enggemauerter Konfessionen. Spinoza entband das Weltbild von einem übergeordneten Schöpfergott. Aber auch von allen Vorschriften, Offenbarungen und Mythen, die je im Namen irgendeiner menschlich definierten Gottheit den Menschen aufgezwungen worden sind.

Mit Spinoza zu denken vermag nur ein vollkommen unabhängiger Geist. Also die wenigsten. Die anderen mußten ihn verdammen, weil er ihre Ordnung ersatzlos in Frage stellte. Weil seine Lehren Sprengstoff sind für alle weltlichen Machtsysteme, die sich auf Gott als den Herrn, den Menschen als seinen Knecht berufen und diese Hierarchie in allen weltlichen Einrichtungen nachbauen. Die Tempel und Synagogen und Moscheen und Kirchen sinken in den Staub der Nutzlosigkeit. Spinozas Verbannung war die logische Folge.

In seiner Jugend hatte der Pfarrerssohn Lessing noch Vorbehalte zu einem derart schwerelosen Weltbild geäußert. Gegen Ende seines Lebens erschien es ihm als ideales Gefäß für die eigene geistige Suche. Alle Systeme, alle Religionen widerten ihn so gründlich an, er mochte sich in metaphysischen Fragen nicht mehr begrenzen. Nicht die »Duldung der Religionen«, sondern ihre Überwindung, nicht Toleranz allein, sondern ein übergeordnetes freiheitliches Denken war der letzte, höchste Gipfelpunkt seiner Denkarbeit. Er erreichte ihn, als Freigeist, der zwar mit dem Abscheu der »guten Gesellschaft«, nicht aber mit dem Verlust der bürgerlichen Existenz bezahlen mußte.

Moses hingegen, der Spinoza in seiner Jugend quasi als Urheber deutscher Philosophie verehrt hatte, mußte sich im Lauf seiner so ganz anderen Biographie von ihm entfernen. Er war Philosoph geworden, aber gleichzeitig gläubiger Jude geblieben, der die Gesetzesreligion respektierte. Nie hätte er die Konsequenzen des Spinoza gezogen und sich als Unfreier auch noch zu seinem eigenen Volk in Gegensatz gebracht. »In meiner Überzeugung von der Unwahrheit des Spinozismus kann mich weder Lessings noch irgendeines Sterblichen Ansehen im mindesten irre machen; auf meine Freundschaft für Lessing konnte diese Nachricht auch keinen Einfluß haben. Lessing ist ein Anhänger des Spinoza? Je nun! Was haben die spekulativen Lehrsätze mit den Menschen gemein? Wer würde sich nicht freuen, Spinozen selbst zum Freunde gehabt zu haben? Wer sich weigern, Spinozens Genie und vortrefflichen Charakter Gerechtigkeit widerfahren zu lassen?«

Seine Rolle im Leben, in der Gesellschaft verlangte eine andere Form der Wahrheit. Spinoza hatte sich nur der Freiheit des Denkens verpflichtet und deshalb die Verbannung aus der Menschengemeinschaft auf sich genommen. Mendelssohn war ein Reformer, der bei aller weltweisen Einsicht innerhalb des Judentums wirkte. Die kleinen

Schritte der unterdrückten, dreifach eingeschränkten Außenseiter in eine menschenwürdigere Existenz waren namentlich in Deutschland beschwerlich genug. Niemals hätte er sich und ihnen die feste Stütze des Glaubens, die Identität eines Volkes ohne Land, untergraben.

»Lessing hat also Nachsicht mit meiner Schwachheit, und verheimlichet mir, seinem so hochgeschätzten Freunde, sein wahres System; um mir nicht eine Überzeugung zu rauben, mit der er mich so ruhig, so glücklich leben sahe.« So war es gewesen. Lessing war so frei, daß er niemandem Freiheit aufzwang, niemanden geringschätzte, der diese Freiheit selbst nicht mitvollziehen konnte.

Jacobi vergröberte die fein abgestimmten Erkenntnisunterschiede in seinem Bericht über Lessings »Spinozismus« und Mendelssohn; damit schädigte er das freischwebende Gleichgewicht einer ganzen Lebensfreundschaft. Er drückte der sorgsam aufgebauten Beziehung in aller Öffentlichkeit den Entwertungsstempel auf und berief sich dafür auf die Worte Lessings, der bald nach Jacobis Besuch gestorben war und nichts mehr klarstellen konnte. Damit riß er Lessing posthum aus der Verbundenheit mit dem bedeutendsten lebenden Juden heraus; und sei es zugunsten eines toten Juden, nämlich Baruch Spinozas, der zwar jeder Aktualität enthoben, aber immerhin geeignet war, ein schiefes Licht auf Lessing zu werfen, was Jacobi offensichtlich in Kauf nahm.

Mendelssohn fühlte sich so böse angegriffen wie noch nie in seinem Leben. Was er mit Lessing zusammen aus dem Nichts erschaffen hatte – die deutsch-jüdische Verständigung als Vorbild, Demonstration und Brückenschlag: das ganze gemeinschaftliche Lebenswerk –, alles verdorben, der Nachwelt hingeworfen zur Vernichtung.

Es war kalt geworden. Winter. Er mußte sich wehren. Richtigstellen. Hastig und verstört warf er die Entgegnungsschrift *An die Freunde Lessings* aufs Papier. Mit seinem Herzblut schrieb er, schief und voller Widersprüche. Er versuchte die Quadratur des Kreises. Einerseits mußte er sich gegen den Vorwurf verwahren, den Kern von Lessings gedanklicher Entwicklung überhaupt nicht verstanden zu haben; mußte darlegen, was ihn selbst an Spinoza faszinierte, was er an ihm verwarf. Andererseits mußte er, wie er fest und wohl nur halb zu Unrecht glaubte, den Aufklärer Lessing gegen die Nachfolgegeneration in Schutz nehmen, die ihn offenbar mit der anrüchigen Vermutung entschärfen wollte, er sei gegen Ende seines Lebens ein Spinozist, also ein »Gottloser«, gewesen.

»Die Deutschen«, schrieb er in zorniger Scharfsicht, »haben sich durch die Naturgeschichte gewöhnt, alles zu klassifizieren. Wenn sie mit den Gesinnungen und Schriften eines Mannes nicht recht fertig werden können, so ergreifen sie den ersten besten Umstand, bringen den Mann in eine Klasse und machen ihn zum -isten, als wenn damit alles übrige schon getan wäre.« Seine Betroffenheit vergröberte ihm stellenweise die Wörter: »Lessing und Heuchler, der Urheber Nathans und Gotteslästerer – Wer dieses zusammen denken kann, der allein vermag das Unmögliche, der kann ebenso leicht Lessing und Dummkopf zusammen denken!«

Moses entblößte sein Innerstes, das nicht nur der Tod des Freundes selbst, sondern jetzt auch die öffentliche Herabwürdigung der Freundschaft lebensgefährlich beschädigt hatte: »Wer sie kennet, diese vertraulichen Unterredungen, wer je das Glück gehabt, sie zu genießen, der wird in die Aufrichtigkeit und Treue der Resultate keinen Zweifel setzen. In diesem Heiligtum der Freundschaft eröffnet sich alsdann nicht nur Kopf gegen Kopf, sondern auch Herz gegen Herz, und läßt alle seine geheimen Winkel und Falten durchschauen. Der Freund deckt dem Freunde alle seine geheimsten Zweifel, Schwachheiten, Mängel und Gebrechen auf, um sie von freundschaftlicher Hand berühren und vielleicht auch heilen zu lassen. Wer die Wollust einer solchen Stunde der Herzensergießung nie gekostet, der ist seines Lebens nie froh geworden.«

In der Vornacht zum 31. Dezember 1785 war *An die Freunde Lessings* fertiggeschrieben. Alles war gesagt, alles klargestellt, die Freundschaft noch einmal bekräftigt. Moses konnte die Veröffentlichung kaum erwarten. Nur schnell in letzter Minute retten, was zu retten blieb. Es kam ein bitterkalter Tag, Sabbath, an dem ein frommer Jude erst nach Sonnenuntergang das Haus verlassen darf. Also in fiebernder Unruhe den Sonnenuntergang abgewartet. Und dann sofort aus dem Haus. Er war zu ungeduldig, einen Wagen zu bestellen. Überhörte Fromets Proteste, lief mit den Papieren in der Hand, ohne Mantel, in größter Eile von der Spandauer Straße die etwa acht Minuten zur Breiten Straße, wo sein Verleger residierte; gab dort das Manuskript in Druck. Hastete nach Hause zurück, zitternd vor Kälte und Erregung. Auf dem windigen Hin- und Rückweg muß er sich eine schwere Erkältung oder sogar Lungenentzündung zugezogen haben, jedenfalls fühlte er sich von nun an elend. Er hustete. Der Husten sank schnell vom Hals in die Lunge. Am 2. Januar besuchte ihn sein Arzt in der Seidenfabrik und sah ihn fiebrig-geschäftig über einem Berg von Rechnungen. Er habe sich am Sonnabend erkältet, als er die Entgegnungsschrift zum Verleger gebracht habe. Aber er sei froh, daß er die Sache vom Hals habe. Sein Gedächtnis sei seit einiger Zeit so schwach, sein Cassabuch voller Unordnung, bald fehle es hier, bald da, und »da muß ich nun stehen und es wieder in die Richte bringen«.

Der Arzt konnte nicht helfen. Als er ihn am nächsten Tag wiedersehen wollte, mußte er ihn zu Hause aufsuchen. Dort traf er Moses, fiebrig und schwer hustend auf dem Sofa »unter seines Lessings Büste sitzend«, die wohl an der Wand auf einer Konsole stand. Er sei heute recht herzlich krank, sagte er, sein Husten wolle nicht los, er möge nicht essen, habe nicht geschlafen und sei sehr entkräftet.

Wieder konnte der Arzt nicht helfen. Am nächsten Tag wurde Moses das Sitzen zu mühsam, er legte sich auf das Sofa hin. Seines Lessings Büste ließ er gegenüber auf die Kommode stellen, damit er ihn in der Blickrichtung hatte. So gerichtet, brach der Blick, so starb Moses in einem Moment, wo sich die Familie und der Arzt bei offener Tür im Nebenzimmer aufhielten; starb, wie es heißt, mit einem ganz leisen Geräusch und einem Lächeln auf den Lippen. Er hatte Lessing knapp fünf Jahre überlebt. Er hatte sich den Tod geholt, als er seine kostbarste Freundschaft vor der Mißachtung retten wollte.

Als Moses Mendelssohn bestattet wurde, blieben die Kaufläden der Juden den ganzen Tag geschlossen. Wie es bei einem Oberrabbiner Sitte war.

Und wie es ihrem Moses erst recht gebührte.

Aussicht

Gotthold Ephraim Lessing und Moses Mendelssohn hatten sich verzehrt im Kampf um Toleranz und Gedankenfreiheit. Am Ende ihres Lebens glomm das gemeinsam entzündete Licht nah am Erlöschen. Aber: Drei Jahre nach Mendelssohns Tod wirbelte die Französische Revolution mit ihrem Ruf nach Freiheit, Gleichheit, Brüderlichkeit ganz Europa auf. Die Saat der Aufklärung trotzte ihrer Vernichtung. Fortschritte waren gedacht und also nicht mehr aufzuhalten.

Die Juden in Deutschland wurden nach und nach tatsächlich freier, selbstbewußter und brachten ihre Fähigkeiten ein. Schließlich milderte sich der Druck so sehr, daß sie Bürger werden durften. Mit Nachnamen. Einzelne nannten sich Lessing, nach dem Deutschen, dem ihre größte Dankbarkeit galt. Andere wußten schon nichts mehr von der Bewandtnis. Einmal fragte ein Jude einen anderen: »Kennst du Lessing, den Dichter des Nathan?« Und bekam die Antwort: »Nu, wer kann alle Jidden kennen?«

Mendelssohns Enkel Felix, der Komponist, erhielt öffentliche Ämter und Ehren, die der Großvater so bitter entbehrt hatte. Jahrhundertelang verschüttete Talente brachen aus dem gelockerten Grund. Und wie bei Gotthold und Moses entwickelte das Zusammenwirken von Deutschen und ihren jüdischen Mitbürgern eine spezifische Kraft.

Ohne daß die Bevölkerung im Ganzen die alten Vorurteile je überwunden hätte, erreichte deutsche Kultur mit starker jüdischer Beteiligung einen beispiellosen Höhenflug in den ersten drei Jahrzehnten des 20. Jahrhunderts. Und gleich danach, von Deutschen an Juden, der bürokratisch organisierte, totale Massenmord.

Wir Nachkommen – mit unserer nur zum Teil fortgeschrittenen Erkenntnis – müssen unbedingt wissen. Begreifen werden wir nie. Weil die ganze Problematik nichts anderes ist als eine Wahnvorstellung.

Die Freundschaft der Pioniere Gotthold und Moses bleibt eine Leuchtspur aus der Vergangenheit in die Zukunft. Da die beiden das einzige getan haben, was zu tun ist. Freundschaft schließen. Ruhig und wachsam an Schlaglöchern, Abgründen, falschen Verklärungen vorbeigehen. In heilender Selbstverständlichkeit.

Bibliographie

Albrecht, Michael: *Moses Mendelssohn 1729–1786.* Das Lebenswerk eines jüdischen Denkers der deutschen Aufklärung. Katalog der Ausstellung im Meissnerhaus der Herzog-Albrecht-Bibliothek Wolfenbüttel, Weinheim 1986

Arendt, Hannah: *Rede anläßlich der Verleihung des Lessing-Preises 1962*, mit einem Essay von Ingeborg Nordmann, Hamburg 1999

Bahr, Erhard (Hrsg.): *Was ist Aufklärung?* Thesen und Definitionen, Stuttgart 1974

Drews, Wolfgang: *G. E. Lessing*, mit Selbstzeugnissen und Bilddokumenten, Reinbek 1985

Göbel, Helmuth (Hrsg.): *Lessings Nathan.* Der Autor, der Text, seine Umwelt, seine Folgen, Berlin 1986

Gotthold Ephraim Lessings Briefwechsel mit Moses Mendelssohn, Berlin 1794

Hildebrandt, Dieter: *Lessing, Biografie einer Emanzipation*, München/Wien 1979

Knobloch, Heinz: *Herr Moses in Berlin*. Ein Menschenfreund in Preußen. Das Leben des Moses Mendelssohn, Berlin 1987

Lessing, Gotthold Ephraim: *Werke und Briefe*, Frankfurt a.M. 1987

Lessing-Museum Kamenz (Hrsg.): Schriftenreihe *Erbepflege in Kamenz*, Kamenz ab 1981

Mehring, Franz: *Die Lessing-Legende*, mit einer Einleitung von Rainer Günter, Wien/Berlin 1972

Mendelssohn, Moses: *Gesammelte Schriften*, Stuttgart/Bad Cannstadt 1979

Piper, Wulf: *Gotthold Ephraim Lessing 1729–1781:* Ausstellung im Lessinghaus, Herzog-Albrecht-Bibliothek Wolfenbüttel, Weinheim 1988

Rilla, Paul: *Lessing und sein Zeitalter*, München 1973

Schoeps, Julius H.: *Moses Mendelssohn*, Königstein/Ts. 1979

Stern, Selma: *Der Preussische Staat und die Juden*, Tübingen 1971

Strauß, Bruno: *Moses Mendelssohn in Potsdam*, Berlin 1994

Die Deutsche Bibliothek – CIP-Einheitsaufnahme

Ein Titeldatensatz für diese Publikation ist bei
Der Deutschen Bibliothek erhältlich

Umschlaggestaltung: Projekt ®/Walter Hellmann, Hamburg
Porträts Lessing und Mendelssohn © AKG Berlin
Signet: Dorothee Wallner nach Caspar Neher »Europa« (1945)
Herstellung: Das Herstellungsbüro, Hamburg
Satz: H & G Herstellung, Hamburg
Druck: Freiburger Graphische Betriebe
Printed in Germany

ISBN 3-434-50502-4

Informationen zu unseren Verlagsprogrammen finden Sie im Internet
unter www.europaeische-verlagsanstalt.de und www.rotbuch.de

Europäische Verlagsanstalt – eine Auswahl

eva

Doris Burchard
Der Kampf um die Schönheit
Helena Rubinstein, Elizabeth Arden, Estée Lauder
300 Seiten

Luciano Canfora
Ach, Aristoteles!
Anleitungen zum Umgang mit Philosophen
198 Seiten

Ursula El-Akramy
Die Schwestern Berend
Geschichte einer Berliner Familie
368 Seiten

Tania Förster
Dora Maar
Picassos Weinende
192 Seiten

John Fuegi
Brecht & Co.
Biographie
Autorisierte erweiterte und berichtigte deutsche Fassung von Sebastian Wohlfeil
1088 Seiten

György Dalos
Die Reise nach Sachalin
Auf den Spuren von Anton Tschechow
ca. 280 Seiten

Susanne Knecht
Lady Sophia Raffles auf Sumatra
Ein wagemutiges Leben
276 Seiten

Dominique Marny
Die Schönen Cocteaus
Aus dem Französischen übersetzt von Bettina Schäfer; 254 Seiten

Hans Melderis
Raum–Zeit–Mythos
Richard Wagner und die modernen Naturwissenschaften
230 Seiten

Peter Ostwald
»Ich bin Gott«
Waslaw Nijinski – Leben und Wahnsinn
490 Seiten

Paul Parin
Der Traum von Ségou
Neue Erzählungen
198 Seiten

Uwe Schultz
Descartes
Biographie
378 Seiten

Margarete Steffin
Briefe an berühmte Männer
Walter Benjamin, Bertolt Brecht, Arnold Zweig
358 Seiten

Elsbeth Wolffheim
Wladimir Majakowskij und Sergej Eisenstein
Duographie
174 Seiten

Charlotte Ueckert
Margarete Susman und Else Lasker-Schüler
Duographie
160 Seiten

Alle Bücher schön gebunden und mit zahlreichen Abbildungen